普通高等职业教育体系精品教材·计算机系列

JavaEE开发项目化教程

主　编◎刘丽华　丁宏伟　李　丹

副主编◎许焕新　陈红军

清华大学出版社

北　京

内容简介

本书以实际项目“毕业生就业管理系统”为背景，以 Servlet 和 JSP 知识为主线，讲述使用 Servlet 和 JSP 技术进行 Web 应用系统开发的流程与技巧。以项目开发为主线，详细讲解 Servlet 技术、数据库开发、JSP 语法基础、JSP 内置对象、JSP 中使用 JavaBean、EL 表达式、标准标签库以及 JSP 实用技术等 JavaEE 开发的重要知识内容。

为了方便教师教学，提供教材的同时，还提供了教材中所有例题及项目源代码、电子课件、各部分分类整理的试题库及答案，请有此需要的教师联系出版社，也可与作者联系（E-mail：llhua66@163.com）。

本书可作为高职高专学生或本科学生教材，也可作为计算机培训班教材或 Web 程序员参考书。

图书在版编目（CIP）数据

Java EE 开发项目化教程 / 刘丽华，丁宏伟，李丹主编．—北京：清华大学出版社，2016
普通高等职业教育体系精品教材•计算机系列
ISBN 978-7-302-44305-6

I. ① J…　II. ①刘…　②丁…　③李…　III. ① JAVA 语言—程序设计—高等职业教育—教材
IV. ①TP312

中国版本图书馆 CIP 数据核字（2016）第 164338 号

责任编辑：苏明芳
封面设计：刘　超
版式设计：牛瑞瑞
责任校对：王　云
责任印制：杨　艳

出版发行：清华大学出版社
网　　址：http://www.tup.com.cn，http://www.wqbook.com
地　　址：北京清华大学学研大厦 A 座　**邮　　编**：100084
社 总 机：010-62770175　**邮　　购**：010-62786544
投稿与读者服务：010-62776969，c-service@tup.tsinghua.edu.cn
质 量 反 馈：010-62772015，zhiliang@tup.tsinghua.edu.cn
课 件 下 载：http://www.tup.com.cn，010-62788903
印 刷 者：北京富博印刷有限公司
装 订 者：北京市密云县京文制本装订厂
经　　销：全国新华书店
开　　本：185mm×260mm　**印　　张**：22.25　**字　　数**：514 千字
版　　次：2016 年 9 月第 1 版　**印　　次**：2016 年 9 月第1 次印刷
印　　数：1～2500
定　　价：43.80 元

产品编号：067908-01

前　　言

随着Internet的普及和发展，基于Web的应用系统开发占据着软件行业的主要位置，其中基于Java Web开发的应用越来越广泛，Sun公司推出的Servlet技术和JSP动态网页技术，由于具有跨平台、安全性好、效率高等优势，因此被广泛地应用于Web应用系统的软件开发。为满足社会对软件人才的需求，软件类专业的学生大多开设了与JavaEE开发相关的课程。本书旨在为学习JavaEE技术的读者提供一种“教学做”一体化学习模式。

作者在多年开发经验和教学经验的基础上，根据JavaEE程序开发人员应该具备的综合能力要求，联合企业与培训机构对内容进行了整体设计，主要体现了以综合职业能力为主的总体培养目标。本书通过贯穿整个“毕业生就业管理系统”项目，按企业Web应用项目开发实际工作流程，改选教学内容，构建学习情境。以Web应用项目开发流程中每个节点（设计任务）要使用的技术为依据，以真实的Web应用开发项目为载体，以职业能力培养为重点，利用“练中学”的教学模式，将综合项目按开发流程分解为具体单元模块任务，将课程内容序化为需求分析与系统设计、Web前台页面设计、Servlet控制器开发、数据库访问、JSP动态页面实现及优化、JavaBean开发、JSP高级应用等多个理论与实践一体化教学模块，每个模块以工作任务为教学单元，以工作流程为学习任务，以全真案例为学习情境，采用“教学做”一体化教学模式组织教学过程。

通过本书的学习，使读者能够具有分析用户需求、确定项目开发流程、撰写项目工程技术文档的能力。同时锻炼读者具备Java Web依据软件编程规范技术实现代码编辑、调试运行，最终可以发布有一定实用价值的软件作品的能力。在项目训练过程中增长知识、训练技能、积累经验、养成习惯、固化能力。从而初步具备分析、解决实际工程问题的能力，同时具备团队协作精神、创新能力。

本书按照Java Web开发程序员的岗位能力要求选择内容，全书划分为11个模块，学习的过程将伴随着模块功能的完成而展开，具体内容如下。

模块1：系统分析与设计，介绍作为学习案例的毕业生就业管理系统项目的需求与功能模块设计及数据库结构设计等。

模块2：Web项目开发环境配置，详细介绍JDK、Tomcat、MySQL以及MyEclipse的安装与使用方法。

模块3：使用Servlet实现Web控制器，介绍Servlet技术工作原理和Servlet生命周期，使用Servlet实现Web控制器的方法，Servlet会话技术、过滤器的使用。

模块4：使用JDBC技术访问数据库，介绍使用DAO方法访问数据库的技术。

模块5：使用JSP技术实现Web页面，讲解JSP的基本概念。

模块 6：使用 JSP 内置对象，介绍 JSP 几个常用内置对象的使用方法。

模块 7：在 JSP 页面中使用 JavaBean，介绍 JavaBean 的定义和使用方法。

模块 8：使用 EL 表达式，介绍 EL 表达式在 JSP 页面中的使用技术和技巧。

模块 9：自定义 JSP 标签的使用，介绍自定义标签的定制和使用。

模块 10：使用 JSP 标准标签库，介绍 JSP 标准标签库的分类和使用方法。

模块 11：使用 JSP 实用技术，介绍几种最常用的实用技术使用方法。

本书采取了在开发中学习的模式，由浅入深地讲解了 JavaEE 各项知识，所选取的内容切合实际开发的需要，力求使读者在最短的学习时间内掌握 JavaEE 开发技术。每个模块后针对难点、重点精心设计了相关的练习题与实训任务，可帮助读者进一步巩固相关学习内容。本书学习起点较低，讲解由浅入深，内容难度适中，可作为普通高等院校和高职院校 JavaEE 程序设计课程的教材，也可作为自学者的学习用书。

本书刘丽华编写模块 1、模块 5、模块 6 和模块 11，丁宏伟编写模块 2、模块 3 和模块 4，李丹编写模块 8、模块 9 和模块 10，许焕新编写模块 7，陈红军负责文稿的校验并参与了项目的需求设计。

由于对项目式教学法正处于经验积累和改进过程中，同时，由于编者水平有限和时间仓促，书中难免存在疏漏和不足之处，希望同行专家和读者能给予批评和指正。

目　　录

模块1　系统分析与设计

当前，信息化技术应用的核心是Web应用，Web系统的使用已经深入每一个人的生活，该课程以实际应用《毕业生就业管理系统》为例，按照系统开发流程介绍JavaEE技术在该系统的应用，本模块首先介绍系统的需求分析与设计。

学习目标

■ 【知识目标】

1. 了解Web应用设计模式、软件开发模型
2. 掌握需求设计说明书文档的制作方法

■ 【技能目标】

1. 能阅读已有的相关资料，了解需求设计说明书的相关内容、规范，建立文档意识
2. 能写出项目所需的详细分析与设计文档

1.1　任务1——项目需求分析

1.1.1　系统建立的意义

随着Web技术的发展，人们已经可以把数据库技术引入到Web系统中，它利用数据库系统来对各种复杂的数据进行有效的管理和快速的检索，并将这些数据按远端客户机的特定访问、请求，实时地产生待查询的动态页面，然后传送给客户浏览器显示。即实现了数据库在Web上的发布。目前，将Web技术和数据库技术相结合，开发动态交互式数据库网页，已成为当今Web技术研究的热点。

现实中繁重的毕业生信息管理工作给学校管理人员带来了很大的压力。虽然单机版本的毕业生信息管理系统软件在一定的程度上可以解决问题，可是在信息网络化的现实面前，它的不足之处就显而易见了。首先，信息管理系统的使用对象过于单一，仅局限于学校管理者；其次，毕业生不能通过网络及时修改、更新自己的部分信息，随之带来了信息的全面性、真实性、即时性、有效性等方面的问题。再次，不能通过网络发布宝贵的毕业生信息，供用人单位，自己的老师、同学、朋友共享，从而使得信息利用率不高。最后，还存在软件版本更新比较麻烦的问题。

1.1.2 系统的设计目标和思想

在不受地点、时间限制的情况下，借助 Internet 这一强大、方便的工具，管理员可以轻松完成对毕业生信息、招聘单位信息、留言信息、招聘信息等进行管理，还可以及时发布就业动态信息。

毕业生可以在异地实时更新和维护个人信息、通信信息、求职信息，这样不仅方便了用人单位远程查询毕业生本人的真实信息，而且也确保了信息的真实有效性，也有利于今后校友间的互相了解和联系沟通。

用人单位可以在线注册、发布本单位的招聘信息，查看毕业生投递的简历信息，给毕业生发送 E-mail 或通过电话进行联系，也可以给管理员留言进行交流。

1.1.3 需求模块分析系统结构图

整个系统主要由管理员用户管理、学生管理、企业管理、就业管理、职位管理、留言管理等几个模块组成。毕业生就业信息管理系统规划原则如下：

1. 互动性

围绕学校、企业、学生三条主线进行规划，做到每个角色之间互联互动、互通有无，学以致用。

2. 实用性

栏目规划要在学校、企业、学生 3 个大方向上进行实用化设置，每个核心栏目都要做。

系统结构图如图 1-1 所示。

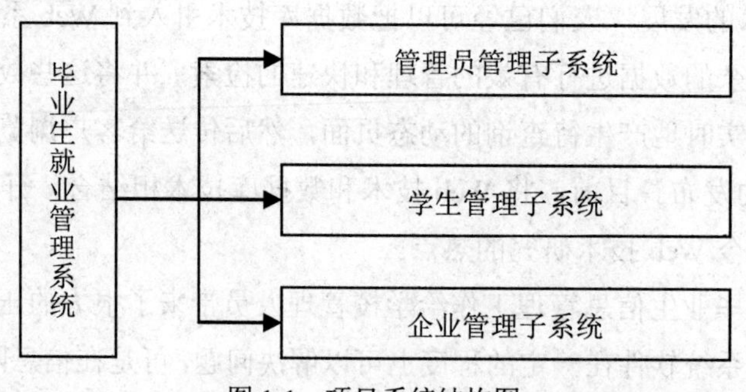

图 1-1 项目系统结构图

如图 1-1 中所描述，整个系统按照用户角色分为 3 个子系统：管理员子系统、学生子系统和企业子系统，每个系统分别为每种用户角色提供服务，3 个子系统的功能又有交叉和一部分重复，为每种角色提供了合理的、实用的管理功能。

1.2　任务 2——系统总体设计

1.2.1　管理员管理模块

该模块主要实现管理员管理功能，管理员可以对用户进行审核和管理，可以对学生和企业信息进行管理，维护企业招聘信息和就业信息，查看学生和企业用户留言，并对留言进行回复和删除管理。管理员用户需要注册用户，为了管理方便，系统开始时定义了一个初始的管理员用户，可以管理其他管理员和学生、企业用户。新注册管理员用户被激活后即可登录，实现管理功能。管理员管理模块功能如图 1-2 所示。

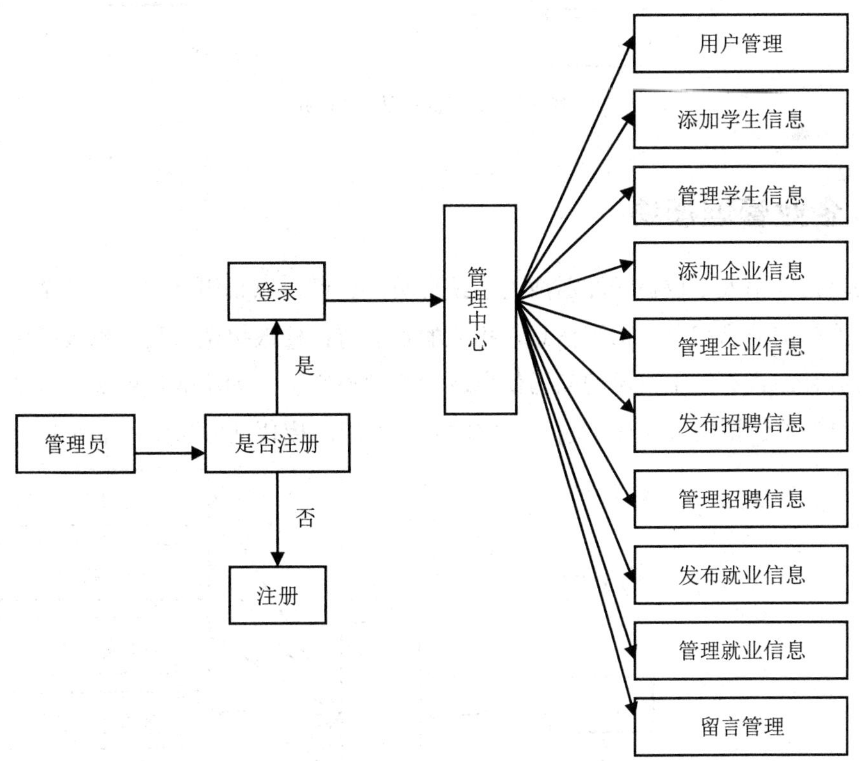

图 1-2　管理员模块功能结构图

1.2.2　学生管理模块

该模块主要是为毕业生本人维护自己信息服务的。该模块为毕业生提供了查看个人基本信息、制作和修改简历、查看招聘信息、向用人单位投递简历、修改密码、给管理员留言、查看管理员回复等功能。模块功能如图 1-3 所示。

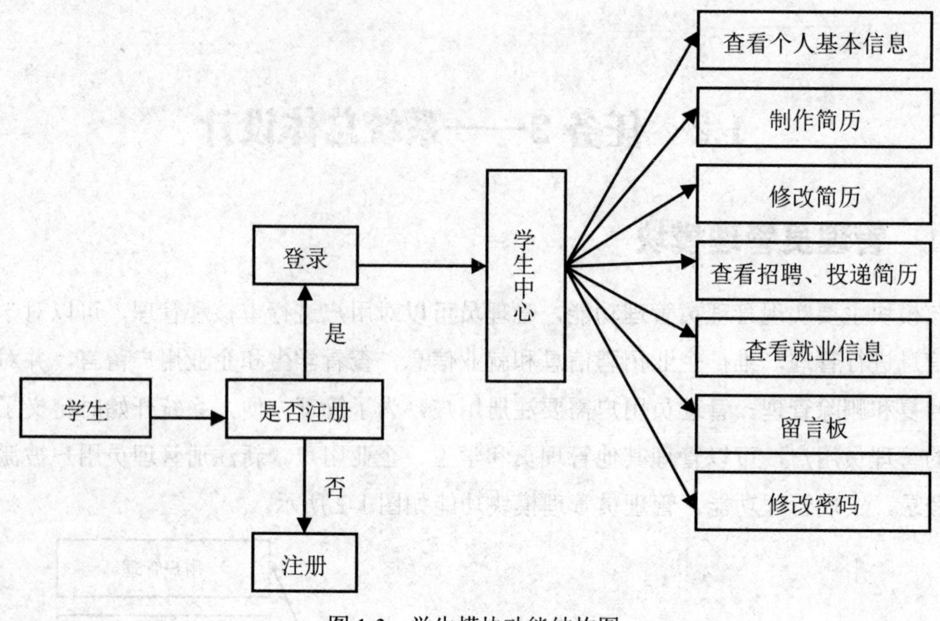

图 1-3 学生模块功能结构图

1.2.3 企业管理模块

该模块允许用人单位在线注册成为系统会员，进而可以享用系统提供的单位信息服务功能，维护单位信息和发布招聘信息，相应的功能有：修改单位资料、修改密码、发布和管理招聘信息、查看学生投递的简历信息、和管理员交流，为毕业生就业、找工作提供帮助。同时也为单位招聘人才信息起到一定的宣传作用。模块功能如图 1-4 所示。

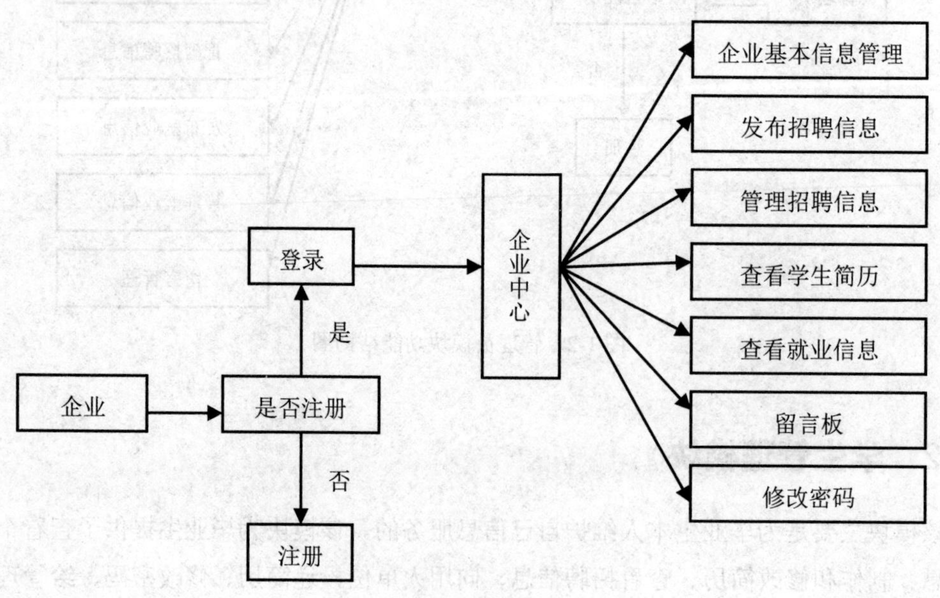

图 1-4 企业模块功能结构图

1.3　任务 3——功能模块详细设计

1.3.1　管理员管理功能模块

管理员管理功能模块分为 10 个功能菜单项，如图 1-5 所示，首页为显示模块，显示系统基本功能信息介绍等。

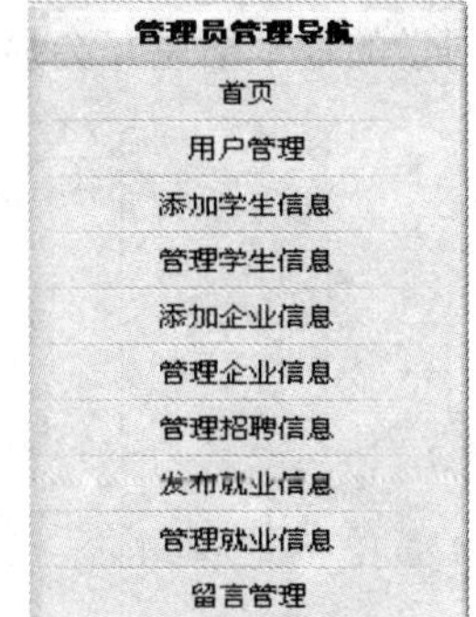

图 1-5　管理员功能

1. 用户管理

管理员可以对注册的其他管理员用户、学生用户、企业用户进行审核、修改用户密码、删除用户操作。操作界面如图 1-6 所示。

在用户审核过程中，对于学生和企业用户，首先要根据学生注册时提供的基本信息，检查学生信息是否真实有效，如果有效，单击“审核通过”超链接，修改用户审核信息为审核通过状态；如果学生或企业用户信息不合格，单击“审核未通过”超链接，修改用户审核信息为未通过状态，同时在管理学生信息功能模块或管理企业信息模块，删除该学生或企业注册的基本信息，对于审核未通过的学生或企业用户超过一定时间没有再次提交用户基本信息，把该用户删除。

用户列表

用户管理（共9个用户）

审核状态

编号	用户名	密码	用户类型	操作
2	stu	stu	student	禁用 |修改密码| 删除
3	www	www	company	禁用 |修改密码| 删除
4	赵六	123	student	删除
5	张三	111	student	审核通过 审核未通过 |修改密码| 删除
6	888	999	student	审核通过 审核未通过 |修改密码| 删除
7	678	678	student	审核通过 审核未通过 |修改密码| 删除
8	777	777	student	审核通过 审核未通过 |修改密码| 删除
9	12345	12345	student	审核通过 审核未通过 |修改密码| 删除

首页　末页　共有1页

图 1-6　用户管理页面

2. 添加学生信息

管理员在后台可以添加学生用户和学生基本信息。添加界面和注册用户相同。

3. 管理学生信息

管理员可以查看和删除学生提交的基本信息。如图 1-7 所示列出了所有学生基本信息。

姓名	性别	毕业院校	专业	操作
张三	男	北京大学	软件开发	查看 删除
小李	男	上海大学	建筑专业	查看 删除
张三	男	河北软件职业技术学院	CSDNJava	查看 删除
赵六	男	湖南大学	中文	查看 删除
				首页 末页 共1页
按姓名模糊搜索		搜索		

图 1-7　管理学生信息页面

例如在图 1-7 页面中单击“查看”超链接，可以查看该学生的基本信息，例如查看张三同学的基本信息，会显示如图 1-8 所示页面，列出张三的个人信息。

学生个人基本信息

学生基本信息

姓名：	张三
性别：	男
身份证号：	130320199011260123
学校：	北京大学
院系：	计算机技术
专业：	软件开发
学历：	本科
入学时间：	2008-9-1
籍贯：	北京海淀区

图 1-8　学生基本信息查看

4. 添加企业信息

通过输入企业的基本信息，管理员可以在后台手工增加企业会员。

5. 管理企业信息

管理员可以查看企业的详细信息，并且可以删除企业会员信息，并且为某公司发布招聘信息，管理企业页面如图 1-9 所示。

公司名称	单位性质	营业执照号	所属行业	操作
搜狐网络有限公司	私企	1001001001	互联网	查看 删除 发布招聘
				首页 末页 共1页
按公司名模糊搜索		搜索		

图 1-9　管理企业信息页面

如图 1-9 所示，在页面中单击“查看”超链接，可以查看企业基本信息，如图 1-10 所示。

在图 1-9 中，可以看到，在企业管理页面中，有一个选项，“发布招聘”超链接，管理员在后台可以为特定企业发布招聘信息，单击“发布招聘”超链接，即可转到招聘页面，为企业发布招聘信息，和企业为自己公司发布招聘信息功能相同，发布招聘页面如图 1-11

所示。

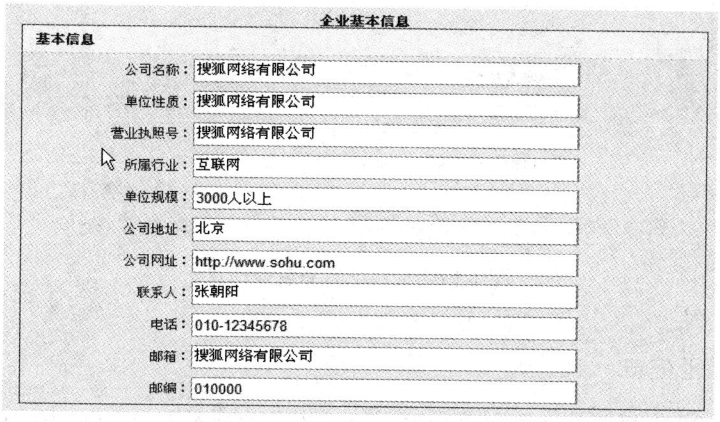

企业基本信息

基本信息

公司名称：搜狐网络有限公司
单位性质：搜狐网络有限公司
营业执照号：搜狐网络有限公司
所属行业：互联网
单位规模：3000人以上
公司地址：北京
公司网址：http://www.sohu.com
联系人：张朝阳
电话：010-12345678
邮箱：搜狐网络有限公司
邮编：010000

图 1-10　企业基本信息查看页面

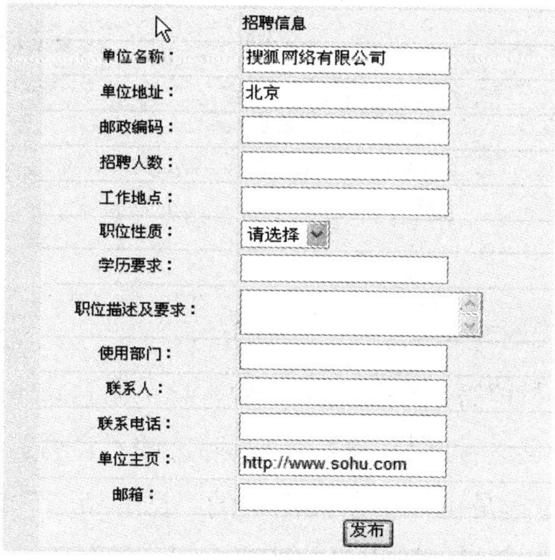

招聘信息

单位名称：搜狐网络有限公司
单位地址：北京
邮政编码：
招聘人数：
工作地点：
职位性质：请选择
学历要求：
职位描述及要求：
使用部门：
联系人：
联系电话：
单位主页：http://www.sohu.com
邮箱：
发布

图 1-11　发布招聘信息页面

6. 管理招聘信息

管理员对已经发布的招聘信息进行修改。管理员管理招聘信息页面如图 1-12 所示。管理员可以单击页面中的“查看”、“修改”或“删除”超链接，对招聘信息进行编辑。

公司名称	招聘人数	工作地点	职位性质	学历要求	操作
搜狐网络有限公司	2	北京	全职	本科	查看 | 修改 | 删除
					首页　末页　共1页
按公司名模糊搜索	搜索				

图 1-12　管理员管理招聘信息

7. 发布就业信息

管理员可以发布已经就业成功的学生的信息（填写一些表单信息，即可发布）。发布就业信息页面如图 1-13 所示。

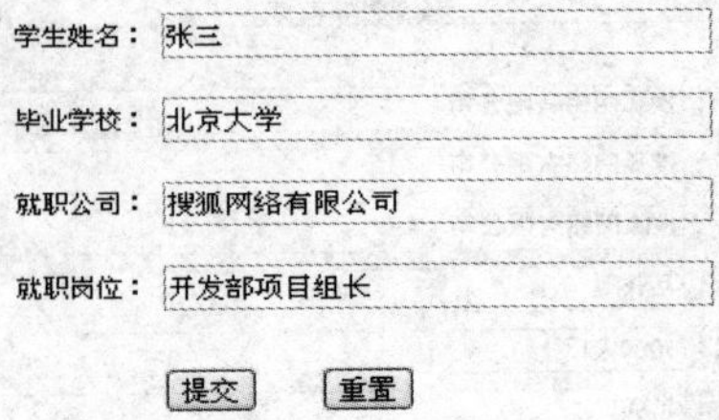

学生姓名：张三
毕业学校：北京大学
就职公司：搜狐网络有限公司
就职岗位：开发部项目组长
提交　重置

图 1-13　管理员发布就业信息

8. 管理就业信息

管理员可以管理就业信息，对已经发布的就业信息进行修改和删除，管理就业信息页面如图 1-14 所示，管理员可以单击“修改”和“删除”超链接对就业信息进行编辑。

学生名字	学校名字	就业公司	就业岗位	操作
张三	北京大学	搜狐网络有限公司	开发部项目组长	修改 | 删除

首页　末页　共1页

按学生名字模糊搜索　搜索

图 1-14　管理员管理就业信息

9. 留言管理

企业会员可以给管理员留言、学生也可以给管理员留言，管理员可以查看学生和企业的留言的详细信息，对留言进行回复，也可以删除某些不良留言信息。管理员查看留言信息页面如图 1-15 所示，管理员可以单击页面中的“回复留言”超链接给用户进行回复，也可以单击“删除留言”超链接删除用户的留言信息。

留言用户：www　留言标题：111　留言时间：2015-12-20 21:57:49
留言内容：
11111111
留言回复：
回复留言 删除留言
留言用户：stu　留言标题：33　留言时间：2015-12-20 16:19:45
留言内容：
33
留言回复：
你好
回复留言 删除留言

图 1-15　管理员管理留言信息

1.3.2　学生管理功能模块

学生用户管理功能模块，包含 9 个功能菜单项，如图 1-16 所示，首页为显示模块，显示系统基本功能信息介绍等。

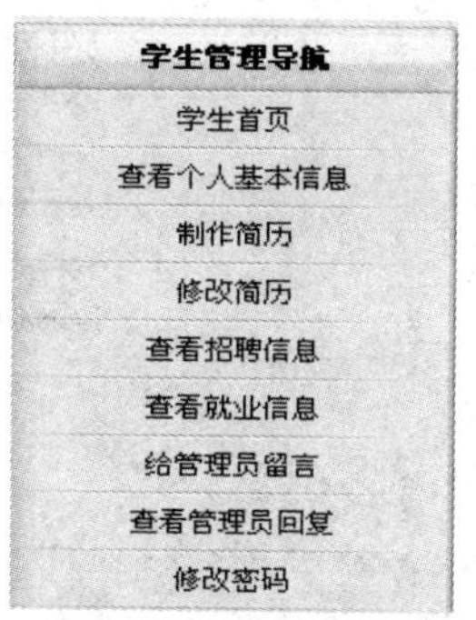

图 1-16　学生功能

1. 查看个人基本信息

学生在注册用户时，需要填写个人基本信息，在注册成功后，管理员利用这些信息查询学生用户是否是合法学生，如果是合法学生用户，则审核学生用户通过，如果不是则审核为未通过，并且删除学生基本信息，学生在登录时，如果为未通过用户则需要重新填写个人信息，只有审核通过的学生用户才能登录成功，学生登录后不能再修改自己的基本信息，只能查看。学生制作简历时可以根据基本信息生成简历中的信息，这些信息在简历中也不能修改。学生查看个人基本信息页面如图 1-17 所示。

学生个人基本信息

学生基本信息

姓名：	张三
性别：	男
身份证号：	130320199011260123
学校：	北京大学
院系：	计算机技术
专业：	软件开发
学历：	本科
入学时间：	2008-9-1
籍贯：	北京海淀区

图 1-17　学生个人信息查看

2. 制作简历

制作简历页面如图 1-18 所示。

页面中的学生姓名、性别、民族、毕业院校、所学专业和学历是由学生注册时登记的基本信息生成的，不能修改，学生可以填写其他相关简历信息。

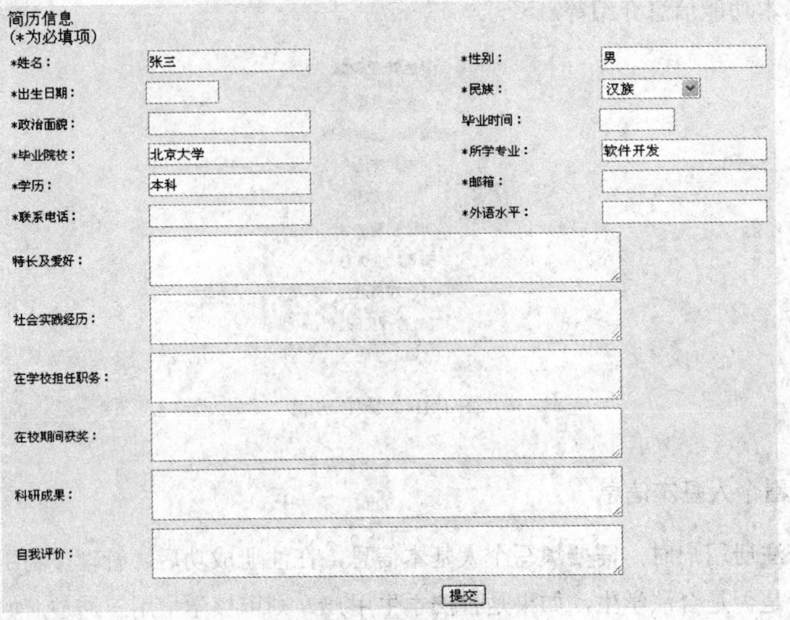

图 1-18　学生制作简历页面

3. 修改简历

修改简历页面如图 1-19 所示。

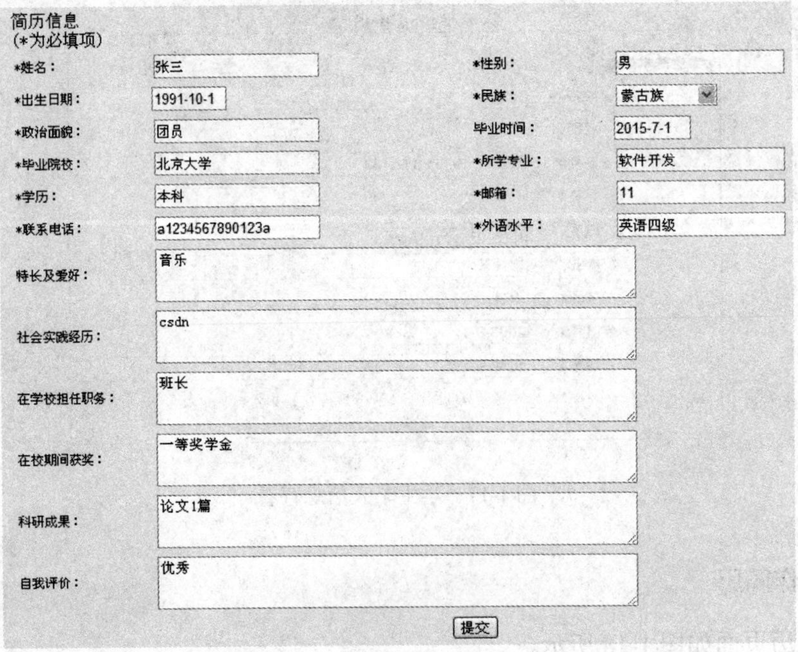

图 1-19　学生修改简历页面

学生可以在页面中修改除学生基本信息之外的其他简历信息。

4. 查看招聘信息

学生查看招聘信息页面如图 1-20 所示。

公司名称	招聘人数	工作地点	职位性质	学历要求	操作
搜狐网络有限公司	2	北京	全职	本科	查看 | 投递简历
					首页　末页　共1页
按公司名模糊搜索 [　　] 搜索					

图 1-20　学生查看招聘信息页面

学生可以在页面中看到由管理员或企业发布的所有招聘信息，还可以通过模糊搜索查询某些特定公司发布的招聘信息，单击“查看”超链接，可以查看某条招聘信息的详细内容，单击“投递简历”超链接，可以向公司投递自己的简历。

5. 查看就业信息

学生查看就业信息页面如图 1-21 所示。

学生名字	学校名字	就业公司	就业岗位
张三	北京大学	搜狐网络有限公司	开发部项目组长
			首页　末页　共1页
按学生名字模糊搜索 [　　] 搜索			

图 1-21　学生查看就业信息页面

6. 给管理员留言

学生用户可以给管理员发表留言信息，留言页面如图 1-22 所示。

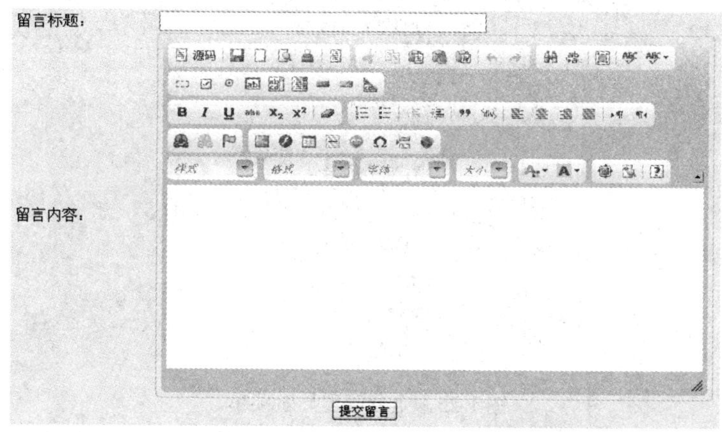

图 1-22　学生用户给管理员留言

7. 查看管理员回复

学生用户给管理员留言后，管理员可以做出回复，学生可以查看管理员给出的回复内容。查看管理员回复页面如图 1-23 所示。

留言用户： stu　**留言标题：** 33　**留言时间：** 2015-12-20 16:19:45

留言内容：

33

留言回复：

你好

图 1-23　学生用户查看管理员回复

8. 修改密码

学生用户登录后可以修改自己的密码。修改密码页面如图 1-24 所示。

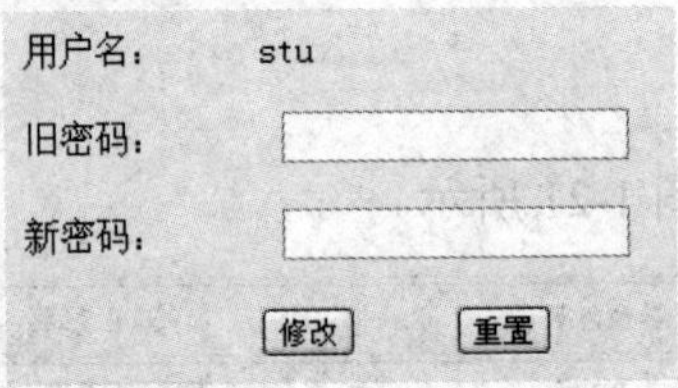

图 1-24　学生用户修改密码

1.3.3　企业管理功能模块

企业用户管理功能模块，包含 9 个功能菜单项，如图 1-25 所示，首页为显示模块，显示系统基本功能信息介绍等。

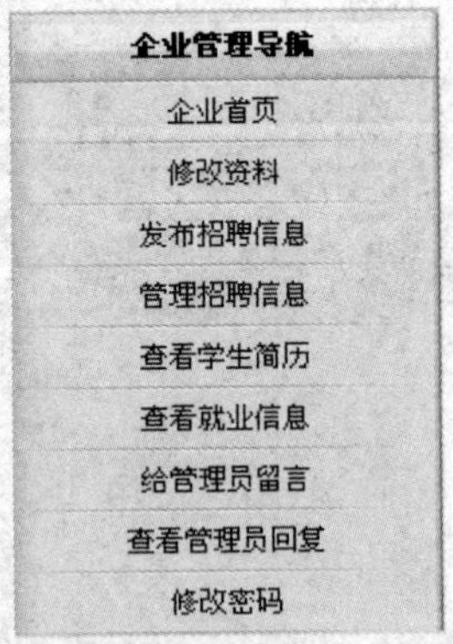

图 1-25　企业管理导航菜单

1. 修改资料

企业用户登录后可以修改自己资料中除公司名称、单位性质、营业执照号和所属行业外的其他项目，修改页面如图 1-26 所示。

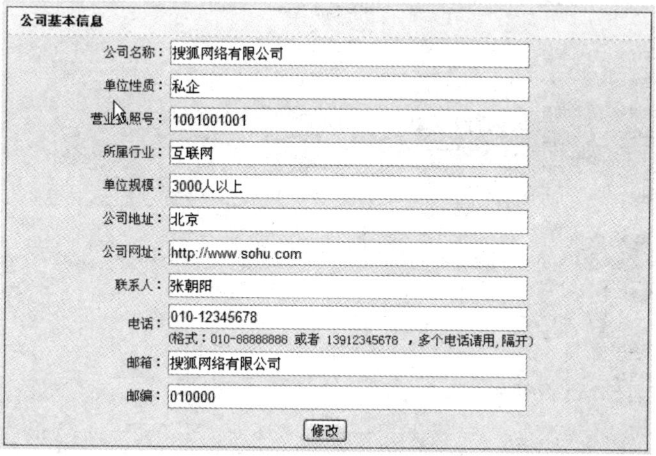

公司基本信息

公司名称：搜狐网络有限公司

单位性质：私企

营业执照号：1001001001

所属行业：互联网

单位规模：3000人以上

公司地址：北京

公司网址：http://www.sohu.com

联系人：张朝阳

电话：010-12345678
(格式：010-88888888 或者 13912345678 ，多个电话请用,隔开)

邮箱：搜狐网络有限公司

邮编：010000

修改

图 1-26　企业修改资料页面

2. 发布招聘信息

企业用户可以发布自己单位的招聘信息，发布招聘信息页面和管理员发布招聘信息页面相同，参考前面图 1-11 发布招聘信息页面。

3. 管理招聘信息

企业用户可以管理已经发布的招聘信息，管理招聘信息页面和管理员管理招聘信息页面相同，参考前面图 1-12 管理员管理招聘信息，不同的是，管理员可以管理所有企业招聘信息，而企业只能管理自己单位的招聘信息。

4. 查看学生简历

企业用户可以根据自己发布的招聘信息，查看有哪些学生投递了简历，以及每一个学生简历的具体内容。企业根据选定一条招聘中的查看超链接（如图 1-27 所示）查看有哪些学生投递了简历，然后在打开的页面（如图 1-28 所示）中选定某个学生，单击“查看简历”超链接，打开页面（如图 1-29 所示）查看该学生的详细简历信息。

招聘部门	招聘人数	职位性质	工作地点	操作
技术部	2	全职	北京	查看

图 1-27　企业查看单位招聘信息的学生简历投递情况

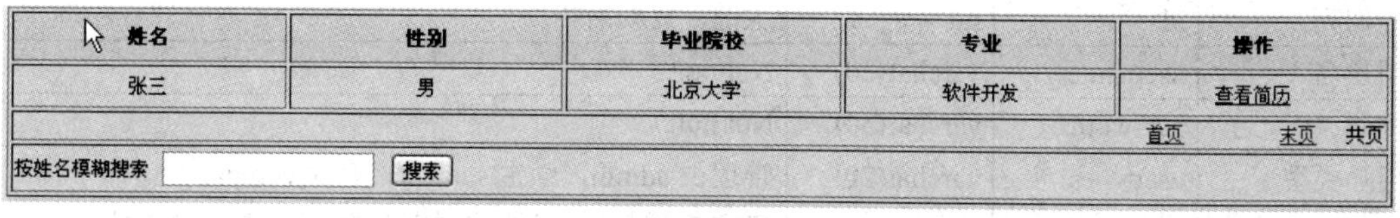

姓名	性别	毕业院校	专业	操作
张三	男	北京大学	软件开发	查看简历

首页　末页　共页

按姓名模糊搜索　搜索

图 1-28　企业查看单位招聘信息投递简历的学生

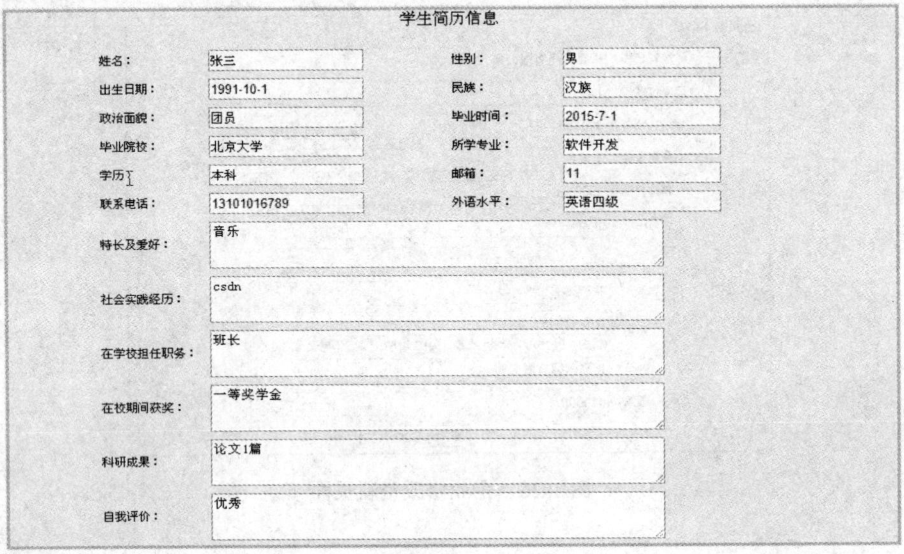

图 1-29　企业查看学生投递的简历信息

5. 查看就业信息

企业可以查看一些学生的就业信息，页面参考学生查看就业信息（如图 1-21 学生查看就业信息页面）。

6. 其他功能

企业给管理员留言、查看管理员回复以及修改密码功能和学生功能类似，可以参考前面的学生管理功能模块。

1.4　任务 4——数据库结构设计

1.4.1　用户注册表 user

用户表如表 1-1 所示。

表 1-1　用户表

字段说明	字段名称	字段类型	备　　注
标识列	id	int	主键，自动增长
用户名	username	varchar(20)	Not null
密码	password	varchar(50)	Not null
用户类型	usertypes	varchar(20)	管理员 admin，学生 student，企业 company
审核是否通过	verify	varchar(1)	确定审核是否通过，审核状态如下：1：未审核，2：审核通过，3：审核不通过

1.4.2　学生基本信息表 student

学生表如表 1-2 所示。

表 1-2　学生表

字段说明	字段名称	字段类型	备　注
标识列	sid	int	主键，对应 user 表中的 id
姓名	sname	varchar(50)	真实姓名与高考通知书上一致
性别	gender	varchar(2)	Not null
身份证号	idnumber	varchar(20)	Not null
毕业院校	school	varchar(50)	必须为全称
院系	department	varchar(50)	必须为全称，如软件工程系
专业名称	major	varchar(50)	必须为全称
学历	education	varchar(10)	专科、本科、硕士研究生、博士研究生
入学时间	entrancedate	varchar(10)	Not null
籍贯	nativeplace	varchar(200)	按实际内容填写，填写要求一致

1.4.3　学生简历表 resume

学生简历表如表 1-3 所示。

表 1-3　学生简历表

字段说明	字段名称	字段类型	备　注
标识列	sid	int	主键，对 studentinfo 表中的 sid
姓名	sname	varchar(50)	真实姓名与高考通知书上一致
性别	gender	varchar(2)	Not null
出生日期	birthdate	varchar(10)	Not null
民族	nation	varchar(20)	Not null
政治面貌	politics	varchar(20)	党员、团员、群众、其他
毕业时间	graduation	varchar(10)	如 2015-07-01
毕业院校	school	varchar(50)	必须为全称
所学专业	major	varchar(50)	必须为全称
学历	education	varchar(10)	专科、本科、硕士研究生、博士研究生
邮箱	email	varchar(20)	
联系电话	phone	varchar(20)	
外语水平	foreignlanguage	varchar(50)	
特长及爱好	hobby	text	
社会实践经历	practice	text	
在校期间担任职务	position	text	
在校期间获奖	honor	text	

续表

字 段 说 明	字 段 名 称	字 段 类 型	备 注
科研成果	research	text	
自我评价	selfevaluation	text	

1.4.4 企业基本信息表 company

企业信息表如表 1-4 所示。

表 1-4 企业信息表

字 段 说 明	字 段 名 称	字 段 类 型	备 注
标识列	cid	int	主键，对应着 user 表中 id
公司名称	companyname	varchar(50)	公司实际名称，必须填全称
单位性质	unitproperty	varchar(50)	按实际情况填写
营业执照号	licensenumber	varchar(50)	按实际情况填写
所属行业	industry	varchar(50)	按实际情况填写
单位规模	unitscale	varchar(10)	按实际情况填写
公司地址	address	varchar(200)	必须详尽
网址	webaddress	varchar(50)	Not null
联系人	linkman	varchar(50)	Not null
电话	telephone	varchar(20)	Not null
邮箱	email	varchar(20)	Not null
邮编	postcode	varchar(10)	Not null

1.4.5 招聘信息表 recruit

招聘信息表如表 1-5 所示。

表 1-5 招聘信息表

字 段 说 明	字 段 名 称	字 段 类 型	备 注
标识列	rid	int	主键，自动增长
招聘单位 id	cid	int	对应企业信息表中的 cid
招聘单位名称	companyname	varchar(50)	必须填全称
单位地址	address	varchar(50)	必须填详细
邮编	postcode	varchar(10)	Not null
招聘人数	recruitment	int	Not null
工作地点	workingplace	varchar(50)	Not null
职位性质	positiontype	varchar(10)	全职、兼职、实习
学历要求	edurequire	varchar(50)	必须填详尽
职位描述及要求	description	varchar(200)	必须填详细
使用部门	branch	varchar(50)	必须填全称

续表

字段说明	字段名称	字段类型	备　注
联系人	linkman	varchar(20)	Not null
联系电话	telephone	varchar(20)	Not null
单位主页	hostpage	varchar(20)	
邮箱	email	varchar(20)	

1.4.6　应聘简历表 recruitresume

应聘简历表如表 1-6 所示。

表 1-6　应聘简历表

字段说明	字段名称	字段类型	备　注
招聘信息 id	rid	int	对应企业招聘信息表中的 rid
招聘单位 id	cid	int	发布招聘信息的企业 id
学生简历 id	sid	int	对应学生简历表中的 sid

1.4.7　就业信息表 employment

就业信息表如表 1-7 所示。

表 1-7　就业信息表

字段说明	字段名称	字段类型	备　注
标识列	eid	int	主键，自动增长
学生姓名	studentname	varchar(50)	对应企业信息表中的 cid
毕业学校	school	varchar(50)	必须填全称
就职公司	companyname	varchar(50)	必须填详细
就职岗位	position	varchar(50)	Not null

1.4.8　留言信息表 message

留言信息表如表 1-8 所示。

表 1-8　留言信息表

字段说明	字段名称	字段类型	备　注
标识列	mid	int	主键，自动增长
留言人 id	id	int	留言人的用户 id
留言人	username	varchar(20)	留言人用户名
留言标题	title	varchar(100)	必须填全称
留言时间	msgtime	varchar(20)	必须填详细
留言内容	content	text	

续表

字段说明	字段名称	字段类型	备注
管理员回复	reply	text	
管理员回复时间	replytime	varchar(20)	

1.5 任务 5——项目的开发环境要求

1.5.1 系统软硬件要求

1. 软件要求

系统开发或运行操作系统可使用 Windows Server、Windows 7 或 Linux。不同的操作系统安装不同的软件，如表 1-9 所示。

表 1-9 项目运行操作系统及软件

操作系统	安装程序
（开发）Windows 操作系统	（1）Macromedia Dreamweaver 8 （2）Apache Tomcat 服务器 （3）MySQL 数据库
（部署）Windows 操作系统	（1）Apache Tomcat 服务器 （2）MySQL 数据库

2. 硬件要求

项目运行机器内存建议 1GB 以上；硬盘预留 100MB 空间；其他：Modem 或网络适配器，安装 TCP/IP 网络通信协议。

1.5.2 开发工具

1. MyEclipse 开发工具

MyEclipse 企业级工作平台（MyEclipse Enterprise Workbench，MyEclipse）是对 EclipseIDE 的扩展，利用它可以在数据库和 JavaEE 的开发、发布以及应用程序服务器的整合方面极大地提高工作效率。它是功能丰富的 JavaEE 集成开发环境，包括了完备的编码、调试、测试和发布功能，完整支持 HTML、Struts、JSP、CSS、JavaScript、Spring、SQL 和 Hibernate。

MyEclipse 是一个十分优秀的用于开发 Java、J2EE 的 Eclipse 插件集合，MyEclipse 的功能非常强大，支持也十分广泛，尤其是对各种开源产品的支持十分不错。MyEclipse 目前支持 Java Servlet、AJAX、JSP、JSF、Struts、Spring、Hibernate、EJB3 和 JDBC 数据库链接工具等多项功能。可以说 MyEclipse 是几乎囊括了目前所有主流开源产品的专属 Eclipse 开发工具。

2. Macromedia Dreamweaver

Macromedia Dreamweaver 8 是优秀的网页制作工具，对于创建专业 Web 站点而言，世界上最好的方法莫过于最简单的建立功能强大的 Internet 应用程序的方法。你破天荒地第一次可以在单一环境下工作，从而快速创建、建立和管理 Web 站点和 Internet 应用程序。获取 Dreamweaver 的可视布局工具、Dreamweaver UltraDev 的快速 Web 应用程序功能以及 HomeSite 的代码编辑支持，所有这些都可以在 Dreamweaver MX 这一完整的集成解决方案中完成，可以方便快捷地创建可视网页，自动生成全部的 HTML 代码。

1.5.3　开发语言

1. HTML（Hyper Text Markup Language）超文本标识语言

与常见的字处理文件不同，Web 页以超文本标识语言编排格式。HTML 文件是带有特定 HTML 插入标记的，用以编排文档属性和格式的标准文本文件。

2. 脚本语言 JSP

（1）与 ASP 一样，Java 的一些优势正是它致命的问题所在。正是由于为了跨平台的功能，为了极度的伸缩能力，所以极大地增加了产品的复杂性。

（2）Java 的运行速度是用 class 常驻内存来完成的，所以它在一些情况下所使用的内存比起用户数量来说确实是“最低性能价格比”了。另一方面，它还需要硬盘空间来存储一系列的 .java 文件和 .class 文件，以及对应的版本文件。

1.6　本章小结

本模块简要介绍了课程项目的需求和设计概要，以及项目开发环境要求，使大家对所要开发的项目有一个总体思路，了解项目要实现的功能，明确每个功能模块的实现结果，对于整个项目有理性和感官的认知。

1.7　课后实训

根据项目要求，设计项目详细的需求分析文档和设计文档。

模块 2　Web 项目开发环境配置

"工欲善其事，必先利其器"。在进行 Java Web 项目开发之前，需要先搭建 Java Web 项目的开发环境。因此本模块讲解 Java 编程环境（JDK、MyEclipse 和 Tomcat）的下载、安装与配置。因为 Java 开发需要大量的内存和磁盘空间。如果只安装 JDK，则计算机具有 256MB 的内存即可；如果安装并使用 MyEclipse，则推荐计算机内存至少有 512MB，硬盘上至少有 1GB 的空闲空间。

需要注意的是，本书的操作如果没有具体说明，均是在 Windows 7 操作系统下进行的。

学习目标

■　【知识目标】

1. 了解 Java Web 项目开发的软硬件配置方式
2. 掌握软件开发环境的搭建方法

■　【技能目标】

1. 能下载 JDK，进行安装与配置
2. 会下载 Tomcat 服务器，并进行安装与运行
3. 会下载 MyEclipse 工具，并进行安装与运行

2.1　任务 1——JDK 的安装与配置

JDK（Java（TM） SE Developent Kit）的全称是 Java 标准版开发工具包，是 Sun Microsystems 公司（2009 年 4 月被 Oracle 公司收购）提供的基础 Java 语言开发工具，该工具软件包含 Java 语言的编译工具、运行工具以及执行程序的环境（即 JRE）。JDK 是一个开源、免费的工具，是其他 Java 开发工具的基础。在安装其他开发工具以前，必须首先安装 JDK。

2.1.1　JDK 的下载

JDK 目前最新的版本是 JDK 8.0，读者可以到 Oracle 公司的官方网站上进行下载，下载地址为 http://www.oracle.com/technetwork/java/javase/downloads/index.html。具体步骤如下：

（1）打开浏览器，在地址栏中输入下载地址后，将显示如图 2-1 所示的页面。

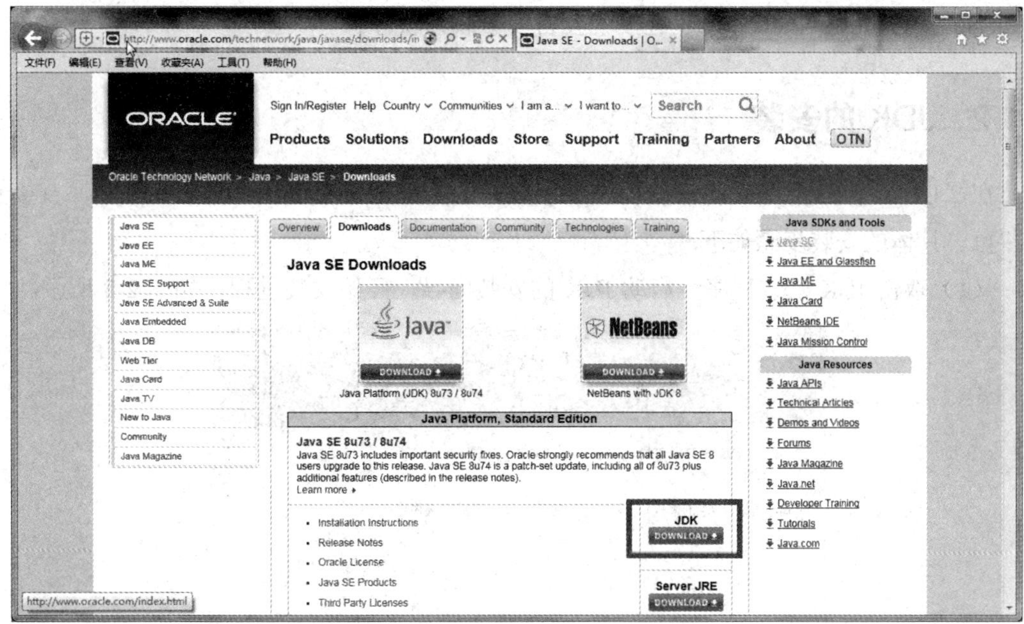

图 2-1　下载 JDK 8.0 的页面

（2）在图 2-1 所示的页面中单击 JDK 的 DOWNLOAD 下载按钮，进入 Java SE Development Kit 8 Downloads 页面，如图 2-2 所示。

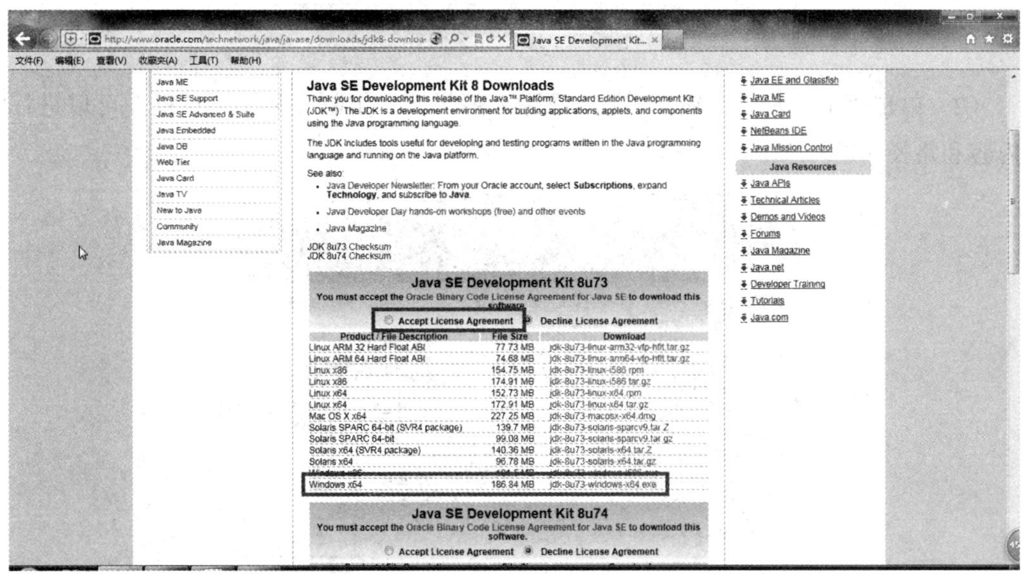

图 2-2　选择安装平台

（3）在图 2-2 所示的页面中，首先选中 Accept License Agreement 单选按钮，接受下载许可协议。然后再选择安装平台，JDK 能支持多个主流操作系统，包括 Windows、Linux 和 Solaris 操作系统。在每个操作系统中又区分了针对不同 CPU，例如 x86 就是家用计算机的 32 位 CPU；x64 则是 64 位 CPU。一般只关注 Windows x64 版本即可，因此单击"jdk-8u73-windows-x64.exe"超链接就会自动下载该软件。

2.1.2 JDK 的安装

在 2.1.1 节下载了 JDK 的安装程序，下载完的文件是一个可执行的 exe 程序，直接安装即可。具体的安装步骤如下：

（1）双击 JDK 安装程序，启动 JDK 的安装向导，开始安装过程，如图 2-3 所示。

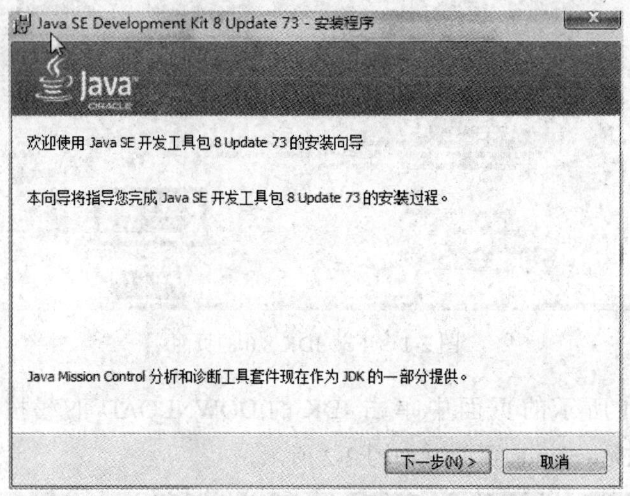

图 2-3 JDK 安装向导

（2）单击"下一步"按钮，出现如图 2-4 所示的"定制安装"对话框，可以进行安装内容和路径的选择。

图 2-4 "定制安装"对话框

默认的安装内容如下。

- 开发工具：所谓的 JDK，是必须要安装的部分。

- 源代码：构成 Java 公共 API 类的源代码。
- 公共 JRE：独立的 JRE。

如果不想安装后两项内容，可以单击选项前的下三角形按钮，在出现的选项中选择“此功能将不可用。”选项，如图 2-5 所示。

（3）默认安装路径是“C:\Program Files\Java\jdk1.8.0_73”，而一般推荐路径是“C:\jdk1.8.0_73”，所以需要更改默认安装路径。单击“更改”按钮（如图 2-4 所示），然后在弹出的“更改文件夹”对话框中选择相对应的路径，如图 2-6 所示。

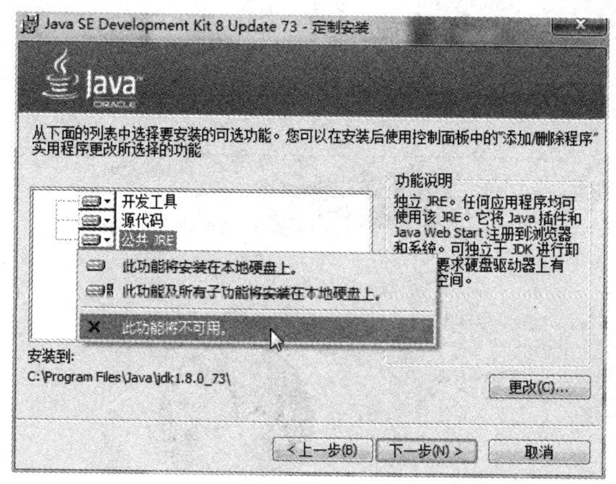

图 2-5　选择安装程序内容

图 2-6　“更改文件夹”对话框

（4）单击“确定”按钮后，回到“定制安装”对话框中。再单击“下一步”按钮，就会开始执行安装程序。安装过程中会弹出更改“目标文件夹”对话框，如图 2-7 所示。

（5）该对话框修改的是 JRE 的安装目录，单击“更改”按钮，修改相应目录为 C:\jre1.8.0_73 即可。注意，不能选择 JDK 的安装文件夹，最好在 JDK 文件夹同级目录下新建。修改完成后，单击“下一步”按钮，开始安装 JRE。

（6）安装成功后，就会出现如图 2-8 所示的对话框。单击“关闭”按钮，结束该 JDK 的安装。

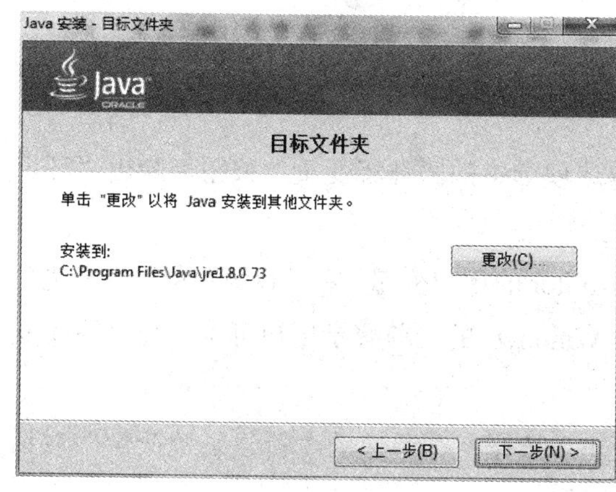

图 2-7　更改“目标文件夹”对话框

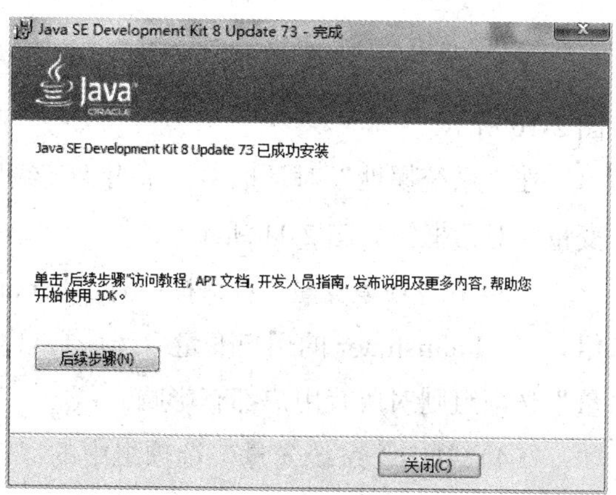

图 2-8　完成 JDK 安装

在安装过程中需要注意的是，输入的路径中不推荐有空格或中文路径，之所以这样做是因为路径有这些内容会出现不必要的问题，导致某些 Java 程序运行失败。

2.1.3 JDK 的配置

JDK 安装完成后可以对运行环境进行配置，这个步骤不是必需的。如果使用 MyEclipse 进行开发而不是手工编译代码，就完全可以忽略环境的配置。

JDK 运行环境的配置步骤如下：

（1）右击“计算机”图标，在弹出的快捷菜单中选择“属性”命令，打开“系统”窗口，如图 2-9 所示。

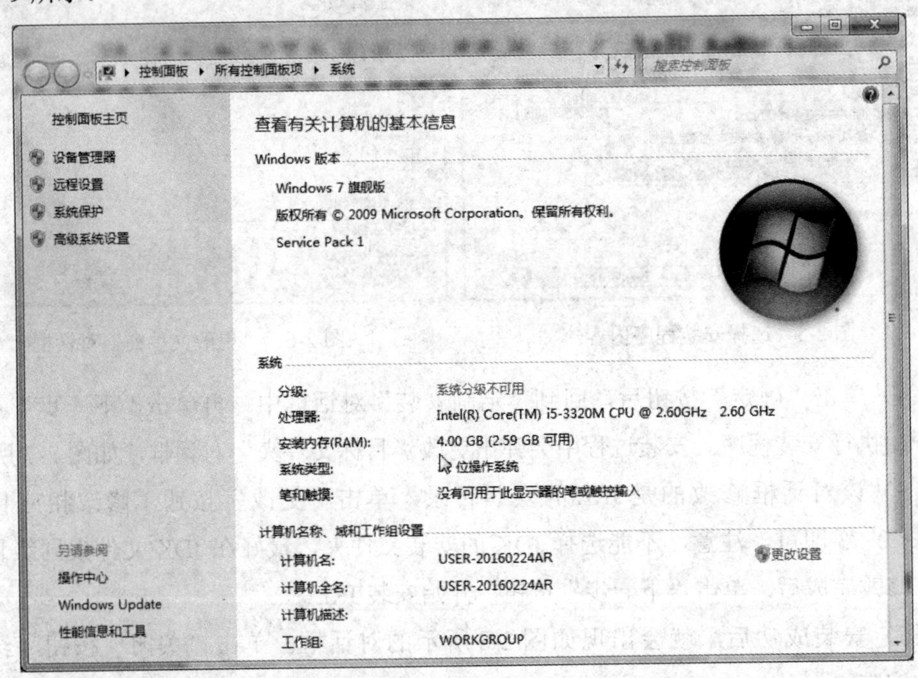

图 2-9 “系统”窗口

（2）在该窗口中单击“高级系统设置”超链接，弹出“系统属性”对话框，如图 2-10 所示。

在“系统属性”对话框中，单击“高级”选项卡中的“环境变量”按钮，弹出“环境变量”对话框，如图 2-11 所示。

（3）在“环境变量”对话框中有“Administrator 的用户变量”和“系统变量”两个选项组。“Administrator 的用户变量”选项组只对 Windows 的当前登录用户可用，而“系统变量”选项组则对所有用户都有影响。

（4）单击“系统变量”选项组中的“新建”按钮，在弹出的“新建系统变量”对话框中编辑环境变量 JAVA_HOME，如图 2-12 所示。

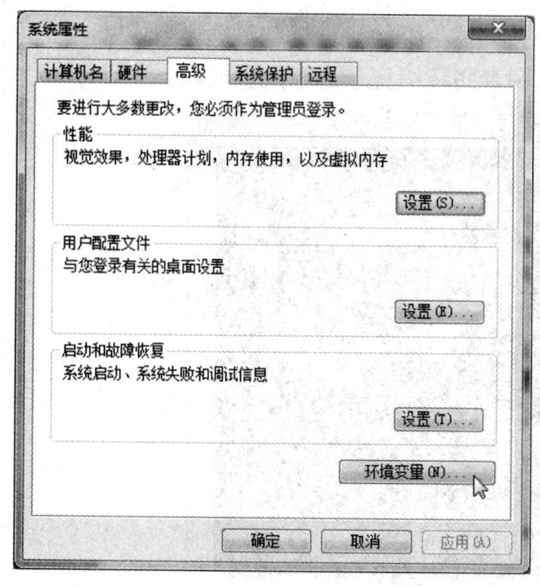

图 2-10　“系统属性”对话框

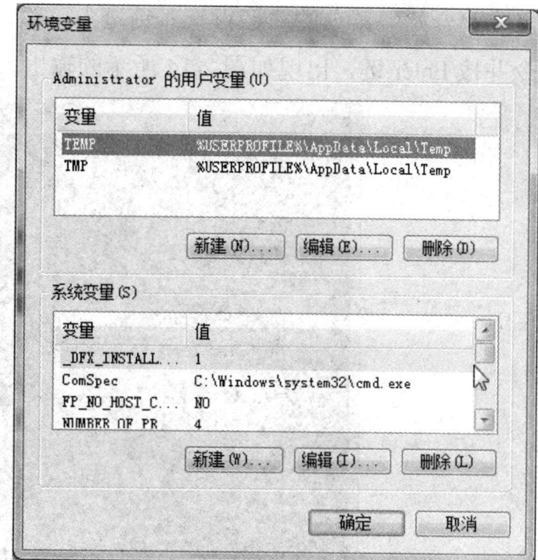

图 2-11　“环境变量”对话框

- 变量名为 JAVA_HOME。
- 变量值为 C:\jdk1.8.0_73（该变量值为 JDK 安装目录）。

单击“确定”按钮，完成第一个环境变量的设置，返回图 2-11 所示的“环境变量”对话框。

（5）需要设置的第二个环境变量为 Path，因为该环境变量在“系统变量”选项组中已经存在，这时就需要选中该变量名，然后单击“编辑”按钮，弹出“编辑系统变量”对话框，如图 2-13 所示。

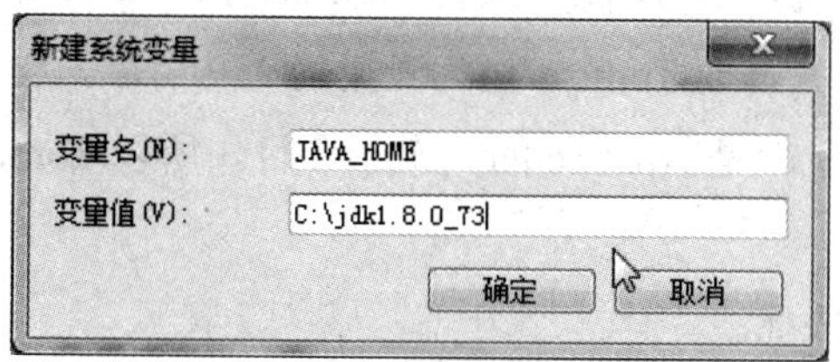

图 2-12　“新建系统变量”对话框

图 2-13　“编辑系统变量”对话框

该环境变量原有值不变，将光标移到原有变量值的最后，添加“;%JAVA_HOME%\bin”（该变量值为 JDK 应用程序的路径），单击“确定”按钮即可。

（6）在图 2-11 所示的对话框中，单击“系统变量”选项组中的“新建”按钮，创建第 3 个环境变量 CLASSPATH，该变量值为 Java 虚拟机查找加载类的地址。

- 变量名为 CLASSPATH。
- 变量值为“.;%JAVA_HOME%\lib\dt.jar;%JAVA_HOME%\lib\tools.jar”。

* **注意：** 在变量值中首先有一个“.”符号，代表当前目录；目录和目录之间用“;”间隔。

（7）单击“确定”按钮，关闭“环境变量”和“系统属性”对话框。

（8）当环境变量设置好后，就可以检验是否设置成功。打开操作系统的命令行窗口

（在“开始”菜单的“运行”对话框中，输入“cmd”命令即可打开），输入“javac”命令并按 Enter 键，出现如图 2-14 所示的输出，则表明环境变量已经配置成功。

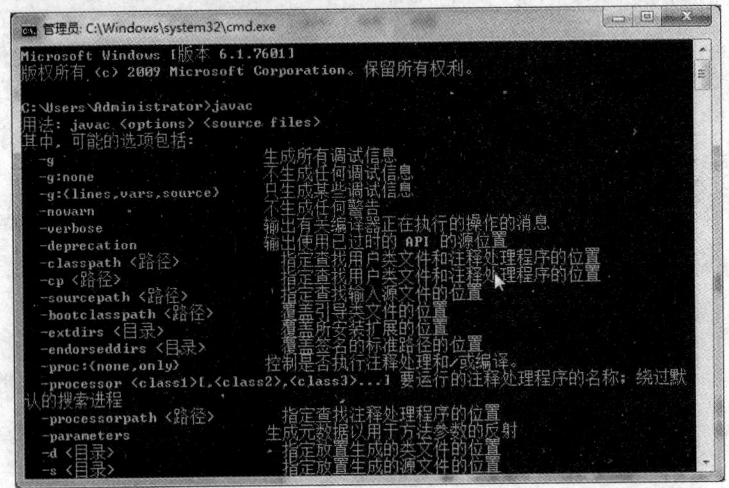

图 2-14　测试环境变量

2.2　任务 2——Tomcat 服务器的安装与配置

Tomcat 服务器是 Apache 组织开发的一种 JSP 引擎，本身具有 Web 服务器的功能，可以作为独立的 Web 服务器来使用。但是，在作为 Web 服务器方面，Tomcat 处理静态 HTML 页面时不如 Apache 迅速，也没有 Apache 健壮，所以一般将 Tomcat 与 Apache 配合使用，让 Apache 对网站的静态页面请求提供服务，而 Tomcat 作为专用的 JSP 引擎，提供 JSP 解析，以得到更好的性能。并且 Tomcat 本身就是 Apache 的一个子项目，所以 Tomcat 对 Apache 提供了强有力的支持。

对于初学者来说，Tomcat 是一个很不错的选择。

2.2.1　下载 Tomcat

目前 Tomcat 的最新版本是 9.0，使用 Tomcat 7.0 作为 Web 服务器，具体下载步骤如下:

（1）访问下载 Tomcat 的官方网站，网址为 http://tomcat.apache.org，如图 2-15 所示。

（2）单击页面左侧 Download 导航栏下的 Tomcat 7.0 超链接，进入下载页面，如图 2-16 所示。

（3）在下载页面中的 Binary Distributions 选项组的 Core 选项中，有以 zip（用于 Windows 平台）或 gz（用于 Linux 平台）结尾的免安装版以及 32-bit/64-bit Windows Service Installer 安装版本，选择任何一项都可以下载，但建议下载 32-bit/64-bit Windows Service Installer 的 exe 安装文件（直接用鼠标单击超链接即可开始下载），如图 2-17 所示。

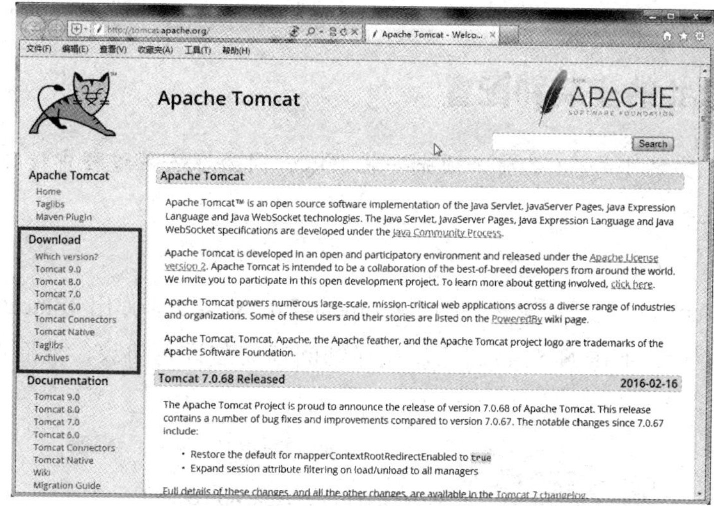

图 2-15　Tomcat 下载首页

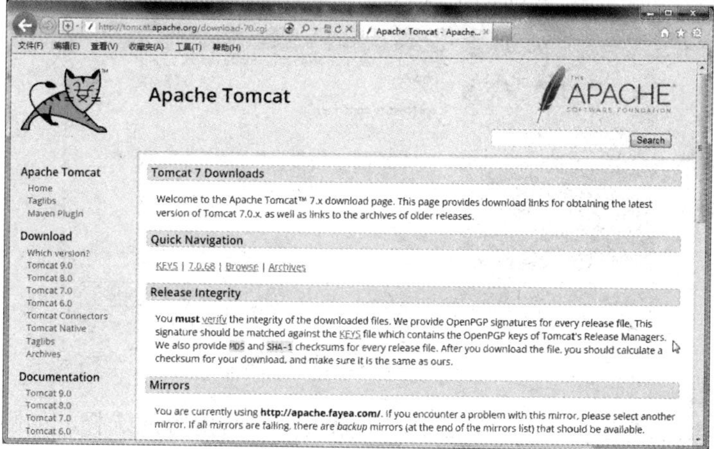

图 2-16　Tomcat 7.0 下载页面

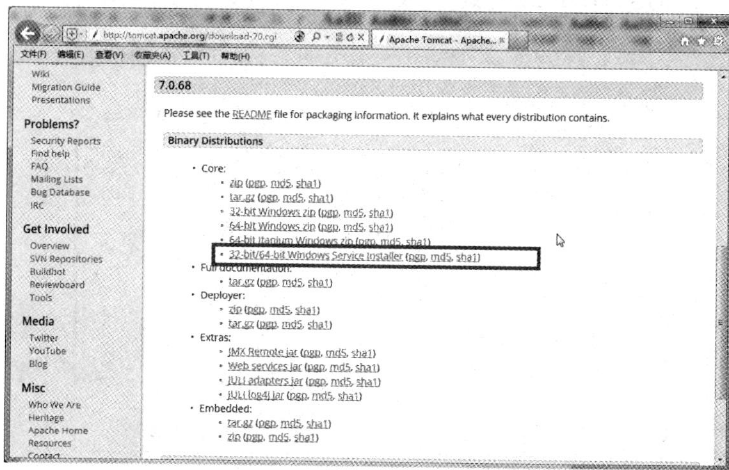

图 2-17　选择下载的 Tomcat 类型

2.2.2 Tomcat 的安装和配置

＊ **注意：** 在安装 Tomcat 之前必须先安装 JDK，因为在安装过程中该服务器要自动查找 JDK 的目录位置。

安装 Tomcat 的具体步骤如下：

（1）双击 Tomcat 的安装程序（apache-tomcat-7.0.68.exe），弹出 Tomcat 安装向导对话框，如图 2-18 所示。单击 Next 按钮后，先仔细阅读安装许可协议，然后单击 I Agree 按钮接受许可协议。

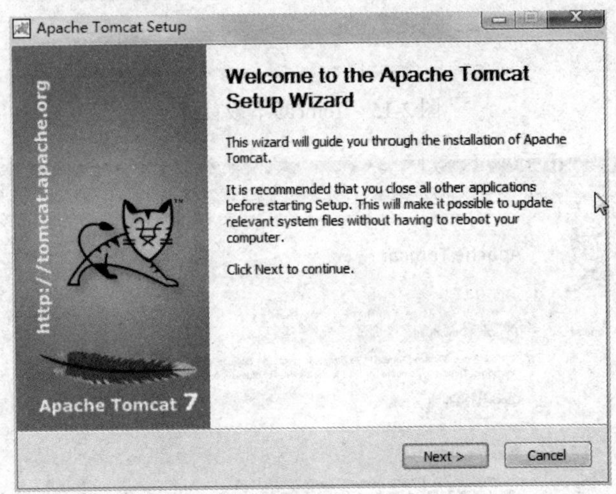

图 2-18　安装向导对话框

（2）在弹出的自定义安装对话框中，可以进行安装内容的选择，如图 2-19 所示。默认的安装内容如下所示。

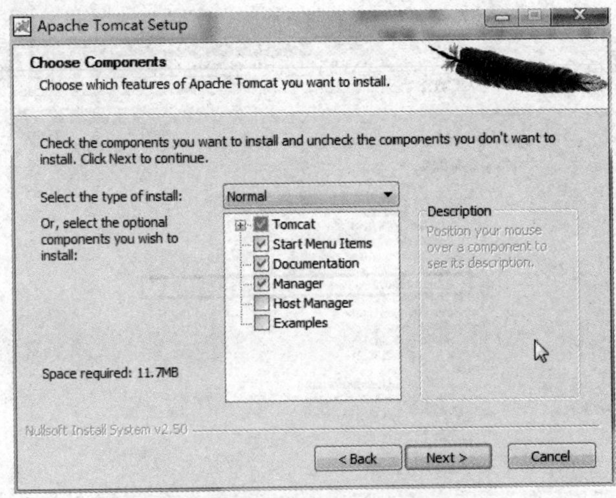

图 2-19　选择安装内容

- Tomcat：Tomcat 服务器的主要组件。
- Start Menu Items：在开始菜单中增加管理 Tomcat 的快捷方式。
- Documentation：Tomcat 的技术文档。
- Manager：安装 Tomcat 管理器管理 Web 应用。

也可在 Select the type of install（选择安装类型）下拉列表框中选择 Full、Minimum 以及 Custom 选项，进行完全安装、最小安装以及自定义安装，如图 2-20 所示。

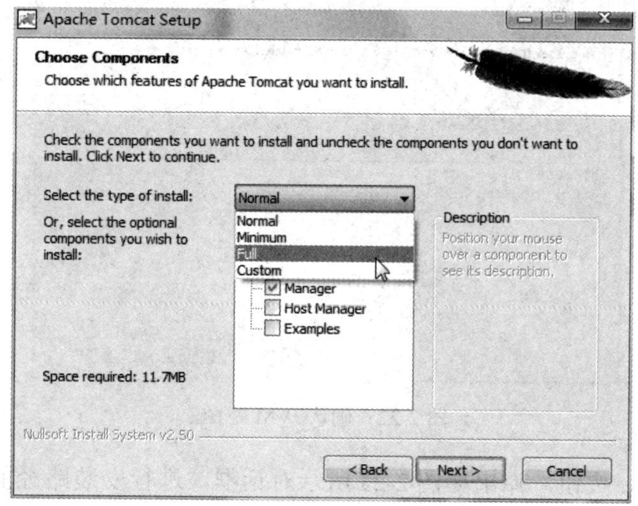

图 2-20　安装类型的选择

这里，选择 Normal，单击 Next 按钮，进行默认安装即可。

（3）在弹出的“Tomcat 基本配置”对话框中，可以进行最基本的配置，如图 2-21 所示。

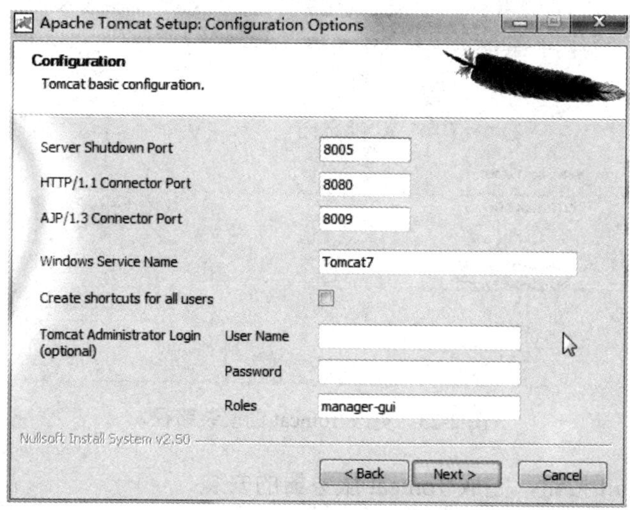

图 2-21　Tomcat 基本配置

- HTTP/1.1Connector Port：用来设置 Tomcat 的端口号，默认为 8080。
- Windows Service Name：用来设置 Windows 服务的名称。

- Tomcat Administrator Login：用来设置登录用户的用户名（User Name）和密码（Password）。

（4）单击 Next 按钮，弹出如图 2-22 所示的对话框，进行 Java 虚拟机的配置。该项配置一般自动寻找 Java 虚拟机的目录位置，用户只需确认即可。

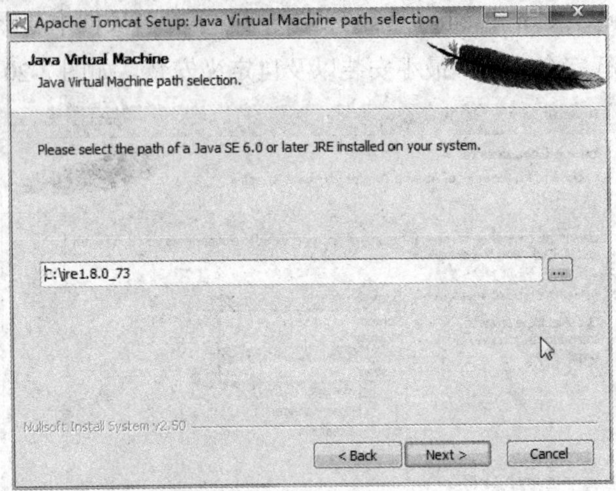

图 2-22　确认 JVM 路径

（5）单击 Next 按钮，弹出如图 2-23 所示对话框，进行安装路径的选择。一般推荐路径是 C:\Tomcat7.0\，因此单击 Browse 按钮，修改默认安装路径。

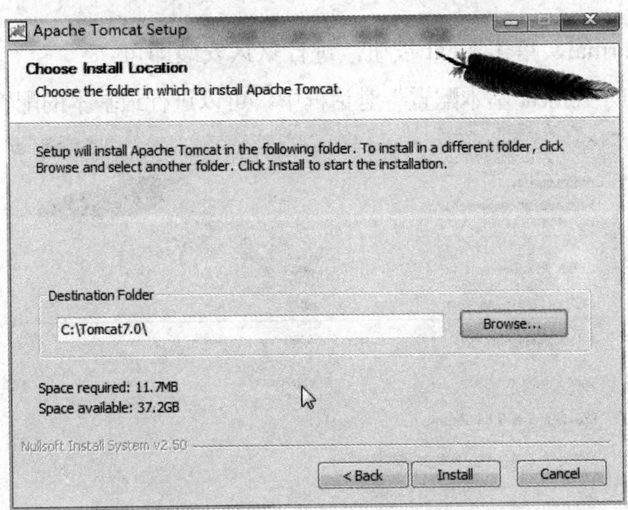

图 2-23　更改 Tomcat 的安装路径

（6）单击 Install 按钮，完成 Tomcat 服务器的安装。

2.2.3　运行和测试 Tomcat

安装完 Tomcat 服务器后，就可以启动该服务器。可以通过两种方式启动服务器：菜单方式和计算机管理器方式。

1. 以菜单方式启动 Tomcat

打开 Windows 程序开始菜单中管理 Tomcat 的选项，如图 2-24 所示。

其中，

- Monitor Tomcat：用来监视 Tomcat 的运行状态。
- Configure Tomcat：用来对 Tomcat 进行配置。

单击 Monitor Tomcat 选项，弹出 Apache Tomcat 7.0 Tomcat7 Properties 对话框，如图 2-25 所示，其中的 Start 和 Stop 按钮用来启动和停止 Tomcat 服务器。

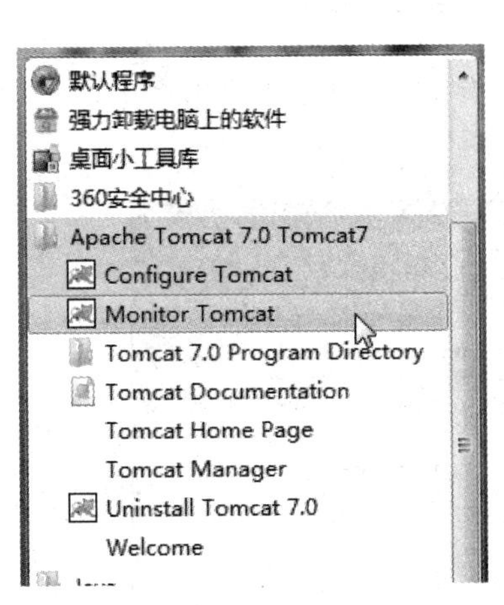

图 2-24 开始菜单中 Tomcat 选项

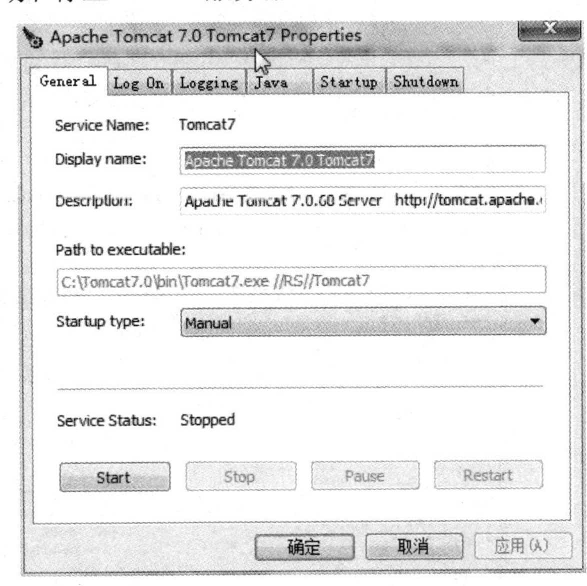

图 2-25 Apache Tomcat 7.0 Tomcat7 Properties 对话框

当启动或停止 Tomcat 服务时，Windows 底部的任务栏的托盘区中的图标也会发生变化，如图 2-26 所示。

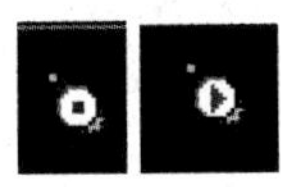

图 2-26 Tomcat 启动前后图标的变化

2. 以计算机管理器方式启动 Tomcat

在 Windows 的桌面上，右击“计算机”图标，在弹出的快捷菜单中选择“管理”命令，打开“计算机管理”窗口，单击“服务和应用程序”下的“服务”，如图 2-27 所示。

在右侧栏目中，右击 Apache Tomcat 7.0 Tomcat7 选项，在弹出的快捷菜单中选择“启动”命令即可启动 Tomcat 服务器，如图 2-28 所示。如果选择“停止”命令，就会停止 Tomcat 服务器。

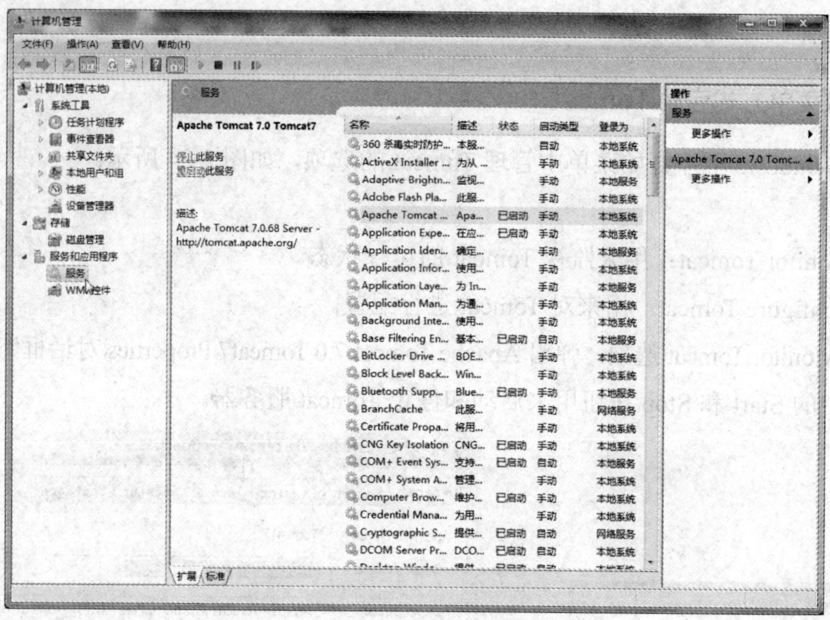

图 2-27 “计算机管理”窗口

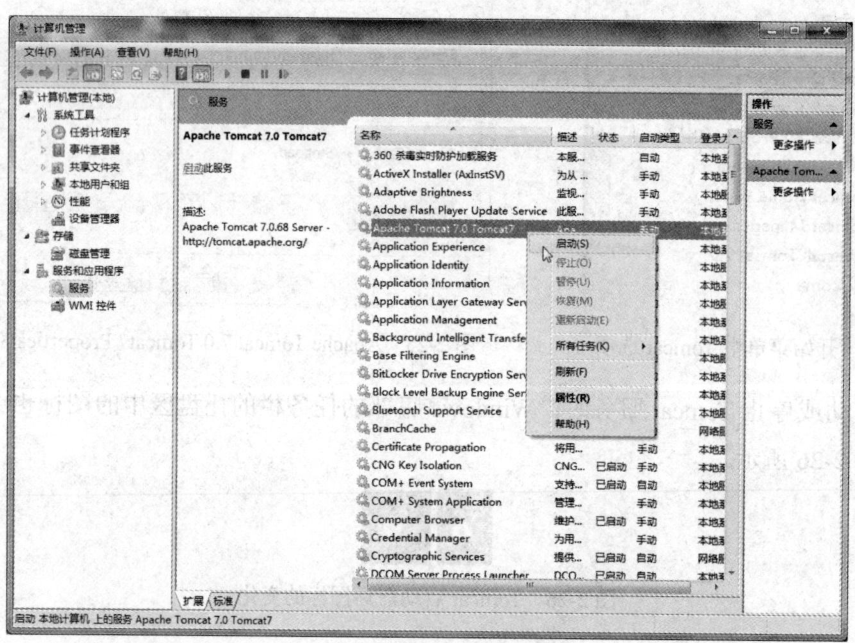

图 2-28 启动 Tomcat

3. 测试 Tomcat 是否运行正常

打开浏览器，在浏览器地址栏中输入“http://localhost:8080”来测试 Tomcat 的运行情况。如果成功地进入了图 2-29 所示的画面，则说明运行成功；否则运行失败，可将 Tomcat 卸载后再重新安装。

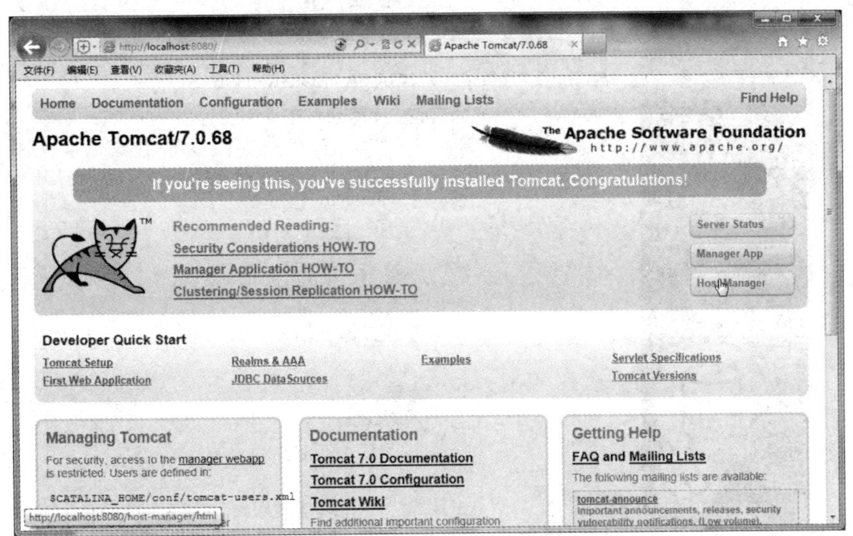

图 2-29　Tomcat 服务器首页面

2.3　任务 3——MyEclipse 安装与配置

Eclipse 是一个集成开发环境（Integrated Development Environment，IDE），是功能完整且成熟的软件。它是一个开放源代码、基于 Java 的可扩展开发平台，由 IBM 公司于 2001 年首次推出。

MyEclipse 企业级工作平台（MyEclipse Enterprise Workbench，MyEclipse）则是对 Eclipse IDE 的扩展，包括了完备的编码、调试、测试和发布功能。利用 MyEclipse 可以在数据库和 JavaEE 的开发、发布以及应用程序服务器的整合方面极大地提高工作效率。

2.3.1　MyEclipse 的下载

目前 MyEclipse 最新的版本为 MyEclipse 2016 CI 0 for Windows，可以从官方网站 http://www.myeclipsecn.com/download/ 下载 MyEclipse 安装程序。

在本书中使用 MyEclipse 2014，其下载地址为 http://downloads.myeclipseide.com/downloads/products/ eworkbench/2014/installers/myeclipse-pro-2014-GA-offline-installer-windows.exe。

2.3.2　MyEclipse 的安装

下载完成后，双击安装程序 myeclipse-pro-2014-GA-offline-installer-windows.exe，进入解压安装，解压完成后会出现如图 2-30 所示的界面。此安装过程共分 5 步，前 4 步是用户选择的一些过程，第 5 步正式进入安装过程。

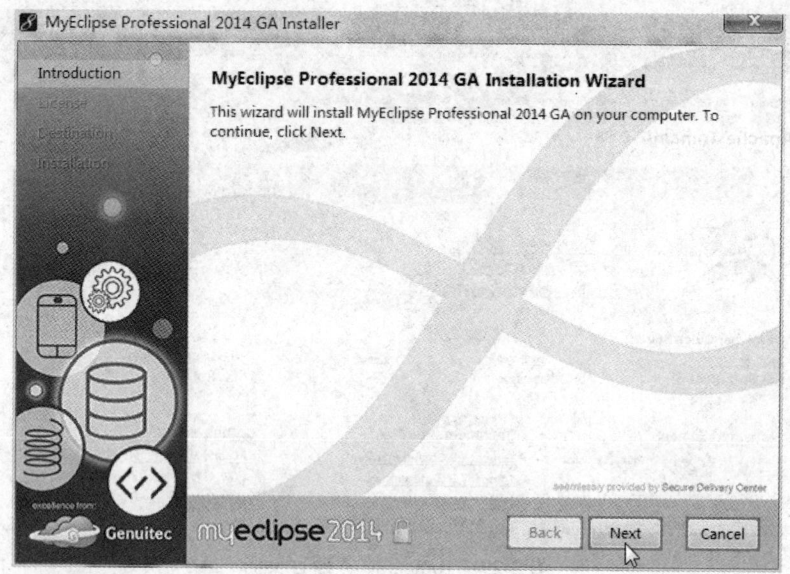

图 2-30 MyEclipse 安装向导

（1）Introduction：告知用户该向导将在你的电脑上安装 MyEclipse Professional 2014，单击 Next 按钮。

（2）License：要求用户阅读 MyEclipse 使用的许可协议，选中 I accept the terms of the license agreement 复选框，单击 Next 按钮，如图 2-31 所示。

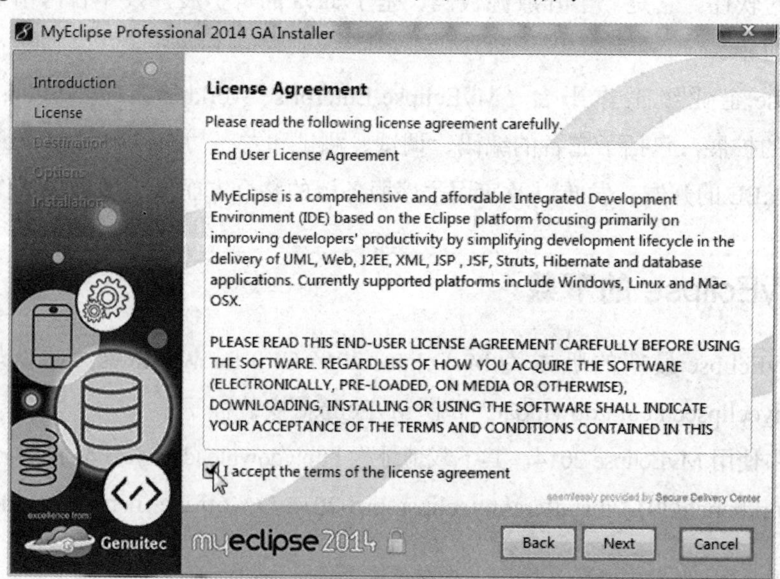

图 2-31 阅读 MyEclipse 的许可协议

（3）Destination：选择 MyEclipse 的安装路径，如图 2-32 所示。推荐安装路径为 C:\MyEclipse2014，因此单击 Change 按钮更改安装路径为 C:\MyEclipse2014，单击 Next 按钮进入下一步。

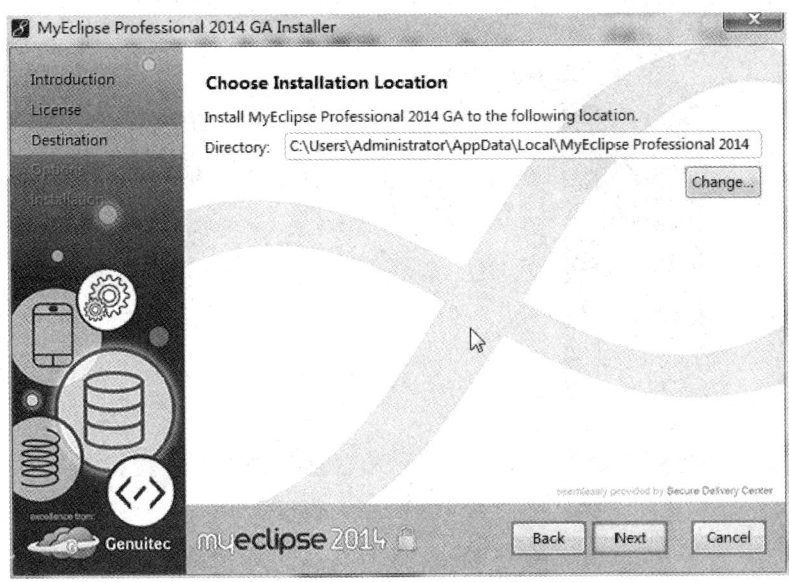

图 2-32　设置 MyEclipse 的安装路径

（4）Options：选择安装组件，如图 2-33 所示。默认全部安装，也可根据需要选择安装不同组件。采用默认的全部安装即可，单击 Next 按钮，进入第 5 步。

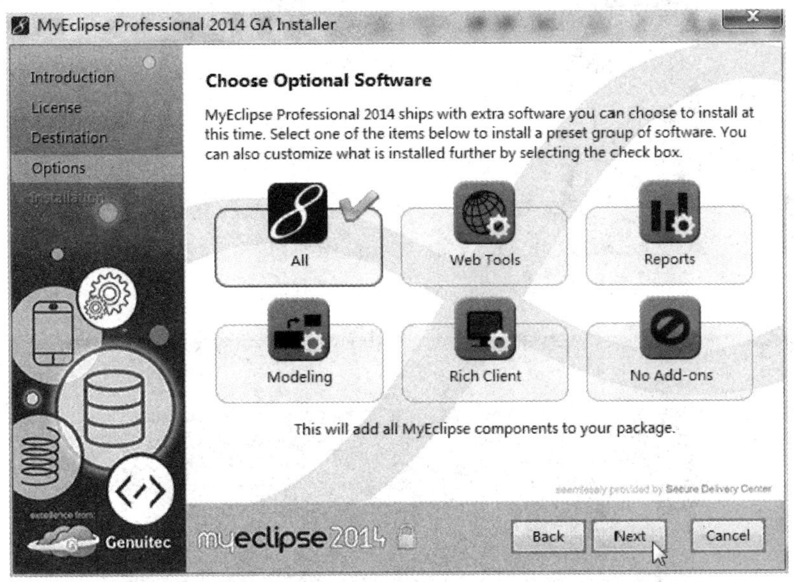

图 2-33　选择安装组件

（5）Installation：自动安装该软件，如图 2-34 所示。

安装完成后，如图 2-35 所示。单击 Finish 按钮，结束安装过程。如果复选框 Launch MyEclipse Professional 2014 被选中，则在结束安装过程后会立即启动 MyEclipse 2014。也可通过开始菜单中的 MyEclipse Professional 2014 来启动 MyEclipse 2014，运行界面如图 2-36 所示。

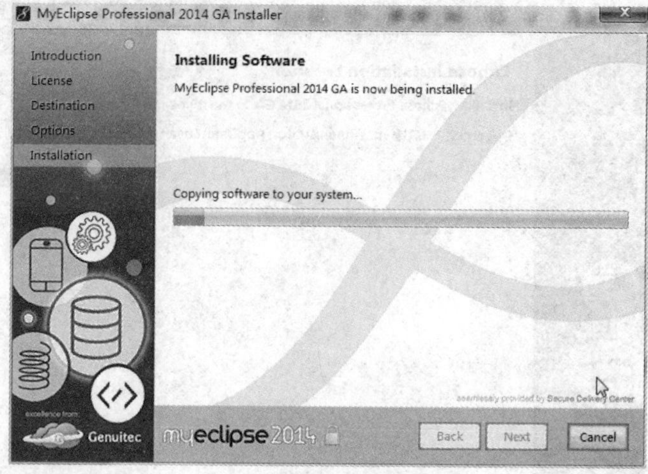

图 2-34　安装 MyEclipse

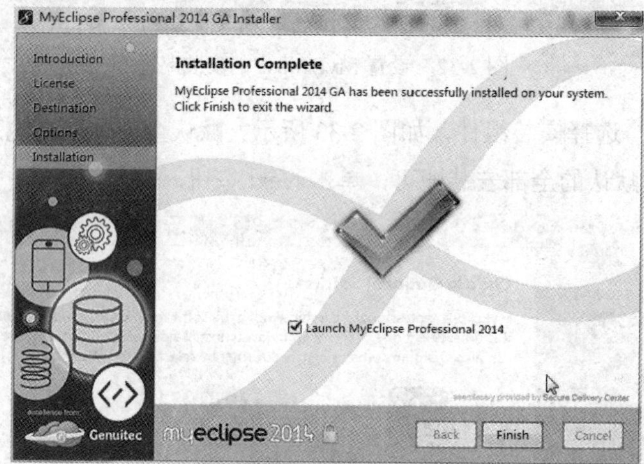

图 2-35　MyEclipse 安装完成

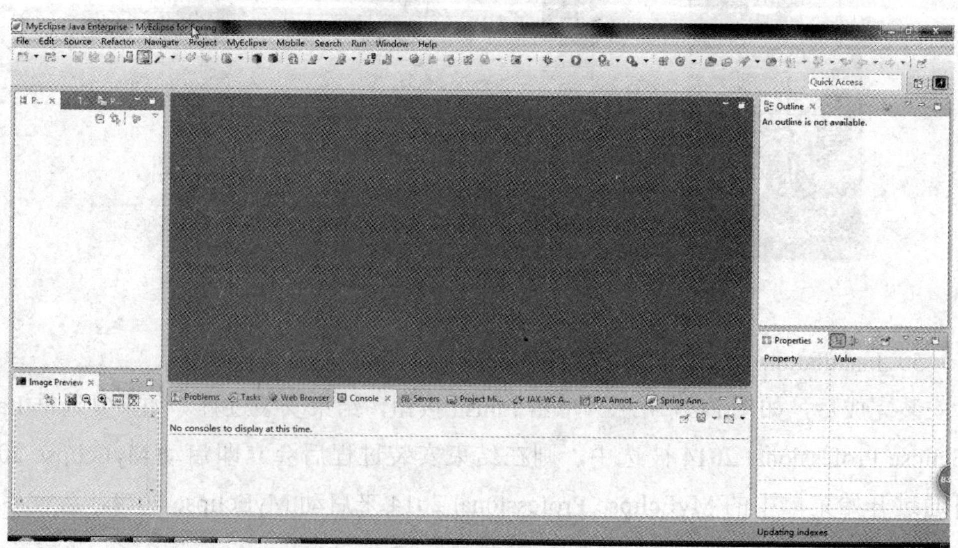

图 2-36　MyEclipse 运行界面

＊ **注意**：有了 MyEclipse 2014 的注册码后，可以选择 MyEclipse 菜单下的 Subscription Information 菜单命令，在弹出的如图 2-37 所示的对话框中，把相应的信息填写到对应的位置即可。

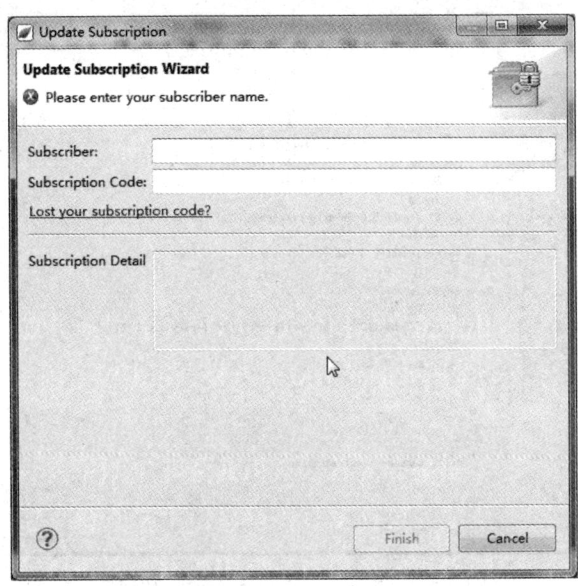

图 2-37 注册 MyEclipse

2.3.3 在 MyEclipse 中附加 Tomcat 服务器

（1）MyEclipse 2014 默认情况下会自动安装 JDK 1.7 和 JavaEE 6.0 运行环境，检查所安装的 JRE 可以单击 Window 菜单下的 Preferences 命令，从弹出的对话框中选择 Java，从展开的下级选项中选择 Installed JREs 选项，如图 2-38 所示。

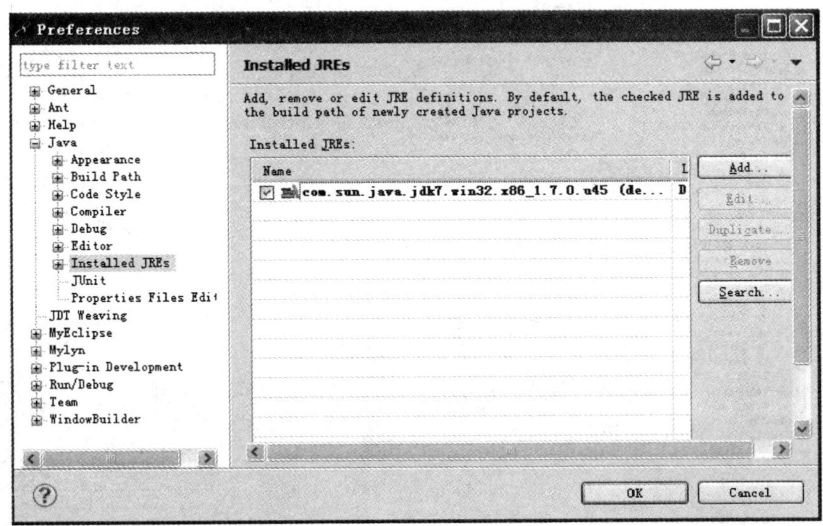

图 2-38 查看 JRE 安装情况

查看所安装的JavaEE运行时类库环境，从图2-38所示的对话框中单击MyEclipse选项，从展开的下级选项中选择 Project Libraries 选项，如图 2-39 所示。

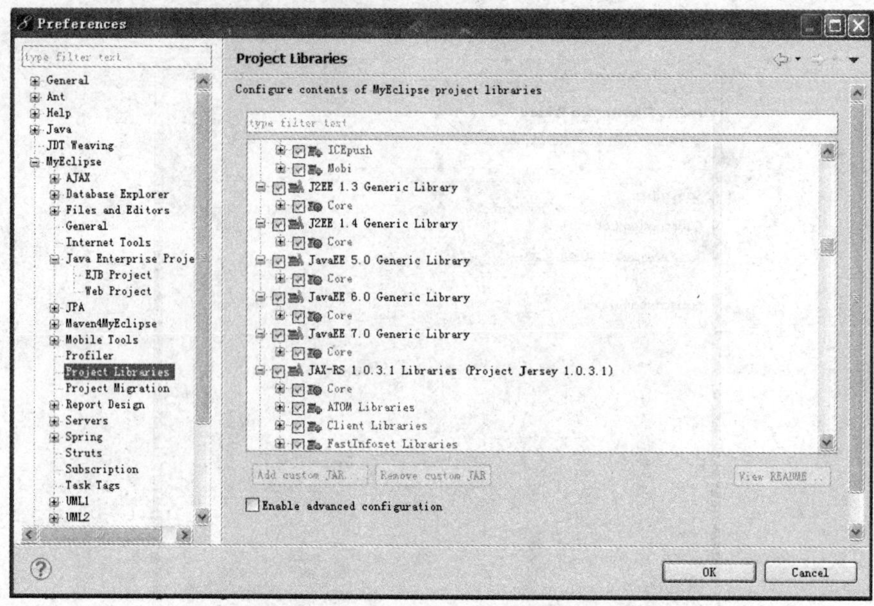

图 2-39　查看 JavaEE Library 安装情况

（2）设置服务器。

单击 Window 菜单下的 Preference 命令，从弹出的对话框中依次展开 MyEclipse → Servers → Tomcat 选项，选择 Tomcat 7.x 选项，在该对话框的右侧配置 Tomcat 7.0 服务器，如图 2-40 所示。

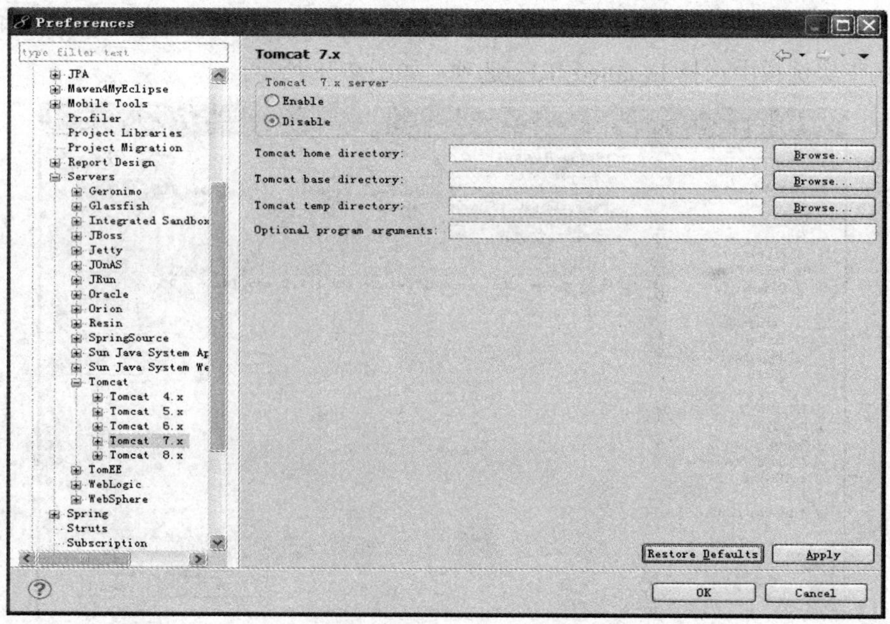

图 2-40　Tomcat 服务器配置

将 Tomcat 7.x server 设置为 Enable，并将 Tomcat home directory 设置为 Tomcat7.0 的安装目录，如图 2-41 所示。其他目录选项将会自动生成，如图 2-42 所示。

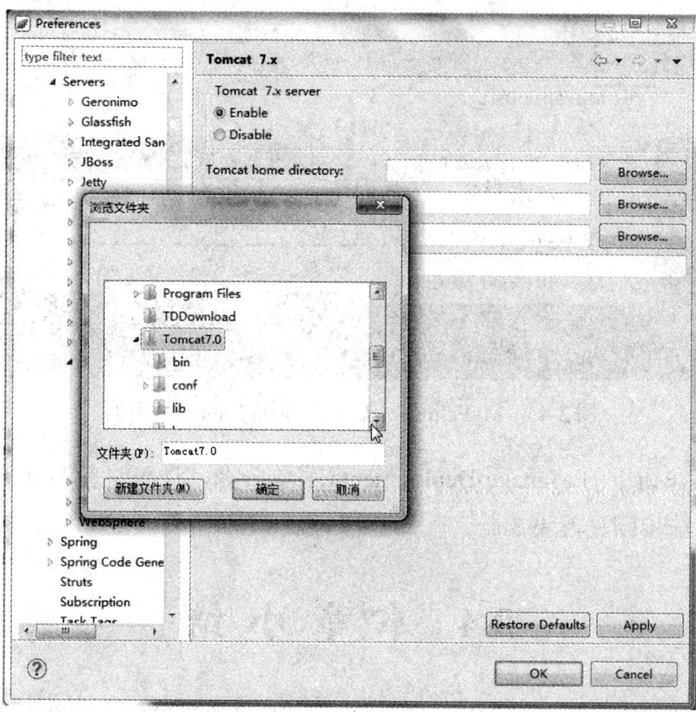

图 2-41　Tomcat 服务器配置（1）

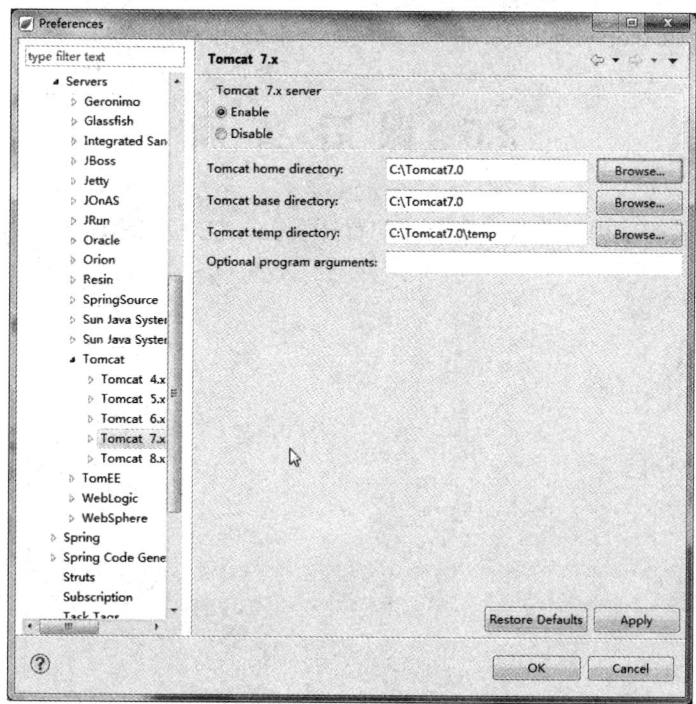

图 2-42　Tomcat 服务器配置（2）

单击 OK 按钮完成 Tomcat 服务器的配置。这时可以通过工具栏上的工具按钮来启动或停止 Tomcat 服务器，如图 2-43 所示。

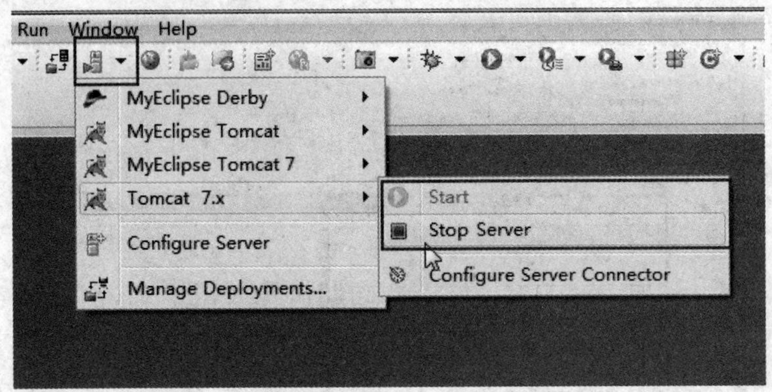

图 2-43　MyEclipse 中启动、停止 Tomcat 服务器

使用该工具按钮下的 Manage Deployments 菜单命令，还可进行 Web 应用程序的发布等工作，具体方法步骤见模块 3。

2.4　本章小结

该模块主要介绍了开发和运行 JavaEE 项目所需要的开发、部署工具的安装和配置，在实际开发过程中可能还需要一些辅助工具，例如，可以使用 Dreamweaver 构建 Web 前台页面，使用 Photoshop 处理图片等，可以从网上下载相应工具安装使用。

2.5　课后实训

熟悉开发工具的使用，下载、安装并配置开发 JavaEE 应用程序所需的环境。

模块 3　使用 Servlet 实现 Web 控制器

Servlet 是一种服务器端的 Java 应用程序，具有独立于平台和协议的特性，可以生成动态的 Web 页面。它担当客户请求（Web 浏览器或其他 HTTP 客户程序）与服务器响应（HTTP 服务器上的数据库或应用程序）的中间件。Servlet 是位于 Web 服务器内部的服务器端的 Java 应用程序，与传统的从命令行启动的 Java 应用程序不同，Servlet 由 Web 服务器进行加载，该 Web 服务器必须包含支持 Servlet 的 Java 虚拟机。

学习目标

■　【知识目标】

1. 了解 Servlet API 的体系结构
2. 掌握 Servlet 的生命周期
3. 掌握请求的转发与重定向
4. 掌握 Servlet 过滤器技术
5. 熟练掌握会话跟踪技术

■　【技能目标】

会使用 Servlet 实现 Web 控制器

3.1　任务 1——认识 Servlet

自 Sun Microsystems 公司所组成的 JavaSoft 部门将 Servlet API 定案以来，陆续推出了 Servlet API 1.0，Servlet 是在服务器上运行的小程序，是一个具有跨平台特性的 Server-Side 程序，Servlet 不只限定于 HTTP 协议，开发人员可以利用 Servlet 自定义或延伸任何支持 Java 的 Server，包括 Web Server、Mail Server、Ftp Server、Application Server 等。

3.1.1　Servlet 的优点

（1）可移植性：Servlet 是利用 Java 语言来开发的，因此，延续 Java 在跨平台上的表现，不论 Server 的操作系统是什么，Windows、Linux、Solaris、HP-UX 等，都能够将 Servlet 程序放在这些操作系统上执行，借助 Servlet 的优势，就可以真正达到 Write Once，

Serve Anywhere 的境界。Servlet 是在 Server 端执行的，所以，程序员只要专心开发，能在实际应用的平台环境下测试无误即可。除非从事做 Servlet Container 的公司，否则无须担心写出来的 Servlet 是否能在所有的 Java Server 平台上执行。

（2）强大的功能：Servlet 能够完全发挥 Java API 的威力，包括网络和 URL 存取、多线程、影像处理、RMI（Remote Method Invocation）、分布式服务器组件、对象序列化等。若想写个网络目录查询程序，则可以利用 JNDI API，想连接数据库可以用 JDBC，有这些强大功能的 API 做后盾，相信 Servlet 更能发挥其优势。

（3）性能：Servlet 在加载执行后，其对象实体通常会一直停留在 Server 的内存中，若有请求发生时，服务器再调用 Servlet 来服务，假若收到相同服务的请求时，Servlet 会利用不同的线程来处理，不像 CGI 程序必须产生许多进程来处理数据。在性能表现上，大大超过 CGI 程序。Servlet 在执行时，不是一直停留在内存中，服务器会自动将停留时间过长一直没有执行的 Servlet 从内存中移除，不过有时也可以自行写程序来控制，至于停留时间长短通常和选用的服务器有关。

（4）安全性：Servlet 也有类型检查的特性，并且利用 Java 的垃圾回收与没有指针的设计，使得 Servlet 避免内存管理的问题。由于在 Java 的异常处理机制下，Servlet 能够安全地处理各种错误，不会因为发生程序上逻辑错误而导致整体服务器系统的崩溃。例如，某个 Servlet 发生除以零或其他不合法的运算时，会抛出一个异常让服务器处理，如记录在 Log 日志中。

3.1.2 Servlet 运行原理

Servlet 容器将 Servlet 动态地加载到服务器上。HTTP Servlet 使用 HTTP 请求和 HTTP 响应与客户端进行交互。因此 Servlet 容器支持请求和响应所用的 HTTP 协议。Servlet 应用程序体系结构如图 3-1 所示。

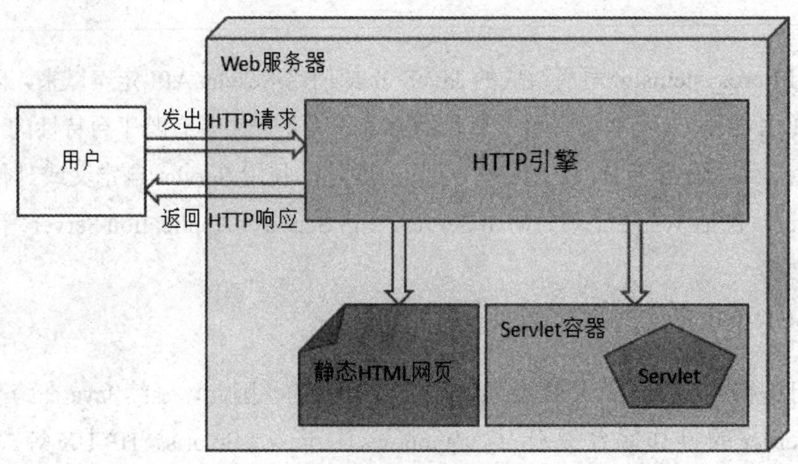

图 3-1 Servlet 应用程序体系结构

图 3-1 说明客户端对 Servlet 的请求首先会被 Web 服务器接收，Web 服务器将客户的 HTTP 请求提交 Servlet 容器，Servlet 容器调用相应的 Servlet，Servlet 做出的响应传递到 Servlet 容器，再由 HTTP 服务器将响应传输给客户端。因此，Web 服务器不仅提供静态内容，还将所有客户端对 Servlet 作出的请求传递到 Servlet 容器。

例题 3-1　第一个 Servlet 示例，该 Servlet 的功能是输出字符串"Hello World！"。

手工创建一个 Servlet 类需要以下 3 步：

（1）创建 FirstServlet 类，此类继承自 HttpServlet。

（2）重写 doGet() 或 doPost() 方法。

（3）注册和运行 Servlet。

在 MyEclipse 2014 下创建这个 Servlet 并运行的步骤如下。

（1）启动 MyEclipse 2014，选择 File → New → Web Project 命令，弹出 New Web Project 对话框，如图 3-2 所示。

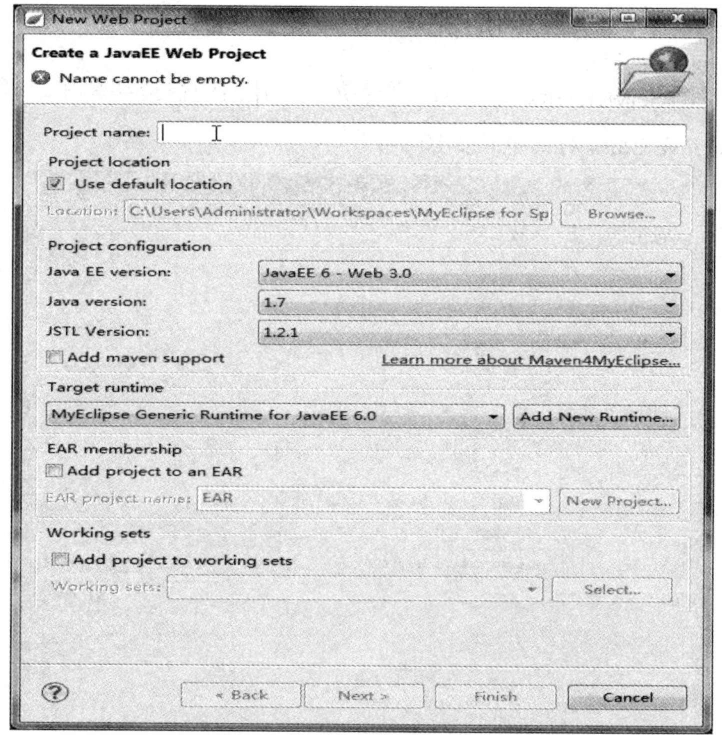

图 3-2　New Web Project 对话框

在该对话框中，需要做如下设置。

- Project name：在该文本框中输入 Web Project 的名称——ServletDemo。
- Project location：将 Use default location 复选框选中，表示使用默认的位置即可。
- Java version：在该下拉列表框中选择 1.7 版本。

单击 Finish 按钮，完成 Web Project 的创建，如图 3-3 所示。

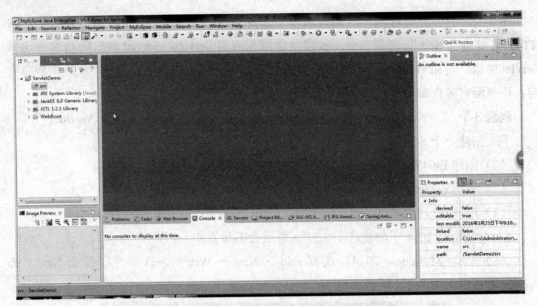

图 3-3 MyEclipse 2014 中创建好的 Web Project

（2）右击左侧 ServletDemo 下的 src 文件夹，在弹出的快捷菜单中选择 New → Class 命令，弹出 New Java Class 对话框，如图 3-4 所示。

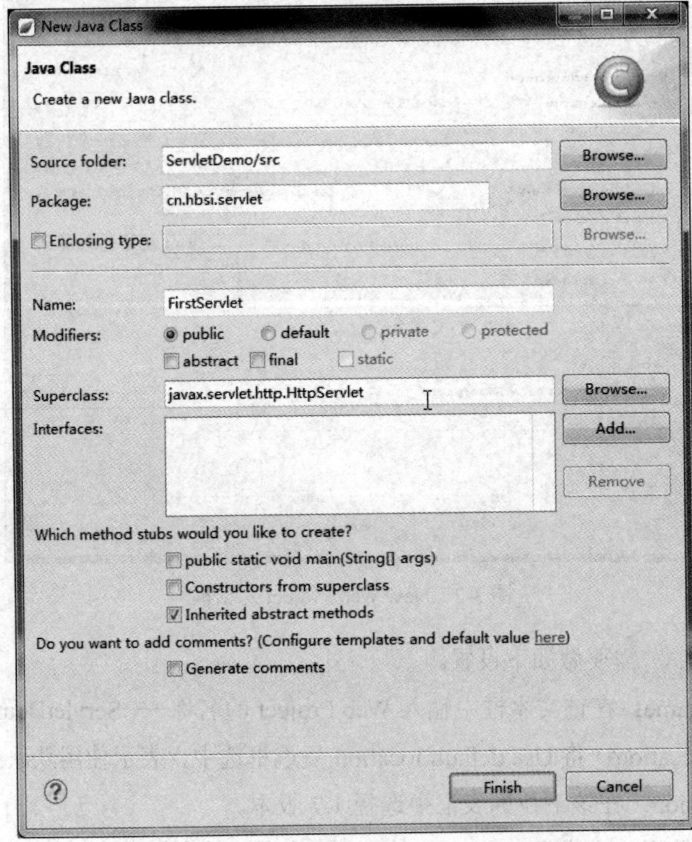

图 3-4 New Java Class 对话框

首先，在 Package 文本框中输入该 Servlet 类所在的包名“cn.hbsi.servlet”。然后，在 Name 文本框中输入该 Servlet 类的类名“FirstServlet”。最后，在 Superclass 文本框中输入该 Servlet 类继承自哪一个父类，父类名为 javax.servlet.http.HttpServlet。单击 Finish 按钮，完成 FirstServlet 的创建。

（3）在 FirstServlet 类中重写 HttpServlet 类中的 doGet() 方法，代码如下：

```
package cn.hbsi.servlet;
import java.io.IOException;
import java.io.PrintWriter;
import javax.servlet.ServletException;
import javax.servlet.http.HttpServlet;
import javax.servlet.http.HttpServletRequest;
import javax.servlet.http.HttpServletResponse;
public class FirstServlet extends HttpServlet {
    @Override
    public void doGet(HttpServletRequest req, HttpServletResponse resp)
            throws ServletException, IOException {
        // 设定响应内容类型为 HTML 网页
        resp.setContentType("text/html");
        // 获取输出流对象 out，并向客户端输出字符串“HelloWorld!”
        PrintWriter out = resp.getWriter();
        out.println("<html><head>");
        out.println("<title> HelloWorld Servlet!</title>");
        out.println("</head><body>");
        out.println("HelloWorld! ");
        out.println("</body></html>");
        out.close();
    }
}
```

（4）注册 Servlet。

如果要用浏览器打开并查看 Servlet 程序的运行结果，该 Servlet 程序必须通过 Web 服务器和 Servlet 容器来启动运行。注意，Servlet 程序必须在 Web 应用程序的 web.xml 文件中进行注册和映射其访问路径，才可以被 Servlet 容器加载和被外界访问。

在 MyEclipse 2014 中，右击 ServletDemo 下的 WebRoot 下的 WEB-INF 文件夹，在弹出的快捷菜单中选择 New → XML（Advanced Templates）命令，弹出 Create a new XML file 对话框，如图 3-5 所示。

输入要创建的 XML 文件名“web.xml”，单击 Finish 按钮完成 web.xml 文件的创建。接下来在 web.xml 文件中注册 FirstServlet 并映射其对外访问路径，相关代码如下：

```
<?xml version="1.0" encoding="UTF-8"?>
<web-app version="3.0" xmlns="http://java.sun.com/xml/ns/javaee"
    xmlns:xsi="http://www.w3.org/2001/XMLSchema-instance"
    xsi:schemaLocation="http://java.sun.com/xml/ns/javaee
http://java.sun.com/xml/ns/javaee/web-app_3_0.xsd">
    <servlet>
        <!-- Servlet 的注册名称 -->
        <servlet-name>FirstServlet</servlet-name>
        <!-- Servlet 类的完全限定名 -->
        <servlet-class>cn.hbsi.servlet.FirstServlet</servlet-class>
    </servlet>
    <servlet-mapping>
        <!-- Servlet 的注册名称 -->
        <servlet-name>FirstServlet</servlet-name>
        <!-- Servlet 的对外访问路径 -->
        <url-pattern>/first</url-pattern>
    </servlet-mapping>
</web-app>
```

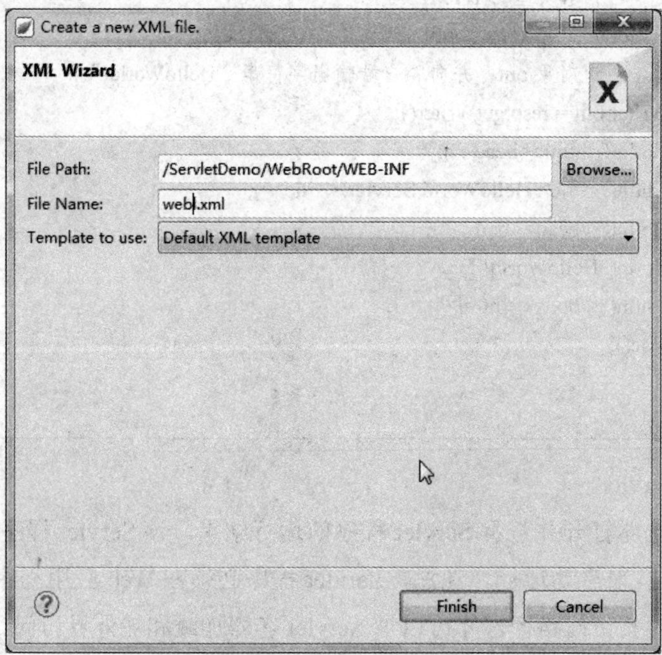

图 3-5　Create a new XML file 对话框

其中，

- <servlet> 元素用于注册 Servlet。
  - 子元素 <servlet-class> 用于指定 Servlet 的完整类名。
  - 子元素 <servlet-name> 用于设定 Servlet 的注册名称。

- <servlet-mapping> 元素用于映射已经注册的 Servlet 的对外访问路径。
  - 子元素 <servlet-name> 指定已经注册的 Servlet 名称。
  - 子元素 <url-pattern> 设置 Servlet 的对外访问路径。

（5）部署并运行。

单击工具栏上的 Deploy MyEclipse J2EE Project to Server 按钮，如图 3-6 所示，弹出 Project Deployments（项目部署）对话框，如图 3-7 所示。

图 3-6　部署 Web Project 到服务器

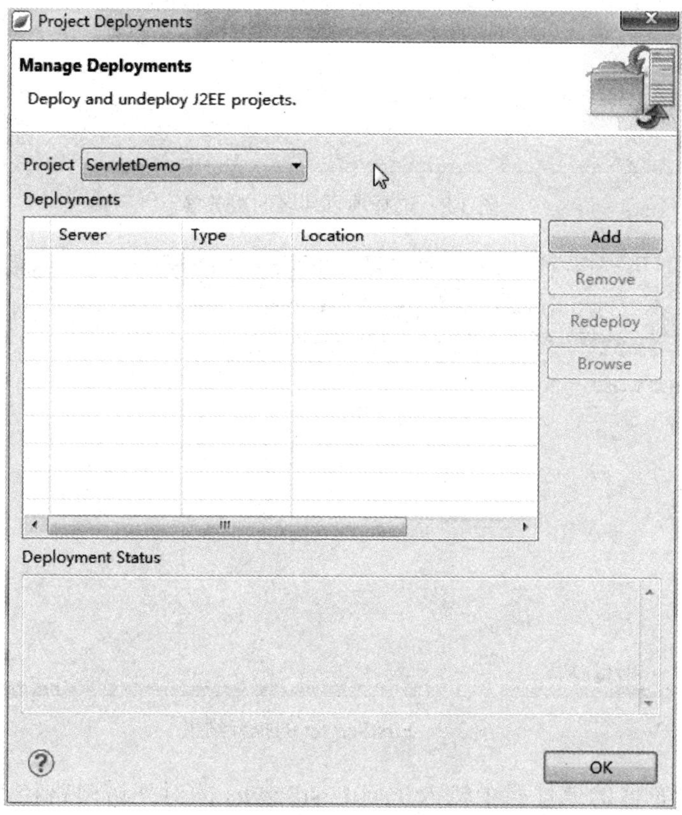

图 3-7　Project Deployments 对话框

在 Project Deployments 对话框中单击 Add 按钮，弹出如图 3-8 所示的对话框，在 Server 下拉列表框中选择 Tomcat 7.x 选项，单击 Finish 按钮，关闭图 3-8 所示对话框。

这时项目部署成功，返回到图 3-7 所示的对话框，单击 OK 按钮，完成项目部署。这时启动 Tomcat 服务器后，打开浏览器，在地址栏中输入 FirstServlet 的对外访问路径 http://localhost:8080/ServletDemo/first，显示如图 3-9 所示的效果。

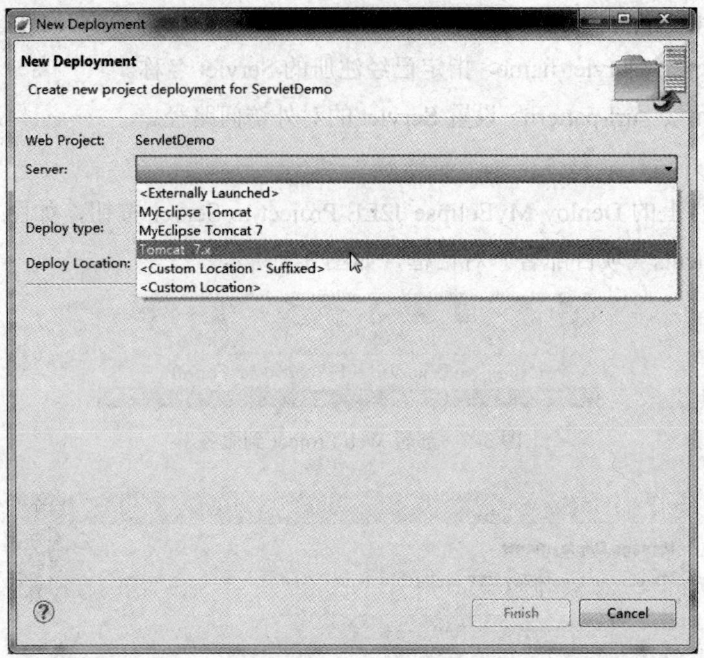

图 3-8　选择项目部署的服务器

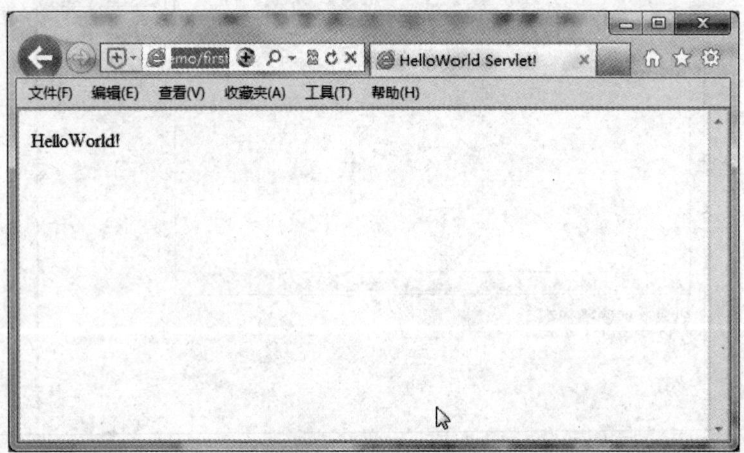

图 3-9　FirstServlet 的执行结果

当用户在浏览器的地址栏中输入访问 FirstServlet 的对外访问路径，按 Enter 键后，浏览器就负责向服务器 Tomcat 发送请求，服务器接收到请求后，根据 web.xml 文件中的配置找到和 url-pattern 为“/first”相匹配的 Servlet：FirstServlet，再通过 Servlet 的名字“FirstServlet”找到对应的 Servlet 类“cn.hbsi.servlet.FirstServlet”来运行。

3.1.3　Servlet 生命周期

Servlet 运行在 Servlet 容器中，其生命周期由容器来管理。Servlet 的生命周期通过

javax.servlet.Servlet 接口中的 init()、service() 和 destroy() 方法来表示。

Servlet 的生命周期包含了以下 4 个阶段：

（1）加载和实例化

Servlet 容器负责加载和实例化 Servlet。当 Servlet 容器启动时，或者在容器检测到需要这个 Servlet 来响应第一个请求时，创建 Servlet 实例。当 Servlet 容器启动后，它必须要知道所需的 Servlet 类在什么位置，Servlet 容器可以从本地文件系统、远程文件系统或者其他的网络服务中通过类加载器加载 Servlet 类，成功加载后，容器创建 Servlet 的实例。因为容器是通过 Java 的反射 API 来创建 Servlet 实例，调用的是 Servlet 的默认构造方法（即不带参数的构造方法），所以在编写 Servlet 类时，不应该提供带参数的构造方法。

（2）初始化

在 Servlet 实例化之后，容器将调用 Servlet 的 init() 方法初始化这个对象。初始化的目的是为了让 Servlet 对象在处理客户端请求前完成一些初始化的工作，如建立数据库的连接、获取配置信息等。对于每一个 Servlet 实例，init() 方法只被调用一次。在初始化期间，Servlet 实例可以使用容器为它准备的 ServletConfig 对象从 Web 应用程序的配置信息（在 web.xml 中配置）中获取初始化的参数信息。在初始化期间，如果发生错误，Servlet 实例可以抛出 ServletException 异常或者 UnavailableException 异常来通知容器。ServletException 异常用于指明一般的初始化失败，例如没有找到初始化参数；而 UnavailableException 异常用于通知容器该 Servlet 实例不可用。例如，数据库服务器没有启动，数据库连接无法建立，Servlet 就可以抛出 UnavailableException 异常向容器指出它暂时或永久不可用。

（3）请求处理

Servlet 容器调用 Servlet 的 service() 方法对请求进行处理。需要注意的是，在 service() 方法调用之前，init() 方法必须成功执行。在 service() 方法中，Servlet 实例通过 ServletRequest 对象得到客户端的相关信息和请求信息，在对请求进行处理后，调用 ServletResponse 对象的方法设置响应信息。在 service() 方法执行期间，如果发生错误，Servlet 实例可以抛出 ServletException 异常或者 UnavailableException 异常。如果 UnavailableException 异常指示了该实例永久不可用，Servlet 容器将调用实例的 destroy() 方法，释放该实例。此后对该实例的任何请求，都将收到容器发送的 HTTP 404（请求的资源不可用）响应。如果 UnavailableException 异常指示了该实例暂时不可用，那么在暂时不可用的时间段内，对该实例的任何请求，都将收到容器发送的 HTTP 503（服务器暂时忙，不能处理请求）响应。

（4）服务终止

当容器检测到一个 Servlet 实例应该从服务中被移除时，容器就会调用实例的 destroy() 方法，以便让该实例可以释放它所使用的资源，保存数据到持久存储设备中。当需要释放内存或者容器关闭时，容器就会调用 Servlet 实例的 destroy() 方法。在 destroy() 方法调用之后，容器会释放这个 Servlet 实例，该实例随后会被 Java 的垃圾收集器所回收。如果再次需要这个 Servlet 处理请求，Servlet 容器会创建一个新的 Servlet 实例。

在整个 Servlet 的生命周期过程中，创建 Servlet 实例、调用实例的 init() 和 destroy() 方法都只进行一次，当初始化完成后，Servlet 容器会将该实例保存在内存中，通过调用它的 service() 方法，为接收到的请求服务。下面给出 Servlet 整个生命周期过程的 UML 序列图，如图 3-10 所示。

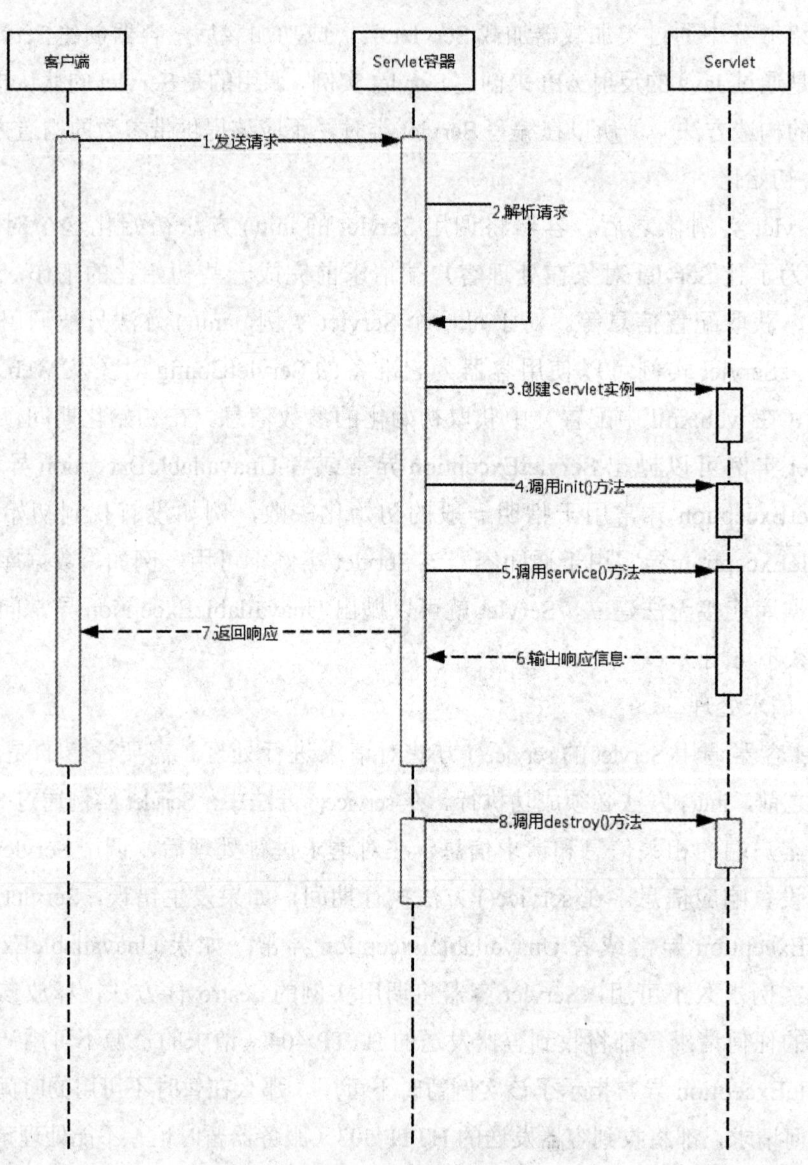

图 3-10　Servlet 在生命周期内为请求服务

如果需要让 Servlet 容器在启动时即加载 Servlet，可以在 web.xml 文件中配置 <load-on-startup> 元素。

例题 3-2　Servlet 生命周期内 init()、service() 以及 destroy() 方法的调用。

在例题 3-1 中创建了第一个 Servlet 类 FirstServlet，在该类中重写父类的 init() 和 destroy()，并修改 doGet() 方法体的内容，查看 Servlet 的生命周期，代码如下：

```
package cn.hbsi.servlet;
import java.io.IOException;
import java.io.PrintWriter;
import javax.servlet.ServletException;
import javax.servlet.http.HttpServlet;
import javax.servlet.http.HttpServletRequest;
import javax.servlet.http.HttpServletResponse;
public class FirstServlet extends HttpServlet {
    @Override
    public void doGet(HttpServletRequest req, HttpServletResponse resp)
            throws ServletException, IOException {
        System.out.println("service() 方法被调用，为用户请求服务！ ");
    }
    @Override
    public void destroy() {
        System.out.println("Servlet 被销毁 ");
    }
    @Override
    public void init() throws ServletException {
        System.out.println("Servlet 被初始化 ");
    }
}
```

* **注意**：因为父类 HttpServlet 已经重写 Servlet 接口中的 service() 方法，根据提交请求的方式是 get 还是 post 分别调用 doGet() 或 doPost() 方法，因此，只需重写 doGet() 或 doPost() 方法即可。

这时重启 Tomcat 服务器。打开浏览器，在地址栏中输入 FirstServlet 的访问地址 “http://localhost:8080/ServletDemo/first”，虽然在浏览器窗口看不到任何显示效果，但在 MyEclipse 2014 的控制台窗口可以观察输出情况，如图 3-11 所示。

图 3-11　例题 3-2 的运行结果（1）

因为启动服务器后第一次访问 FirstServlet，服务器会首先加载 FirstServlet 类并创建该类的实例，然后调用 init() 方法初始化该实例。然后开启线程并根据请求提及的方式调用 doGet() 方法为该请求服务。

这时可以再打开一个浏览器，还是访问 FirstServlet，查看控制台窗口的输出结果，如图 3-12 所示。

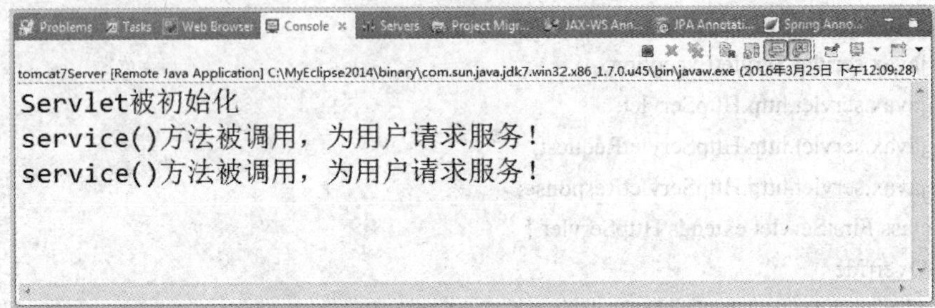

图 3-12　例题 3-2 的运行结果（2）

因为服务器端 FirstServlet 的实例已经创建，并在内存中驻留，因此第二次访问该 servlet 时，服务器直接根据请求的提交方式调用 doGet() 方法为该请求服务，而无须再创建实例并初始化。

最后，关闭 Tomcat 服务器，查看控制台窗口的输出，如图 3-13 所示。

图 3-13　例题 3-2 的运行结果（3）

关闭 Tomcat 服务器，则服务器上部署的 Web Project 以及 Servlet 的实例都会被销毁，因此 Servlet 实例的 destroy() 被调用。

3.2　任务 2——实现用户登录控制器

3.2.1　任务描述

利用 Servlet 技术实现用户的登录功能。用户登录页面如图 3-14 所示。用户在登录页面中输入用户名和密码并选择用户身份，单击“登录”按钮后，浏览器负责将用户信息发送到服务器，再由服务器传给 Servlet 程序。Servlet 程序获取到用户信息后进行验证，如果正确则返回 true，如果错误则返回 false。

为学堂学生就业信息管理系统

用户名：	
密 码：	
用户身份：	◉学生 ○企业 ○管理员
	登 录　取 消

图 3-14　用户登录页面

用户单击“登录”按钮后，要用到的 Servlet 技术包括：

- 使用 Request 获取请求的参数。
- 对请求的参数进行处理。

3.2.2　实现任务所需 Servlet API

Servlet API 中定义了一整套的接口和类，让开发人员很容易地开发出一个 Servlet，这套接口和类的 UML 类图如图 3-15 所示。

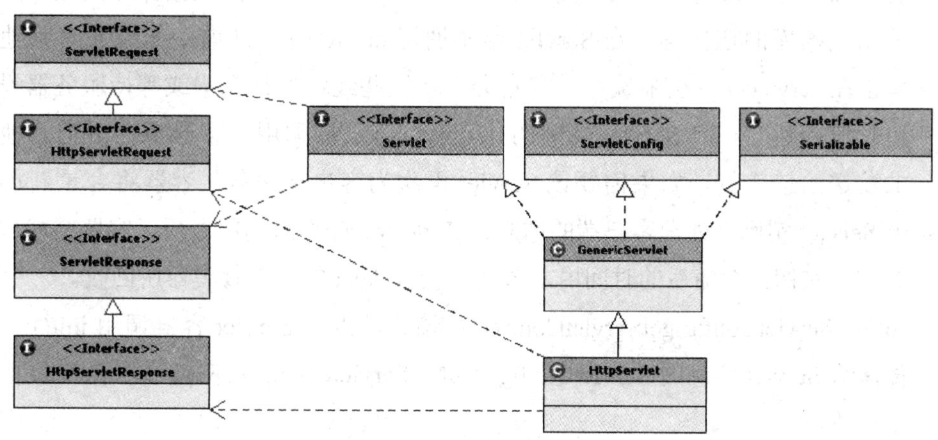

图 3-15　Servlet API 中主要的接口与类的 UML 类图

1. Servlet 接口

Servlet API 的核心部分是 javax.servlet.Servlet 接口，它提供了所用 Servlet 的框架结构，所有的 Servlet 都必须实现这个接口，可以直接或通过继承其实现类的方式实现。该接口定义了如下 5 个方法。

- public void init(ServletConfig config)throws ServletException：Servlet 容器在创建 Servlet 实例后会调用 init() 方法，来初始化该 Servlet 实例，目的是为了让 Servlet 实例在处理客户请求前可以完成一些初始化的工作，如建立数据库的连接、获取配置信息等。对于每一个 Servlet 实例，init() 方法只能被调用一次。init() 方法有一个类型为 ServletConfig 的参数，Servlet 容器通过这个参数向 Servlet 传递配置信息。Servlet 使用 ServletConfig 实例从 Web 应用程序的配置信息中获取以“名 = 值”对形式提供的初始化参数。另外，在 Servlet 中，还可以通过 ServletConfig 实例获取描述 Servlet 运行环境的 ServletContext 对象，以便 Servlet 可以和 Servlet 容器进行通信。

- public void service(ServletRequest req, ServletResponse res)throws ServletException, java.io.IOException：Servlet 容器调用 service() 方法来处理客户端的请求。Servlet 容器在调用 service() 时，会构造一个表示客户端请求信息的请求对象（类型为 ServletRequest）和一个用于对客户端进行响应的响应对象（类型为 ServletResponse）作为参数传递给 service() 方法。在 service() 方法中，Servlet 对象通过 ServletRequest 对象得到客户端的相关信息和请求信息，在对请求进行处理后，调用 ServletResponse 对象的方法设置响应信息。
- public void destroy()：当容器检测到一个 Servlet 实例应该从服务中被移除时，Servlet 容器会调用该实例的 destroy() 方法，以便让 Servlet 实例可以释放它所使用的资源，保存数据到持久存储设备中。例如，将内存中的数据保存到数据库中、关闭数据库的连接等。在 Servlet 容器调用 destroy() 方法前，如果还有其他的线程正在 service() 方法中执行，容器会等待这些线程执行完毕或等待服务器设定的超时值到达。一旦 Servlet 实例的 destroy() 方法被调用，容器不会再把其他的请求发送给该实例。如果需要该 Servlet 再次为客户端服务，容器将会重新创建一个 Servlet 实例来处理客户端的请求。在 destroy() 方法调用之后，容器会释放这个 Servlet 实例，在随后的时间内，该实例会被 Java 的垃圾收集器所回收。
- public ServletConfig getServletConfig()：该方法返回 Servlet 容器调用 init() 方法时传递给 Servlet 实例的 ServletConfig 实例，ServletConfig 实例包含了 Servlet 的初始化参数。
- public java.lang.String getServletInfo()：返回一个 String 类型的字符串，其中包括了关于 Servlet 的信息，例如作者、版本和版权等。

2. GenericServlet 类

如果通过实现Servlet接口来编写的Servlet类，需要实现Servlet接口中定义的5个方法。因此为了简化 Servlet 的编写，在 javax.servlet 包中提供了一个抽象的类 GenericServlet，它给出了除 service() 方法外的其他 4 个方法的简单实现。GenericServlet 类定义了一个通用的、不依赖于具体协议的 Servlet，它实现了 Servlet 接口和 ServletConfig 接口。

其定义形式为：public abstract class GenericServlet extends java.lang.Object implements

Servlet, Servlet Config, java.io.Serializable。

如果要编写一个通用的 Servlet，只需要从 GenericServlet 类继承，并实现其中的抽象方法 service() 即可。

在 GenericServlet 类中，定义了两个重载的 init() 方法：

- public void init(ServletConfig config) throws ServletException
- public void init() throws ServletException

第一个 init() 方法是 Servlet 接口中 init() 方法的实现。在这个方法中，首先将 ServletConfig 对象保存在一个 transient 实例变量中，然后调用第二个不带参数的 init() 方法。

通常在编写继承自 GenericServlet 的 Servlet 类时，只需要重写第二个不带参数的 init() 方法即可。如果覆盖了第一个 init() 方法，那么应该在子类的该方法中，包含一句 super.init(config) 代码的调用。

在 GenericServlet 类中还定义了以下方法。

- public java.lang.String getInitParameter(java.lang.String name)：返回名字为 name 的初始化参数的值，初始化参数在 web.xml 配置文件中进行配置。如果参数不存在，该方法将返回 null。需注意，这个方法只是为了方便而给出的，它实际上是通过调用 ServletConfig 对象的 getInitParameter() 方法来得到初始化参数的。
- public java.util.Enumeration getInitParameterNames()：返回 Servlet 所有初始化参数的名字的枚举集合。如果 Servlet 没有初始化参数，这个方法将返回一个空的枚举集合。注意，这个方法只是为了方便而给出的，它实际上是通过调用 ServletConfig 对象的 getInitParameterNames() 方法来得到所有的初始化参数的名字。
- public ServletContext getServletContext()：返回 Servlet 上下文对象的引用。这个方法也是为了方便而给出的，它实际上是通过调用 ServletConfig 对象的 getServletContext() 方法来得到的 Servlet 上下文对象的引用。

3. HttpServlet 接口

在绝大多数的网络应用中，都是客户端（浏览器）通过 HTTP 协议去访问服务器端的资源，而我们所编写的 Servlet 也主要是应用于 HTTP 协议的请求和响应。为了快速开发应用于 HTTP 协议的 Servlet 类，Sun 公司在 javax.servlet.http 包中提供了一个抽象的类 HttpServlet，它继承自 GenericServlet 类，用于创建适合 Web 站点的 HTTP Servlet。其定义形式为：public abstract class HttpServlet extends GenericServlet implements java.io.Serializable。

在 HttpServlet 类中提供了两个重载的 service() 方法：

- public void service(ServletRequest req, ServletResponse res)throws ServletException, java.io.IOException
- protected void service(HttpServletRequest req,HttpServletResponse resp)throws

ServletException, java.io.IOException

第一个公有的 service() 方法是 GenericServlet 类中 service() 方法的实现。在这个方法中，首先将 req 和 res 对象转换为 HttpServletRequest（继承自 ServletRequest 接口）和 HttpServletResponse（继承自 ServletResponse 接口）类型，然后调用第二个保护的 service 方法，并将转换后的 HttpServletRequest 对象和 HttpServletResponse 对象作为参数传递进去。第二个保护的 service() 方法则首先调用 HttpServletRequest 对象的 getMethod() 方法，获取 HTTP 请求方法的名字（get 或 post），然后根据请求方法类型的不同，调用相应的 doXxx() 方法（即 doGet() 或 doPost() 方法）。

因此，HttpServlet 中针对 HTTP1.1 中定义的两种请求方法 GET、POST，分别提供了两个处理方法：

- protected void doGet(HttpServletRequest req, HttpServletResponse resp)throws ServletException, java.io.IOException
- protected void doPost(HttpServletRequest req, HttpServletResponse resp)throws ServletException, java.io.IOException

在编写 HttpServlet 的派生类时，不需要去覆盖 service() 方法，而只需重写相应的 doXXX() 方法即可。

需要注意的是，HttpServlet 虽然是抽象类，但在这个类中没有抽象的方法，其中所有的方法都是已经实现的。只是在这个类中对客户请求进行处理的方法（即 doGet() 或 doPost() 方法），没有真正的实现，当然也不可能真正实现，因为对客户请求如何进行处理，需要根据实际的应用来决定。在编写 HTTP Servlet 时，根据应用的需要，重写其中的对客户请求进行处理的方法即可。

4. ServletRequest 和 ServletResponse 接口

Servlet 由 Servlet 容器来管理，当客户请求到来时，Servlet 容器创建一个 ServletRequest 对象，封装请求数据，同时创建一个 ServletResponse 对象，封装响应数据。这两个对象将被容器作为 service() 方法的参数传递给 Servlet 实例，Servlet 实例利用 ServletRequest 对象获取客户端发来的请求数据，利用 ServletResponse 对象发送响应数据。

ServletRequest 和 ServletResponse 接口都在 javax.servlet 包中定义。

5. HttpServletRequest 和 HttpServletResponse 接口

在 javax.servlet.http 包中，定义了 HttpServletRequest 和 HttpServletResponse 这两个接口，分别继承自 javax.servlet.ServletRequest 和 javax.servlet.ServletResponse 接口。

在 HttpServletRequest 接口中常用方法如下。

- public java.lang.String getParameter(java.lang.String name)：返回请求中 name 参数

的值。如果 name 参数有多个值，那么这个方法将返回值列表中的第一个值。如果在请求中没有找到这个参数，这个方法将返回 null。

- public java.util.Enumeration getParameterNames()：返回请求中包含的所有参数的名字。如果请求中没有参数，这个方法将返回一个空的枚举集合。
- public java.lang.String[] getParameterValues(java.lang.String name)：返回请求中 name 参数所有的值。如果这个参数在请求中并不存在，这个方法将返回 null。
- public java.lang.Object getAttribute(java.lang.String name)：返回以 name 为名字的属性的值。如果该属性不存在，这个方法将返回 null。
- public java.util.Enumeration getAttributeNames()：返回请求中所有可用的属性的名字。如果在请求中没有属性，这个方法将返回一个空的枚举集合。
- public void removeAttribute(java.lang.String name)：移除请求中名字为 name 的属性。
- public void setAttribute(java.lang.String name, java.lang.Object o)：在请求中保存名字为 name 的属性。如果第二个参数 o 为 null，那么相当于调用 removeAttribute (name)。
- public RequestDispatcher getRequestDispatcher(java.lang.String path)：返回 RequestDispatcher 对象用来实现请求转发。
- public java.lang.String getContextPath()：返回请求 URI 中表示请求上下文的部分，上下文路径是请求 URI 的开始部分。上下文路径总是以斜杠（/）开头，但结束没有斜杠（/）。在默认（根）上下文中，这个方法返回空字符串 ""。例如，请求 URI 为“/sample/test”，调用该方法返回路径为“/sample”。
- public void setCharacterEncoding (java.lang.String env) throws java.io.Unsupported EncodingException：设置请求正文中使用的字符编码的名字。
- public Cookie[] getCookies()：返回客户端在此次请求中发送的所有 Cookie 对象。
- public java.lang.String getHeader(java.lang.String name)：返回名字为 name 的请求报头的值。如果请求中没有包含指定名字的报头，这个方法返回 null。
- public java.util.Enumeration getHeaderNames()：返回此次请求中包含的所有报头名字的枚举集合。
- public java.util.Enumeration getHeaders(java.lang.String name)：返回名字为 name 的请求报头所有的值的枚举集合。
- public java.lang.String getMethod()：返回此次请求所使用的 HTTP 方法的名字，例如，GET 或 POST。
- public java.lang.String getQueryString()：返回请求 URL 中在路径后的查询字符串。如果在 URL 中没有查询字符串，该方法返回 null。例如，有如下的请求 URL：http://localhost:8080/ch03/logon?usernaem=123，调用 getQueryString() 方法将返回

usernaem=123。

- public java.lang.String getServletPath()：返回请求 URI 中调用 Servlet 的部分。这部分的路径以斜杠（/）开始，包括了 Servlet 的名字或者路径，但是不包括额外的路径信息和查询字符串。例如，假定在 web.xml 文件中 MyServlet 类映射的 URL 是“/myservlet/*”，用户请求的 URL 是“http://localhost:8080/ ch03/myservlet/test”，当在 HttpServletRequest 对象上调用 getServletPath() 时，该方法将返回“/myservlet”。如果用于处理请求的 Servlet 与 URL 样式“/*”相匹配，那么这个方法将返回空字符串（""）。
- public HttpSession getSession()：返回和此次请求相关联的 Session，如果没有给客户端分配 Session，则创建一个新的 Session。
- public HttpSession getSession(boolean create)：返回和此次请求相关联的 Session，如果没有给客户端分配 Session，而 create 参数为 true，则创建一个新的 Session。如果 create 参数为 false，而此次请求没有一个有效的 HttpSession，则返回 null。

在 HttpServletResponse 接口中，常用方法如下。

- public java.lang.String getCharacterEncoding()：返回在响应中发送的正文所使用的字符编码（MIME 字符集）。
- public void setCharacterEncoding(java.lang.String charset)：设置发送到客户端的响应的字符编码，例如，UTF-8。
- public java.lang.String getContentType()：返回在响应中发送的正文所使用的 MIME 类型。
- public void setContentType(java.lang.String type)：设置要发送到客户端的响应的内容类型。
- public void setContentLength(int len)：对于 HTTP Servlet，在响应中，设置内容正文的长度，这个方法设置 HTTP Content-Length 实体报头。
- public ServletOutputStream getOutputStream() throws java.io.IOException：返回 Servlet OutputStream 对象，用于在响应中写入二进制数据。
- public java.io.PrintWriter getWriter() throws java.io.IOException：返回 PrintWriter 对象，用于发送字符文本到客户端。PrintWriter 对象使用 getCharacterEncoding() 方法返回的字符编码。如果没有指定响应的字符编码方式，默认将使用 ISO-8859-1。
- public void addCookie(Cookie cookie)：增加一个 Cookie 到响应中。这个方法可以被多次调用，用于设置多个 Cookie。
- public void addHeader(java.lang.String name, java.lang.String value)：用给出的 name 和 value，增加一个响应报头到响应中。
- public void setHeader(java.lang.String name, java.lang.String value)：用给出的 name

和 value，设置一个响应报头。如果这个报头已经被设置，新的值将覆盖先前的值。

- public boolean containsHeader(java.lang.String name)：判断以 name 为名字的响应报头是否已经设置。
- public java.lang.String encodeRedirectURL(java.lang.String url)：使用 Session ID 对用于重定向的 url 进行编码，以便用于 sendRedirect() 方法中。如果该 url 不需要编码，则返回未改变的 url。
- public java.lang.String encodeURL(java.lang.String url)：使用 Session ID 对指定的 url 进行编码。如果该 url 不需要编码，则返回未改变的 url。
- public void sendRedirect(java.lang.String location) throws java.io.IOException：发送一个临时的重定向响应到客户端，让客户端访问新的 URL。如果指定的位置是相对 URL，Servlet 容器在发送响应到客户端之前，必须将相对 URL 转换为绝对 URL。如果响应已经被提交，这个方法将抛出 IllegalStateException 异常。
- public void setStatus(int sc)：为响应设置状态代码。

此外，在 HttpServletResponse 接口中，还定义了一组整型的静态常量，用于表示 HTTP 错误代码，这些错误代码对应于 HTTP/1.1 中的错误代码。关于这些错误代码常量，请参看 HttpServletResponse 接口的 API 文档。

6. ServletConfig 接口

在 javax.servlet 包中，定义了 ServletConfig 接口。Servlet 容器使用 ServletConfig 对象在 Servlet 初始化期间向它传递配置信息，一个 Servlet 只有一个 ServletConfig 对象。在这个接口中，定义了下面 4 个方法。

- public java.lang.String getInitParameter(java.lang.String name)：返回名字为 name 的初始化参数的值，初始化参数在 web.xml 配置文件中进行配置。如果参数不存在，这个方法将返回 null。
- public java.util.Enumeration getInitParameterNames()：返回 Servlet 所有初始化参数的名字的枚举集合。如果 Servlet 没有初始化参数，这个方法将返回一个空的枚举集合。
- public ServletContext getServletContext()：返回 Servlet 上下文对象的引用。
- public java.lang.String getServletName()：返回 Servlet 实例的名字。这个名字是在 Web 应用程序的部署描述符中指定的。如果是一个没有注册的 Servlet 实例，这个方法返回的将是 Servlet 的类名。

7. ServletContext 接口

一个 ServletContext 对象表示了一个 Web 应用程序的上下文。Servlet 容器在 Servlet 初始化期间，向其传递 ServletConfig 对象，可以通过 ServletConfig 对象的 getServletContext() 方法来得到 ServletContext 对象。也可以通过 GenericServlet 类的 getServletContext() 方法得到 ServletContext 对象，不过 GenericServlet 类的 getServletContext() 也是调用 ServletConfig 对象的 getServletContext() 方法来得到这个对象的。

ServletContext 接口定义了以下这些方法，Servlet 容器提供了这个接口的实现。

- public java.lang.Object getAttribute(java.lang.String name)
- public java.util.Enumeration getAttributeNames()
- public void removeAttribute(java.lang.String name)
- public void setAttribute(java.lang.String name, java.lang.Object object)

上面 4 个方法用于读取、移除和设置共享属性，任何一个 Servlet 都可以设置某个属性，而同一个 Web 应用程序的另一个 Servlet 可以读取这个属性，不管这些 Servlet 是否为同一个客户进行服务。

- public ServletContext getContext(java.lang.String uripath)：该方法返回服务器上与指定的 URL 相对应的 ServletContext 对象。给出的 uripath 参数必须以斜杠（/）开始，被解释为相对于服务器文档根的路径。出于安全方面的考虑，如果调用该方法访问一个受限制的 ServletContext 对象，那么该方法将返回 null。
- public String getContextPath()：该方法是在 Servlet 2.5 规范中新增的，用于返回 Web 应用程序的上下文路径。上下文路径总是以斜杠（/）开头，但结束没有斜杠（/）。在默认（根）上下文中，这个方法返回空字符串（""）。
- public java.lang.String getInitParameter(java.lang.String name)
- public java.util.Enumeration getInitParameterNames()

可以为 Servlet 上下文定义初始化参数，这些参数被整个 Web 应用程序所使用。可以在部署描述符（web.xml）文件中使用 <context-param> 元素来定义上下文的初始化参数，以上两个方法用于访问这些参数。

- public java.lang.String getMimeType(java.lang.String file)：该方法返回指定文件的 MIME 类型，如果类型是未知的，这个方法将返回 null。MIME 类型的检测是根据 Servlet 容器进行配置，也可以在 Web 应用程序的部署描述符中指定。
- public RequestDispatcher getRequestDispatcher(java.lang.String path)：该方法返回一个 RequestDispatcher 对象，作为指定路径上的资源的封装。可以使用 RequestDispatcher 对象将一个请求转发（forward）给其他资源进行处理，或者在响应中包含（include）资源。需要注意的是，传入的参数 path 必须以斜杠（/）开始，被解释为相对于当前上下文根（context root）的路径。
- public RequestDispatcher getNamedDispatcher(java.lang.String name)：与 getRequestDispatcher() 方法类似。不同之处在于，该方法接受一个在部署描述符中以

<servlet-name> 元素给出的 Servlet（或 JSP 页面）的名字作为参数。

- public java.lang.String getRealPath(java.lang.String path)：在一个 Web 应用程序中，资源用相对于上下文路径的路径来引用，这个方法可以返回资源在服务器文件系统上的真实路径（文件的绝对路径）。返回的真实路径的格式应该适合于运行这个 Servlet 容器的计算机和操作系统（包括正确的路径分隔符）。如果 Servlet 容器不能够将虚拟路径转换为真实的路径，这个方法将会返回 null。
- public java.net.URL getResource(java.lang.String path) throws java.net.MalformedURLException：该方法返回被映射到指定路径上的资源的 URL。传入的参数 path 必须以斜杠（/）开始，被解释为相对于当前上下文根（context root）的路径。这个方法允许 Servlet 容器为 Servlet 生成一个可用的资源。资源可以是在本地或远程文件系统上、在数据库中，或者在 WAR 文件中。如果没有资源映射到指定的路径上，该方法将返回 null。
- public java.io.InputStream getResourceAsStream(java.lang.String path)： 该方法与 getResource() 方法类似，不同之处在于，该方法返回资源的输入流对象。另外，使用 getResourceAsStream() 方法，元信息（如内容长度和内容类型）将丢失，而使用 getResource() 方法，元信息是可用的。
- public java.util.Set getResourcePaths(java.lang.String path)：该方法返回资源的路径列表，参数 path 必须以斜杠（/）开始，指定用于匹配资源的部分路径。
- public java.lang.String getServerInfo()：该方法返回运行 Servlet 的容器的名称和版本。
- public java.lang.String getServletContextName()：该方法返回在部署描述符中使用 <display-name> 元素指定的对应于当前 ServletContext 的 Web 应用程序的名称。
- public void log(java.lang.String msg)
- public void log(java.lang.String message, java.lang.Throwable throwable)

ServletContext 接口提供了上面两个记录日志的方法，第一个方法用于记录一般的日志，第二个方法用于记录指定异常的栈跟踪信息。

Servlet 是 Web 应用程序中的一个组件。一个 Web 应用程序是由一组 Servlet、HTML 或 JSP 页面、类，以及其他的资源组成的运行在 Web 服务器上的完整的应用程序，以一种结构化的有层次的目录形式存在。组成 Web 应用程序的这些资源文件要部署在相应的目录层次中，根目录代表了整个 Web 应用程序的根。通常是将 Web 应用程序的目录放到 %CATALINA_HOME%\webapps 目录下，在 webapps 目录下的每一个子目录都是一个独立的 Web 应用程序，子目录的名字就是 Web 应用程序的名字，也称为 Web 应用程序的上下文根。用户通过 Web 应用程序的上下文根来访问 Web 应用程序中的资源。

如果要新建一个 Web 应用程序，可以在 webapps 目录下先建一个目录，在用户登录验证这个任务时，所建的目录是 student，作为第一个 Web 应用程序的上下文根。Java 开发的 Web 应用程序需要遵照一定的目录层次结构，在 Servlet 规范中定义了 Web 应用程序的目录层次结构，如表 3-1 所示。

Web 应用程序的目录层次结构如表 3-1 所示。

表 3-1　Web 应用程序的目录层次结构

目　录	描　述
\student	Web 应用程序的根目录，属于此 Web 应用程序的所有文件都存放在这个目录下
\student \WEB-INF	存放 Web 应用程序的部署描述符文件 web.xml
\student \WEB-INF\classes	存放 Servlet 和其他有用的类文件
\student \WEB-INF\lib	存放 Web 应用程序需要用到的 JAR 文件，这些 JAR 文件中可以包含 Servlet、Bean 和其他有用的类文件
\student \WEB-INF\web.xml	web.xml 文件包含 Web 应用程序的配置和部署信息

从表 3-1 中可以看到，WEB-INF 目录下的 classes 和 lib 目录都可以存放 Java 的类文件，在 Servlet 容器运行时，Web 应用程序的类加载器将首先加载 classes 目录下的类，其次才是 lib 目录下的类。如果这两个目录下存在同名的类，起作用的将是 classes 目录下的类。注意在书写该目录名时，所有字母均需大写。

WEB-INF 这个目录是一个非常特殊的目录。说这个目录特殊，是因为这个目录并不属于 Web 应用程序可以访问的上下文路径的一部分，对客户端来说，这个目录是不可见的。如果将 index.html 文件放到 WEB-INF 目录下，对于客户端是无法通过 http://localhost:8080/student/WEB-INF/index.html 访问到这个文件的。不过，WEB-INF 目录下的内容对于 Servlet 代码是可见的，在 Servlet 代码中可以通过调用 ServletContext 对象中的 getResource() 或者 getResourceAsStream() 方法来访问 WEB-INF 目录下的资源，也可以使用 RequestDispatcher 调用将 WEB-INF 目录下的内容呈现给客户端。

Web 应用程序的配置和部署是通过 web.xml 文件来完成的。web.xml 文件被称为 Web 应用程序的部署描述符，web.xml 文件必须是格式良好的 XML，它可以包含如下的配置和部署信息：

- ServletContext 的初始化参数。
- Session 的配置。
- Servlet/JSP 的定义和映射。
- 应用程序生命周期监听器类。
- 过滤器定义和过滤器映射。
- MIME 类型映射。
- 欢迎文件列表。
- 错误页面。
- 语言环境和编码映射。

- 声明式安全配置。
- JSP 配置。

3.2.3　任务实现

编写一个登录页面，用户输入用户名和密码后，将表单提交给 LoginServlet 进行处理。在 LoginServlet 中，判断用户名和密码是否正确，如果正确，利用重定向向用户返回成功登录页面；如果失败，则向用户返回一个 HTTP 错误消息。开发过程如下：

（1）在 MyEclipse 2014 中，选择 File → New → Web Project 命令，弹出 New Web Project 对话框，如图 3-16 所示。在 Project name 文本框中输入项目名称“jygl”，单击 Next 按钮，出现如图 3-17 所示的对话框。

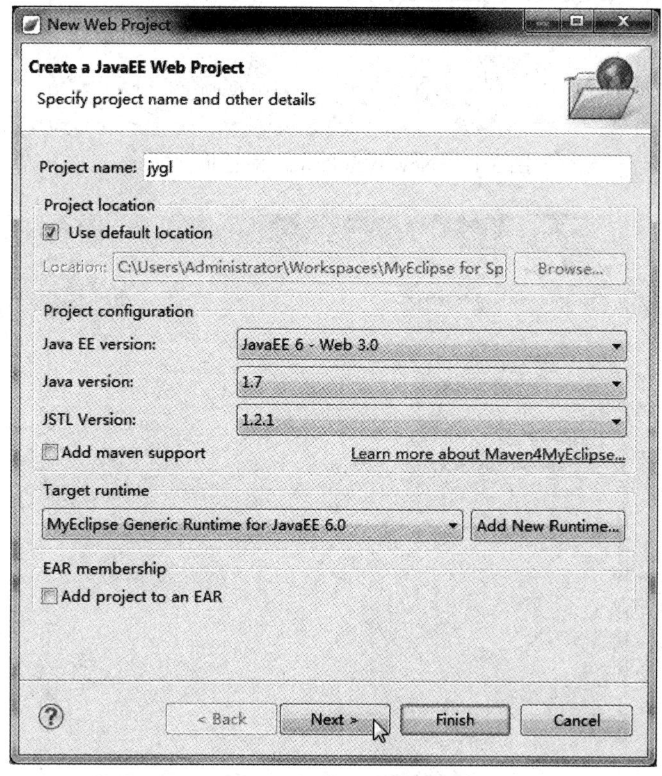

图 3-16　New Web Project 对话框（1）

在图 3-17 所示的对话框中，设置 src 文件夹下的 Java 类经过编译后生成的字节码文件的存放位置，默认为 WebRoot\WEB-INF\classes，这里不需修改，直接单击 Next 按钮，进入图 3-18 所示的对话框。

在该对话框中，需设置：

- Web Project 的上下文路径 Context root，默认和 Web Project 项目名一致。
- 项目中 html 页面、jsp 页面等资源放置的目录，默认为 WebRoot。

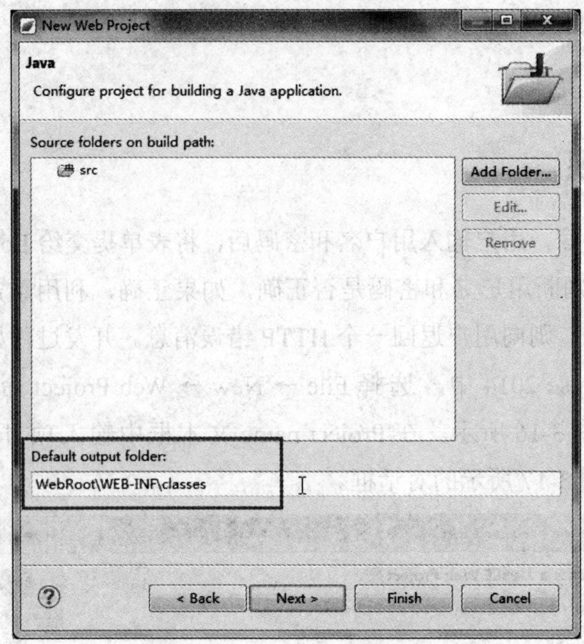

图 3-17　New Web Project 对话框（2）

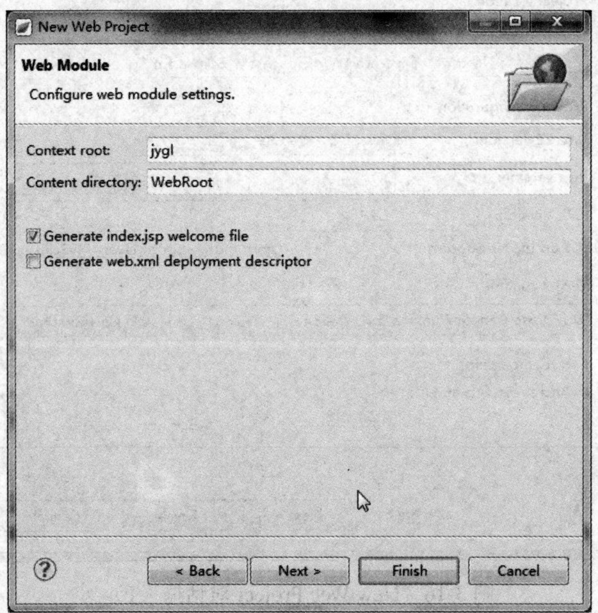

图 3-18　New Web Project 对话框（3）

- 复选框 Generate index.jsp welcome file 设置在创建项目的同时是否创建欢迎页面 index.jsp。
- 复选框 Generate web.xml deployment descriptor 设置在创建项目的同时是否创建 web.xml 部署描述符文件。

采用默认设置即可，单击 Finish 按钮，完成 Web Project 项目的创建。

（2）编写登录页面 login.html。

右击 student 项目的 WebRoot 文件夹，在弹出的快捷菜单中选择 New → Folder 命令，弹出 New Folder 对话框，如图 3-19 所示。在该对话框中输入新建的子文件夹名称为 public，单击 Finish 按钮关闭该对话框，完成子文件夹的创建。

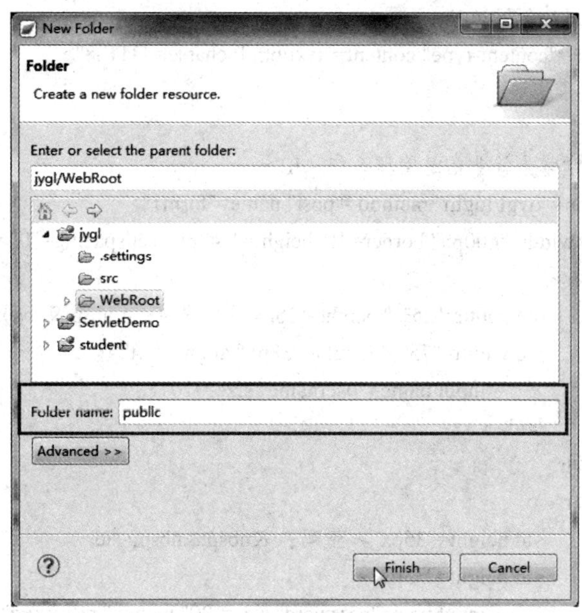

图 3-19　新建文件夹

接着右击子文件夹“public”，在弹出的快捷菜单中选择 New → HTML（Advanced Templates）命令，弹出 Create a new Html page 对话框，如图 3-20 所示。在该对话框中输入新创建的 html 页面的名称 login.html，单击 Finish 按钮。

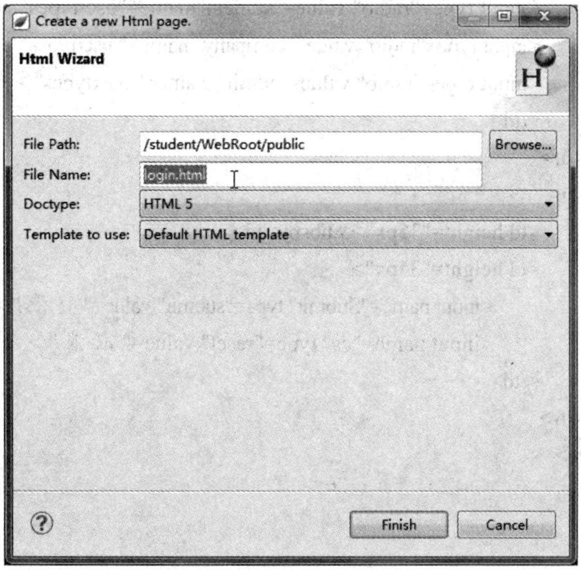

图 3-20　新建 html 页面

在 login.html 页面中输入如下代码：

```
<!DOCTYPE html>
<html>
    <head>
        <title>login.html</title>
        <meta name="content-type" content="text/html; charset=UTF-8">
    </head>
    <body>
        <h1> 为学堂学生就业信息管理系统 </h1>
        <form action="/jygl/login" method="post" name="form1">
            <table width="600px" border="1" height="143px" cellspacing="0">
                <tr>
                    <td width="25%" height="38px"> 用户名：  </td>
                    <td width="75%" height="38px" align="left">
                        <input name="username" size="20">
                    </td>
                </tr>
                <tr>
                    <td height="35px"> 密 码：   </td>
                    <td height="35px">
                        <input type="password" size="20" name=" password">
                    </td>
                </tr>
                <tr>
                    <td height="35px"> 用户身份：</td>
                    <td height="35px">
                    <input type="radio" value="student" name="usertypes" checked/> 学生
                    <input type="radio" value="company" name=" usertypes"/> 企业
                    <input type="radio" value="admin" name=" usertypes"/> 管理员
                    </td>
                </tr>
                <tr>
                    <td height="35px"> </td>
                    <td height="35px">
                        <input name="Submit" type="submit" value=" 登 录 "/>
                        <input name="cs" type="reset" value=" 取 消 "/>
                    </td>
                </tr>
            </table>
        </form>
    </body>
</html>
```

在 HTML 代码中，设定对此表单进行处理的 Servlet 是 login，因为提交的表单数据中包含了用户的密码等敏感数据，所以表单的提交方法采用 post。

（3）编写验证用户表单的 Servlet 类，验证客户端提交的表单数据是否正确。

在例题 3-1 中展示了手工创建 Servlet 的方法步骤，也可以利用 MyEclipse 2014 提供的 Servlet 向导来创建 Servlet，用户只需在向导对话框中进行简单设置就可以快速创建一个 Servlet。

右击 jygl 项目下的 src 文件夹，在弹出的快捷菜单中选择 New → Servlet 命令，弹出如图 3-21 所示的对话框。

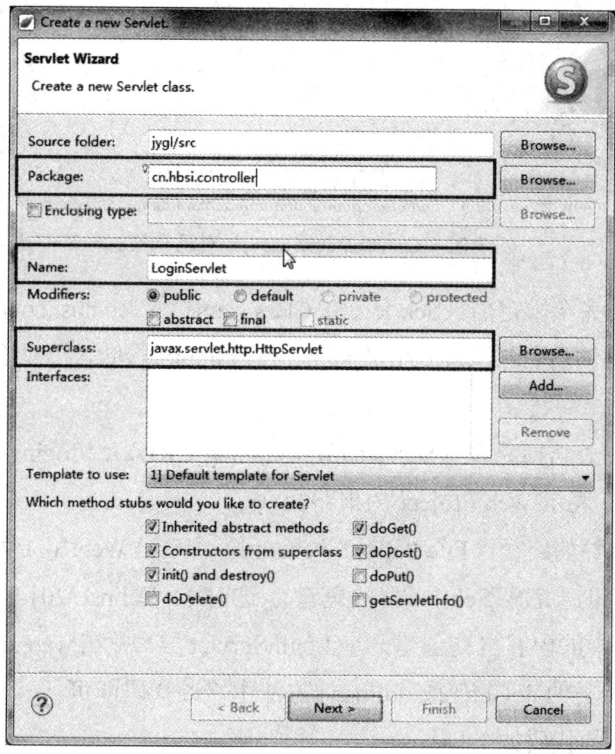

图 3-21　Create a new Servlet 对话框（1）

在图 3-21 所示的对话框中做如下设置。

- 该 Servlet 类所在的包名 Package：cn.hbsi.controller。
- 该 Servlet 类的名称 Name：LoginServlet。
- 该 Servlet 类的父类 Superclass：javax.servlet.http.HttpServlet。

单击 Next 按钮，出现如图 3-22 所示的对话框，对该 Servlet 类进行注册并映射对外访问路径。

在图 3-22 所示的对话框中，首先应将复选框 Generate/Map web.xml file 选中，表示在创建该 Servlet 时会创建 web.xml 文件，并会根据该对话框下面的设置信息自动在 web.xml 文件中增加对该 Servlet 进行映射的标记。然后需要设置的选项如下所示。

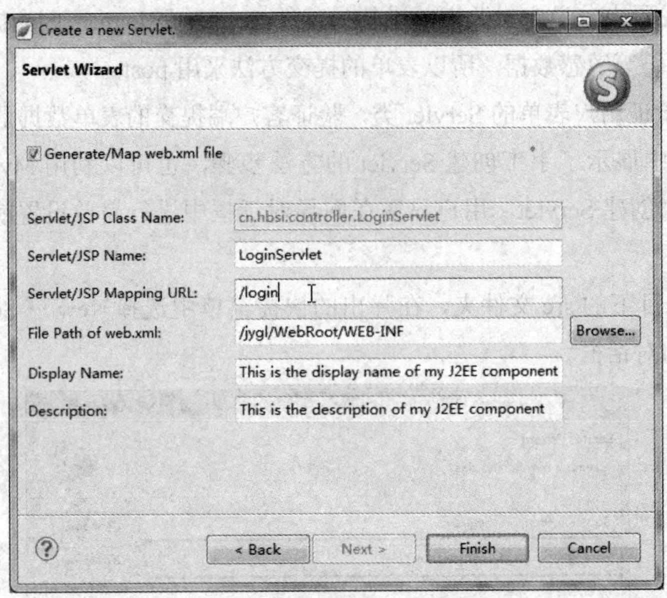

图 3-22 Create a new Servlet 对话框（2）

- Servlet 类的完全限定名（Servlet/JSP Class Name）：cn.hbsi.controller.LoginServlet。
- Servlet 类的注册名（Servlet/JSP Name）：LoginServlet，默认和类名一致，可以根据需要修改。
- Servlet 的对外访问路径（Servlet/JSP Mapping URL）：/login，这里必须以“/”打头，该“/”表示 Web Project 的根路径。
- Web.xml 文件的路径（File Path of web.xml）：/jygl/WebRoot/WEB-INF。

单击 Finish 按钮，完成 Servlet 类的创建。这时 MyEclipse 2014 会根据在图 3-21 和图 3-22 所示对话框中的内容自动创建一个 LoginServlet 类，并在 web.xml 文件中进行注册。只需在 LoginServlet 类的 doGet() 或 doPost() 方法中修改代码即可。

LoginServlet 类的代码如下：

```
package cn.hbsi.controller;
import java.io.IOException;
import java.io.PrintWriter;
import javax.servlet.ServletException;
import javax.servlet.http.HttpServlet;
import javax.servlet.http.HttpServletRequest;
import javax.servlet.http.HttpServletResponse;
public class LoginServlet extends HttpServlet {
    public LoginServlet() {
        super();
    }
    public void doGet(HttpServletRequest request, HttpServletResponse response)
```

```
            throws ServletException, IOException {
        doPost(request, response);
    }
    public void doPost(HttpServletRequest request, HttpServletResponse response)
            throws ServletException, IOException {
        //获取客户端提交的表单中数据
        String name = request.getParameter("username");
        String passwd = request.getParameter("password");
        String usertype = request.getParameter("usertype");
        //设置向客户端写出数据
        response.setContentType("text/html");
        PrintWriter out = response.getWriter();
        out.println("<!DOCTYPE HTML PUBLIC \"-//W3C//DTD HTML 4.01 Transitional//EN\">");
        out.println("<HTML>");
        out.println(" <HEAD><TITLE>Login</TITLE></HEAD>");
        out.println(" <BODY>");
        //验证用户名、密码、用户类型是否存在
        //判断身份
        if ("admin".equals(usertype)) {
            //验证管理员的用户名和密码是否正确
            if (("111".equals(name)) && ("password".equals(passwd))) {
                out.println("administrator  " + name + "  Login Success!");
            } else {
                out.println("administrator  " + name
                        + " or password not existed !");
            }
        }
        if ("student".equals(usertype)) {
            //验证学生的用户名和密码是否正确
            if (("student".equals(name)) && ("password".equals(passwd))) {
                out.println("student " + name + "  Login Success!");
            } else {
                out.println("student " + name + "  or password not existed");
            }
        }
        if ("compony".equals(usertype)) {
            //验证公司的用户名和密码是否正确
            if (("company".equals(name)) && ("password".equals(passwd))) {
                out.println("company " + name + "  Login Success!");
            } else {
                out.println("company " + name + "  or password not existed ");
            }
        }
```

```
        out.println("</BODY>");
        out.println("</HTML>");
        out.flush();
        out.close();
    }
}
```

* **说明：**

- 在 doGet() 方法中，调用 doPost()，使得不管客户端是用 get 方法还是用 post 方法提交请求，服务器端的处理是一致的。
- 在 doPost() 方法中，首先需要得到用户输入的用户名、密码以及选择的身份类型等信息，这些信息封装在 request 对象中，因此通过调用 request 对象的 getParameter() 方法根据参数名得到这些信息，即
  - String name = request.getParameter("username");
  - String passwd = request.getParameter("password");
  - String usertype = request.getParameter("usertype");
- 经过身份以及用户名和密码的验证后需向客户端浏览器产生输出，这时就得使用 response 对象。该对象用来描述向客户端产生的应答。调用该对象的 getWriter() 得到一个 PrintWriter 的对象 out，调用 out 对象的 println() 就可以像客户端输出验证结果。因为客户端通过浏览器查看验证结果，因此 out 对象调用 println() 向客户端输出的都是 html 的标记字符串。

在 MyEclipse 2014 中打开 WebRoot → WEB-INF 文件夹下的 web.xml 文件，查看其内容为：

```
<?xml version="1.0" encoding="UTF-8"?>
<web-app version="3.0"
    xmlns="http://java.sun.com/xml/ns/javaee"
    xmlns:xsi="http://www.w3.org/2001/XMLSchema-instance"
    xsi:schemaLocation="http://java.sun.com/xml/ns/javaee http://java.sun.com/xml/ns/javaee/web-app_3_0.xsd">
  <servlet>
    <description>This is the description of my J2EE component</description>
    <display-name>This is the display name of my J2EE component</display-name>
    <servlet-name>LoginServlet</servlet-name>
    <servlet-class>cn.hbsi.controller.LoginServlet</servlet-class>
  </servlet>
  <servlet-mapping>
    <servlet-name>LoginServlet</servlet-name>
    <url-pattern>/login</url-pattern>
```

```
    </servlet-mapping>
</web-app>
```

（4）部署 Web 应用程序，具体步骤参照例题 3-1。

（5）运行应用程序。

启动 Tomcat 服务器后，打开浏览器，在浏览器的地址栏中输入 login.html 的 url 地址 http://localhost:8080/jygl/public/login.html，出现如图 3-23 所示的页面。

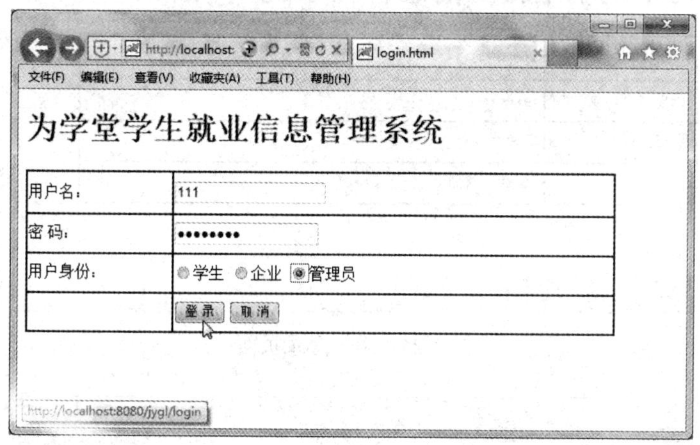

图 3-23　用户登录页面

在“用户名”文本框中输入“111”，在“密码”文本框中输入“password”，选择“管理员”用户类型，单击“登录”按钮，这时浏览器就负责向服务器发送请求，并将表单中的用户名、密码以及用户身份信息发送到服务器端，服务器调用 LoginServlet 的 doPost() 方法来处理请求，并将处理结果发送回客户端浏览器，如图 3-24 所示。

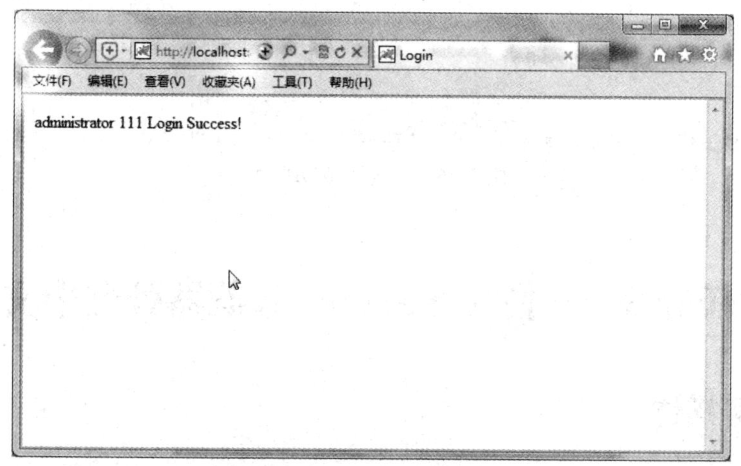

图 3-24　管理员登录成功页面

如果在 login.html 页面中输入其他的用户名或密码，如图 3-25 所示。

单击“登录”按钮，浏览器负责向服务器发送请求，并将表单中的数据发送到服务器端。服务器端 LoginServlet 则负责处理请求，在获取浏览器提交的表单数据后，经过验证发现“管理员”身份的用户 admin 或密码是错误的，因此将验证结果发送回客户端浏览器，如图 3-26 所示。

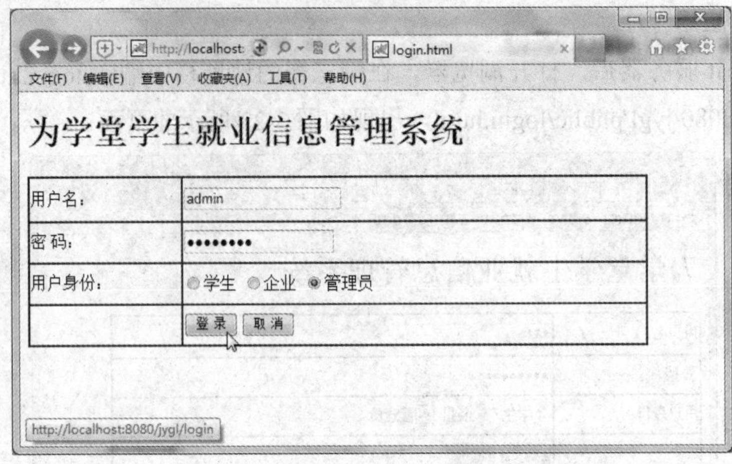

图 3-25　用户登录页面

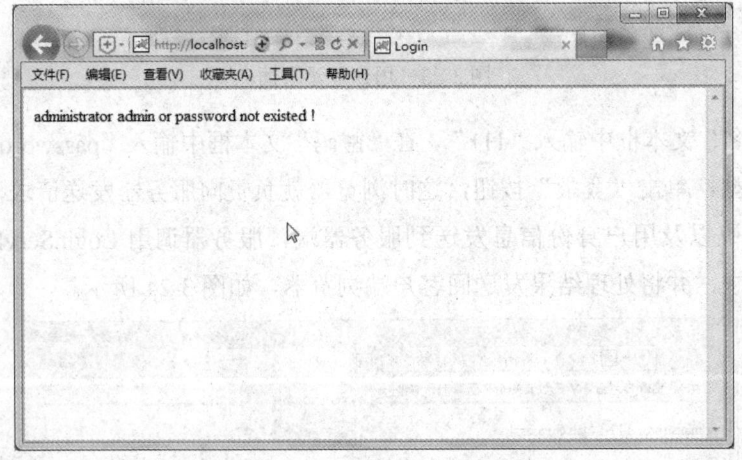

图 3-26　登录不成功页面

3.3　任务 3——使用 Servlet 过滤器处理中文乱码

3.3.1　任务描述

在任务 3.2 中，服务器端的 LoginServlet 对用户输入的用户名、密码以及用户身份进行验证后向客户端浏览器返回的是英文字符串。例如，“administrator 111 Login Success！”。若返回客户端浏览器的是中文字符串，在浏览器中能看到正确结果吗？

例题 3-3　修改任务 3.2 中 LoginServlet 的 doPost() 方法的方法体，使得返回给客户端浏览器的是中文信息。

在 jygl 项目中，打开 LoginServlet 类，修改其 doPost() 方法的方法体，代码如下：

```
package cn.hbsi.controller;
import java.io.IOException;
import java.io.PrintWriter;
import javax.servlet.ServletException;
import javax.servlet.http.HttpServlet;
import javax.servlet.http.HttpServletRequest;
import javax.servlet.http.HttpServletResponse;
public class LoginServlet extends HttpServlet {
    public void doGet(HttpServletRequest request, HttpServletResponse response)
            throws ServletException, IOException {
        doPost(request, response);
    }
    public void doPost(HttpServletRequest request, HttpServletResponse response)
            throws ServletException, IOException {
        //获取客户端提交的表单中数据
        String name = request.getParameter("username");
        String passwd = request.getParameter("password");
        String usertype = request.getParameter("usertypes");
        //设置向客户端写出数据
        response.setContentType("text/html");
        PrintWriter out = response.getWriter();
        out.println("<!DOCTYPE HTML PUBLIC \"-//W3C//DTD HTML 4.01 Transitional//EN\">");
        out.println("<HTML>");
        out.println(" <HEAD><TITLE>Login</TITLE></HEAD>");
        out.println(" <BODY>");
        //验证用户名、密码、用户类型是否存在
        //判断身份
        if ("admin".equals(usertype)) {
            //验证管理员的用户名和密码是否正确
            if (("111".equals(name)) && ("password".equals(passwd))) {
                out.println(" 管理员 "+name+" 登录成功 ");
            } else {
                out.println(" 管理员 "+name+" 用户不存在或密码不正确 ");
            }
        }
        if ("student".equals(usertype)) {
            //验证学生的用户名和密码是否正确
            if (("student".equals(name)) && ("password".equals(passwd))) {
                out.println(" 学生 "+name+" 登录成功 ");
            } else {
```

```
                out.println(" 学生 "+name+" 用户不存在或密码不正确 ");
            }
        }
        if ("compony".equals(usertype)) {
            // 验证公司的用户名和密码是否正确
            if (("company".equals(name)) && ("password".equals(passwd))) {
                out.println(" 企业 "+name+" 登录成功 ");
            } else {
                out.println(" 企业 "+name+" 用户不存在或密码不正确 ");
            }
        }
        out.println("</BODY>");
        out.println("</HTML>");
        out.flush();
        out.close();
    }
}
```

重启 Tomcat 服务器，打开浏览器，首先访问登录页面“login.html”，在该页面中输入用户名“111”、密码“password”并选择“管理员”身份登录，这时看到如图 3-27 所示的运行结果。

图 3-27　出现中文乱码

图 3-27 中显示的验证结果是乱码，这是因为汉字从服务器端发送到客户端需要按照指定的字符编码表进行编码和解码，若编码时使用的字符编码表和解码时使用的字符编码表不一致，就会出现中文乱码的现象。解决办法就是使编码和解码时使用的字符编码表一致即可，通过如下语句完成：

```
response.setContentType("text/html;charset=utf-8");
```

该语句不仅告诉浏览器用什么字符编码表（utf-8）解码中文数据，而且把 response 内部使用的字符码表（utf-8）也指定了。因此修改 LoginServlet 的 doPost() 中的代码，如图 3-28 所示。

```
// 获取客户端提交的表单中数据
String name = request.getParameter("username");
String passwd = request.getParameter("password");
String usertype = request.getParameter("usertypes");
// 设置向客户端写出数据
response.setContentType("text/html;charset=utf-8");
PrintWriter out = response.getWriter();
out.println("<!DOCTYPE HTML PUBLIC \"-//W3C//DTD HTML 4.01 Transitional//EN\">");
```

图 3-28　指定字符编码表

这时重启 Tomcat 服务器，再次访问 login.html，输入用户名、密码并选择用户身份后单击“登录”按钮，可以看到正确的中文信息，向客户端输出中文的乱码问题得以解决。

若用户在 login.html 页面中输入中文的用户名，如图 3-29 所示，会得到什么结果呢？

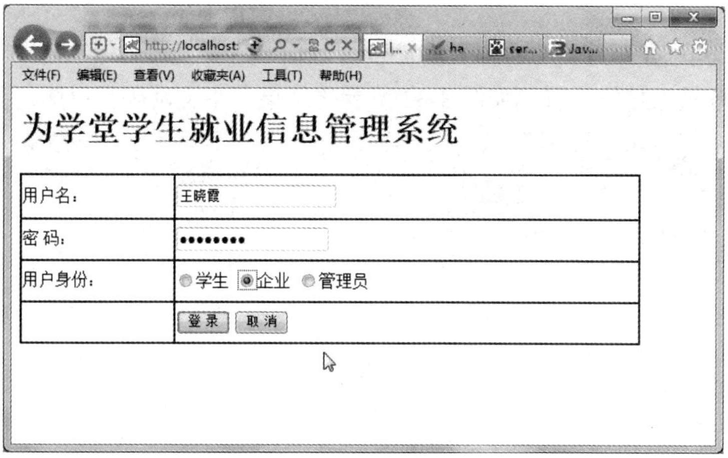

图 3-29　指定字符编码表

这时单击“登录”按钮，看到如图 3-30 所示的运行结果。

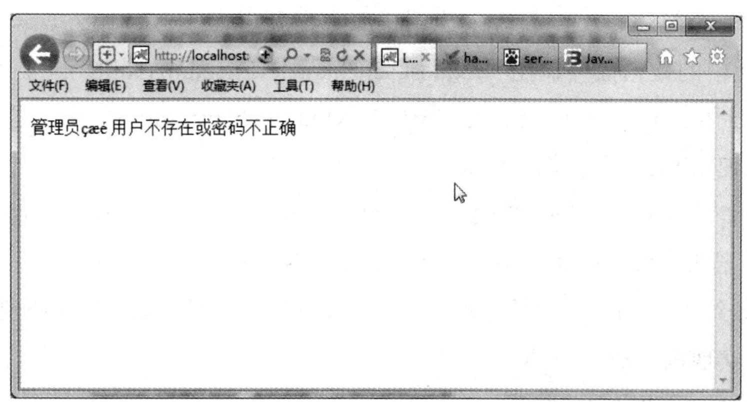

图 3-30　中文乱码

用户需在客户端浏览器中输入中文汉字，当单击“登录”按钮时，中文汉字需按指定的字符编码表（浏览器在显示 login.html 页面时使用的字符编码表 utf8）进行编码（转换成二进制数据）后发送到服务器端。LoginServlet 从 request 对象中读取参数 username 的值时需要按指定字符编码表进行解码（将二进制数据转换成字符）。同样编码和解码时使用的字符编码表不一致就会造成中文乱码现象，解决方法是从 request 对象读取数据之前设置解码时使用的字符编码表为 utf8，代码如下：

```
request.setCharacterEncoding("utf8");
```

修改 LoginServlet 的 doPost() 方法中的代码，如图 3-31 所示。

```
request.setCharacterEncoding("utf8");
// 获取客户端提交的表单中数据
String name = request.getParameter("username");
String passwd = request.getParameter("password");
String usertype = request.getParameter("usertypes");
```

图 3-31　解决中文乱码问题

这时重启 Tomcat 服务器，访问 login.html 页面，输入“王晓霞”以及密码并选择用户身份后单击“登录”按钮，看到如图 3-32 所示的结果，中文乱码得以解决。

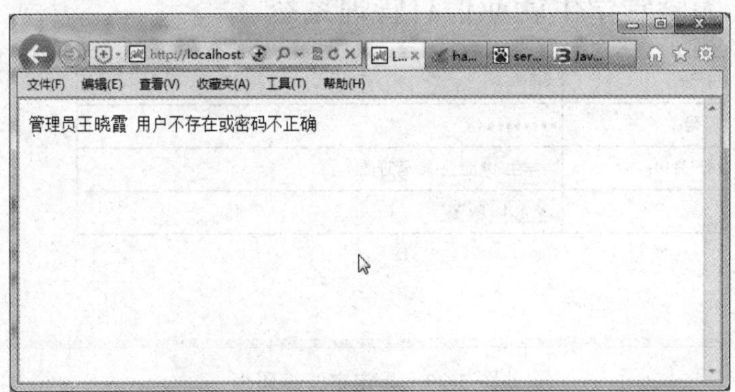

图 3-32　正确的运行结果

可以思考一个问题：在一个 Web 应用程序中需要很多 Servlet 组件，若在每个 Servlet 中获取 request 中的数据前要调用“request.setCharacterEncoding("utf8");”，而在向客户端输出数据前要调用“response.setContentType("text/html;charset=utf-8");”，是一件非常麻烦的事情，可以使用 Servlet 过滤器来解决。

Servlet 过滤器是从 Servlet 2.3 版本新增加的内容。它可以改变用户的请求数据返回给用户的应答数据的设置。过滤器不是一个 servlet，所以它不能产生一个 response，它能够在一个 request 到达 servlet 之前预处理 request，也可以在离开 servlet 时处理 response。一个过滤器可以实现以下功能：

- 在 servlet 被调用之前截获。
- 在 servlet 被调用之前检查 servlet request。
- 根据需要修改 request 头和 request 数据。

- 根据需要修改 response 头和 response 数据。
- 在 servlet 被调用之后截获。

3.3.2　实现任务所需过滤器 Filter 体系结构

1. Filter 工作原理

当客户端发出 Web 资源的请求时，Web 服务器根据应用程序配置文件设置的过滤规则进行检查，若客户请求满足过滤规则，则对客户请求 / 响应进行拦截，对请求头和请求数据进行检查或修改，并依次通过过滤器链，最后把请求 / 响应交给请求的 Web 资源处理。请求信息在过滤器链中可以被修改，也可以根据条件让请求不发往资源处理器，并直接向客户机发回一个响应。当资源处理器完成了对资源的处理后，响应信息将逐级逆向返回。同样在这个过程中，用户可以修改响应信息，从而完成一定的任务。

2. Servlet 过滤器 API

Servlet 过滤器 API 包含了 3 个接口，它们都在 javax.servlet 包中，分别是 Filter 接口、FilterChain 接口和 FilterConfig 接口。

（1）Filter 接口

所有的过滤器都必须实现 Filter 接口。该接口定义了 init()、doFilter() 和 destory() 3 个方法：

- public void init (FilterConfig filterConfig) throws ServletException

当开始使用 servlet 过滤器服务时，Web 容器调用此方法一次，为服务准备过滤器；然后在需要使用过滤器时调用 doFilter() 方法，传送给此方法的 FilterConfig 对象，包含 servlet 过滤器的初始化参数。

- public void doFilter(ServletRequest request, ServletResponse response, FilterChain chain) throws java.io.IOException, ServletException

每个过滤器都接收当前的请求和响应，且 FilterChain 过滤器链中的过滤器（应该都是符合条件的）都会被执行。doFilter() 方法中，过滤器可以对请求和响应做它想做的一切，通过调用它们的方法收集数据，或者给对象添加新的行为。过滤器通过传送至此方法的 FilterChain 对象参数（chain），调用 chain.doFilter() 将控制权传送给下一个过滤器。当这个调用返回后，过滤器可以在它的 doFilter() 方法的最后对响应做些其他的工作。如果过滤器想要终止请求的处理或得到对响应的完全控制，则可以不调用下一个过滤器，而将其重定向至其他一些页面。当链中的最后一个过滤器调用 chain.doFilter() 方法时，将运行最初请求的 Servlet。

- public void destroy()

一旦 doFilter() 方法中的所有线程退出或已超时，容器调用此方法，指明过滤器已结束服务，释放过滤器占用的资源。

（2）FilterChain 接口

FilterChain 接口用来描述由多个过滤器组成的过滤器链的使用，包括一个方法：

- public void doFilter(ServletRequest request,ServletResponse response) throws java.io.IOException,ServletException

此方法是由 Servlet 容器提供给开发者的，用于对资源请求过滤链的依次调用，通过 FilterChain 调用过滤链中的下一个过滤器，如果是最后一个过滤器，则下一个就调用目标资源。

（3）FilterConfig 接口

FilterConfig 接口检索过滤器名、初始化参数以及活动的 Servlet 上下文。该接口提供了以下 4 个方法。

- public java.1ang.String getFilterName()：返回 web.xml 部署文件中定义的该过滤器的名称。
- public ServletContext getServletContext()：返回调用者所处的 Servlet 上下文。
- public java.1ang.String getlnitParameter(java.1ang.String name)：返回过滤器初始化参数值的字符串形式，当参数不存在时，返回 nul1（name 是初始化参数名）。
- public java.util.Enumeration getlnitParameterNames()：以 Enumeration 形式返回过滤器所有初始化参数值，如果没有初始化参数，返回为空。

3. 过滤器相关接口工作流程

从编程的角度看，过滤器类将实现 Filter 接口，然后使用这个过滤器类中的 FilterChain 和 FilterConfig 接口。该过滤器类的一个引用将传递给 FilterChain 对象，以允许过滤器把控制权传递给链中的下一个资源。FilterConfig 对象将由容器提供给过滤器，以允许访问该过滤器的初始化数据，详细流程如图 3-33 所示。

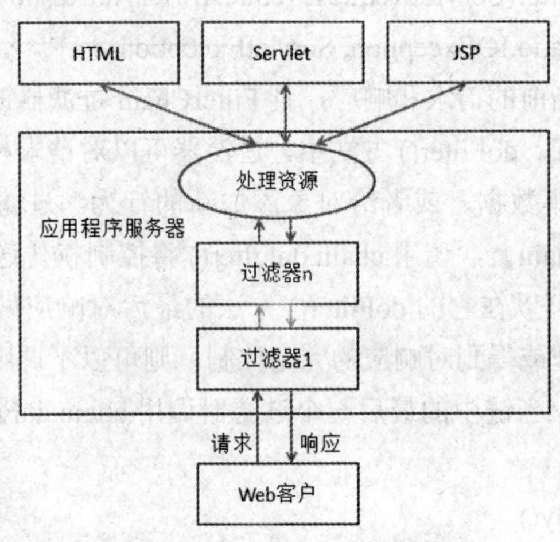

图 3-33　过滤器工作流程

4. 过滤器配置

过滤器通过 web.xml 文件中的两个 XML 标签来声明。

- <filter> 用于注册过滤器，包含以下 3 对子标记。
    - <filter-name>：指定过滤器的名字。
    - <filter-class>：指定过滤器类的类名，包括类的路径。
    - <init-param>：为过滤器实例提供初始化参数，可以有多个。
- <filter-mapping> 注册过滤器可以过滤什么样的请求，通常包含以下两对子标记。
    - <filter-name>：指定过滤器的名字，与 <filter> 中的子元素 <filter-name> 相对应。
    - <url-pattern>：指定和过滤器关联的 URL，为“/*”表示所有 URL。

<filter-mapping> 元素还可以包含 0 到 4 个 <dispatcher> 标记，指定过滤器对应的请求方式，可以是 REQUEST、INCLUDE、FORWARD 和 ERROR 之一，默认为 REQUEST。

- REQUEST：当用户直接访问页面时，Web 容器将会调用过滤器。如果目标资源是通过 RequestDispatcher 的 include() 或 forward() 方法访问时，那么该过滤器就不会被调用。
- INCLUDE：如果目标资源是通过 RequestDispatcher 的 include() 方法访问，那么该过滤器将被调用。除此之外，该过滤器不会被调用。
- FORWARD：如果目标资源是通过 RequestDispatcher 的 forward() 方法访问，那么该过滤器将被调用。除此之外，该过滤器不会被调用。
- ERROR：如果目标资源是通过声明式异常处理机制调用，那么该过滤器将被调用。除此之外，过滤器不会被调用。

在 web.xml 中配置 Servlet 和 Servlet 过滤器，应该先声明过滤器元素，再声明 Servlet 元素。两个或更多个过滤器应用到同一个资源，按照它们在配置文件中显示的先后次序调用它们。

3.3.3　任务实现

实现一个 Servlet 过滤器要经历 3 个步骤。

（1）编写 Servlet 过滤器实现类。

- 实现 javax.servlet.Filter 接口。
- 初始化：实现 init() 方法，读取过滤器的初始化参数。
- 过滤：实现 doFilter() 方法，完成对请求或响应的过滤。
- 转发或阻塞：调用 FilterChain 接口对象的 doFilter() 方法，向后续的过滤器传递请求或响应。
- 析构：destroy() 方法销毁过滤器，释放过滤器占用的资源。

（2）配置 Servlet 过滤器。把该过滤器添加到 Web 应用程序中（通过在 Web 部署描述符 web.xml 中声明它）。

（3）部署 Servlet 过滤器。把过滤器与应用程序一起打包并部署它。

Servlet 容器对部署描述符中声明的每一个过滤器，只创建一个实例（或实例池）。与 Servlet 类似，容器将在同一个过滤器实例上运行多个线程来同时为多个请求服务，因此开发过滤器时，也要注意线程安全的问题。

在例题 3-3 的基础上修改代码，通过过滤器来解决中文乱码问题，具体步骤如下：

（1）删除 LoginServlet 类的 doPost() 方法中用于解决中文乱码的语句“request.setCharacterEncoding("utf8");”和“response.setContentType("text/html;charset=utf8");”。

（2）编写过滤器实现类。

右击 jygl 项目中的 src 文件夹，在弹出的快捷菜单中选择 New → Class 命令，在弹出的“新建类”对话框中输入要创建的类的名称“EncodingFilter”，该类所在包的包名“com.hbsi.filter”，要实现的接口“javax.servlet.Filter”。接着在该类的 doFilter() 中添加代码来解决中文乱码问题。

```
package cn.hbsi.filter;
import java.io.IOException;
import javax.servlet.Filter;
import javax.servlet.FilterChain;
import javax.servlet.FilterConfig;
import javax.servlet.ServletException;
import javax.servlet.ServletRequest;
import javax.servlet.ServletResponse;
public class EncodingFilter implements Filter {
    @Override
    public void destroy() {
    }
    @Override
    public void doFilter(ServletRequest request, ServletResponse response,
            FilterChain chain) throws IOException, ServletException {
        //设置所有经过过滤器的请求数据都使用 utf8 编码
        request.setCharacterEncoding("utf8");
        //设置所有经过过滤器的应答数据都使用 utf8 编码
        response.setContentType("text/html;charset=utf8");
        //把请求和应答数据传递给下一个过滤器或者 Servlet 或 jsp
        chain.doFilter(request, response);
    }
    @Override
    public void init(FilterConfig arg0) throws ServletException {
```

```
        }
    }
```

（3）在配置文件 web.xml 中添加如下代码配置过滤器。

```
<filter>
    <filter-name>encodingFilter</filter-name>
    <filter-class>cn.hbsi.filter.EncodingFilter</filter-class>
</filter>
<filter-mapping>
    <filter-name>encodingFilter</filter-name>
    <url-pattern>/*</url-pattern>
</filter-mapping>
```

（4）部署应用程序，重启 Tomcat 服务器后，访问 login.html 登录页面，输入如图 3-34 所示的用户信息。

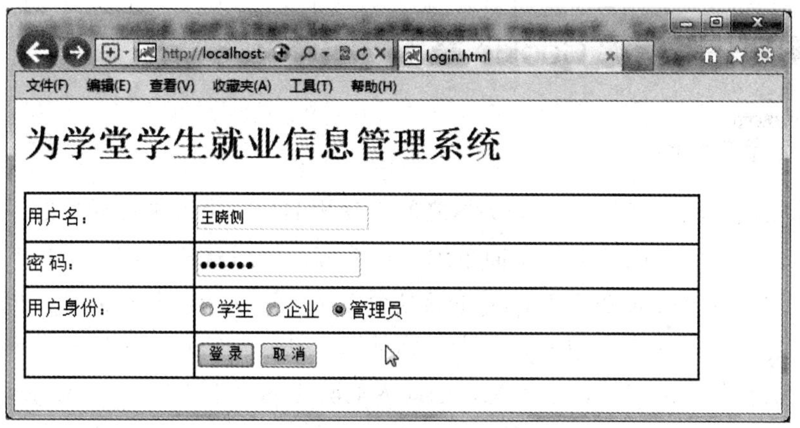

图 3-34　用户登录信息

单击“登录”按钮后，运行结果如图 3-35 所示。

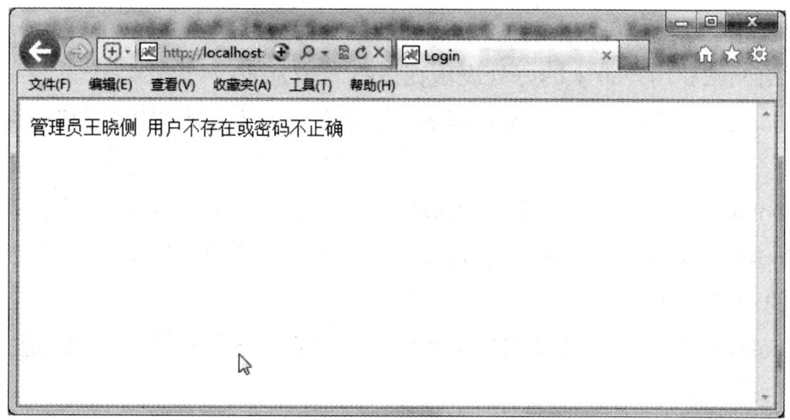

图 3-35　使用过滤器解决中文乱码问题

3.4 任务 4——使用 Cookie 技术统计页面访问量

3.4.1 任务描述

会话跟踪是 Web 程序中常用的技术，用来跟踪用户的整个会话。常用的会话跟踪技术是 Cookie 与 Session。Cookie 通过在客户端记录信息确定用户身份，Session 通过在服务器端记录信息确定用户身份。在本任务中将详细介绍 Cookie 技术，Session 技术将在任务 3.6 中详细说明。

在 Web 应用程序中，有时需要统计一个特定页面的访问次数，Servlet 提供了 Cookie 技术可以帮助实现这个目标。

3.4.2 实现任务所需 Cookie 技术

1. 什么是 Cookie

大家都知道，浏览器与 Web 服务器之间是使用 HTTP 协议进行通信的，当某个用户发出页面请求时，Web 服务器只是简单地进行响应，然后就关闭与该用户的连接。因此当一个请求发送到 Web 服务器时，无论其是否是第一次来访，服务器都会把它当作第一次来对待，这样做的缺点可想而知。为了弥补这个缺陷，Netscape 开发了 cookie 这个有效的工具来保存某个用户的识别信息，因此人们昵称为“小甜饼”。cookies 是一种 Web 服务器通过浏览器在访问者的硬盘上存储信息的手段：Netscape Navigator 使用一个名为 cookies.txt 本地文件保存从所有站点接收的 Cookie 信息；而浏览器把 Cookie 信息保存在类似于 C://windows//cookies 的目录下。当用户再次访问某个站点时，服务端将要求浏览器查找并返回先前发送的 Cookie 信息，来识别这个用户。

cookies 给网站和用户带来的好处表现在以下 4 个方面：

（1）Cookie 能使站点跟踪特定访问者的访问次数、最后访问时间和访问者进入站点的路径。

（2）Cookie 能告诉在线广告商广告被单击的次数，从而可以更精确地投放广告。

（3）Cookie 有效期限未到时，Cookie 能使用户在不输入密码和用户名的情况下进入曾经浏览过的一些站点。

（4）Cookie 能帮助站点统计用户个人资料，以实现各种各样的个性化服务。

2. Cookie 类

Java 中把 Cookie 封装成了 javax.servlet.http.Cookie 类。每个 Cookie 都是该 Cookie 类

的对象。服务器通过操作 Cookie 类对象对客户端 Cookie 进行操作。

Cookie 实际上是一小段的文本信息。客户端请求服务器，如果服务器需要记录该用户状态，就使用 response 向客户端浏览器颁发一个 Cookie。客户端浏览器会把 Cookie 保存起来。当浏览器再请求该网站时，浏览器把请求的网址连同该 Cookie 一同提交给服务器。服务器检查该 Cookie，以此来辨认用户状态。服务器还可以根据需要修改 Cookie 的内容。

通过 request.getCookie() 获取客户端提交的所有 Cookie（以 Cookie[] 数组形式返回），通过 response.addCookie(Cookie cookie) 向客户端设置 Cookie。Cookie 对象使用 key-value 属性对的形式保存用户状态，一个 Cookie 对象保存一个属性对，一个 request 或者 response 同时使用多个 Cookie。

Cookie 类的主要方法如下。

- String getComment()：返回 cookie 中注释，如果没有注释的话将返回空值。
- String getDomain()：返回 cookie 中 Cookie 适用的域名。使用 getDomain() 方法可以指示浏览器把 Cookic 返回给同一域内的其他服务器，而通常 Cookie 只返回给与发送它的服务器名字完全相同的服务器。
- int getMaxAge()：返回 Cookie 过期之前的最大时间，以秒计算。
- String getName()：返回 Cookie 的名字。
- String getPath()：返回 Cookie 适用的路径。如果不指定路径，Cookie 将返回给当前页面所在目录及其子目录下的所有页面。
- boolean getSecure()：如果浏览器通过安全协议发送 cookies 将返回 true 值，如果浏览器使用标准协议则返回 false 值。
- String getValue()：返回 Cookie 的值。
- int getVersion()：返回 Cookie 所遵从的协议版本。
- void setComment(String purpose)：设置 cookie 中注释。
- void setDomain(String pattern)：设置 cookie 中 Cookie 适用的域名。
- void setMaxAge(int expiry)：以秒计算，设置 Cookie 过期时间。
- void setPath(String uri)：指定 Cookie 适用的路径。
- void setSecure(boolean flag)：指出浏览器使用的安全协议，例如 HTTPS 或 SSL。
- void setValue(String newValue)：cookie 创建后设置一个新的值。

3.4.3　任务实现

在 jygl 项目中，编写一个 Servlet 类：CookieServlet，用于统计用户访问本网站的次数。具体步骤如下：

（1）右击 jygl 中的 src 文件夹，在弹出的快捷菜单中选择 New → Servlet 命令，通过

MyEclipse 2014 提供的向导来创建 Servlet。其中，

- Servlet 的类名：CookieServlet。
- Servlet 类所在包的包名：cn.hbsi.controller。
- Servlet 类的父类：javax.servlet.http.HttpServlet。
- Servlet 类在 web.xml 文件中的注册名：CookieServlet。
- 对外的访问路径：/cookieServlet。

CookieServlet 类的代码如下：

```
package cn.hbsi.controller;
import java.io.IOException;
import java.io.PrintWriter;
import javax.servlet.ServletException;
import javax.servlet.http.Cookie;
import javax.servlet.http.HttpServlet;
import javax.servlet.http.HttpServletRequest;
import javax.servlet.http.HttpServletResponse;
public class CookieServlet extends HttpServlet {
    public void destroy() {
        super.destroy();
    }
    public void doGet(HttpServletRequest request, HttpServletResponse response)
            throws ServletException, IOException {
        doPost(request,response);
    }
    public void doPost(HttpServletRequest request, HttpServletResponse response)
            throws ServletException, IOException {
        //获取从客户端请求头中得到的所有cookie
        Cookie [] allcookies=request.getCookies();
        //遍历allcookies数组，取出名字叫做cook的cookie
        Cookie ck=null;
        for(int i=0;allcookies!=null && i<allcookies.length;i++){
            String name=allcookies[i].getName();
            if("counts".equals(name)){
                ck=allcookies[i];
            }
        }

        response.setContentType("text/html;charset=utf8");
        PrintWriter out=response.getWriter();
        out.println("<html>");
        out.println("<body>");
        out.println("<h1>");
```

```
            out.println("Welcome to our Website!");
            if(ck!=null){
                int n=Integer.parseInt(ck.getValue())+1;
                ck.setValue(n+"");
                ck.setMaxAge(30*24*60*60);
                response.addCookie(ck);
                out.println("This is the "+n+"th login!");
            }else{
                //说明是第一次访问该 Servlet
                //创建一个 Cookie 对象
                Cookie cookie=new Cookie("counts","1");
                //设置 cookie 的有效期
                cookie.setMaxAge(30*24*60*60);
                //向客户端写 cookie
                response.addCookie(cookie);
                out.println("This is your first login");
            }
            out.println("</h1>");
            out.println("</body>");
            out.println("</html>");
        }
        public void init() throws ServletException {
        }
    }
```

因为使用 MyEclipse 2014 提供的向导创建 CookieServlet，系统会根据对话框中的设置信息自动在 WEB-INF 文件夹下的 web.xml 文件中增加 CookieServlet 的注册和映射信息。其相关标记如下：

```
<servlet>
    <description>This is the description of my J2EE component</description>
    <display-name>This is the display name of my J2EE component</display-name>
    <servlet-name>CookieServlet</servlet-name>
    <servlet-class>cn.hbsi.controller.CookieServlet</servlet-class>
</servlet>
<servlet-mapping>
    <servlet-name>CookieServlet</servlet-name>
    <url-pattern>/cookieServlet</url-pattern>
</servlet-mapping>
```

（2）部署 jygl 项目。

（3）启动 Tomcat 服务器，打开浏览器，在地址栏中输入访问 CookieServlet 的 url 地址“http://localhost:8080/jygl/cookieServlet”，看到如图 3-36 所示的结果。

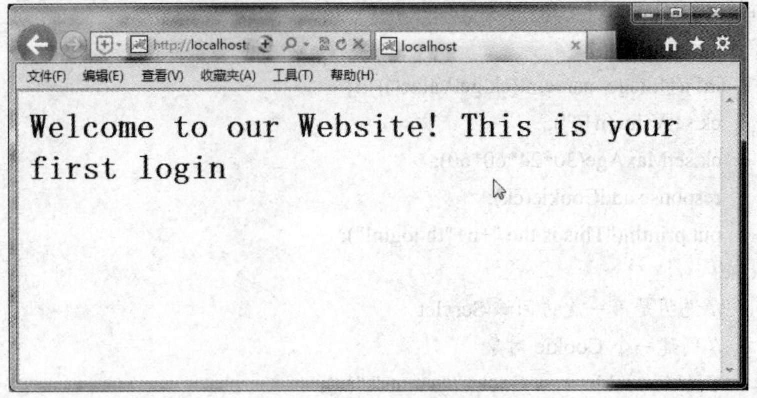

图 3-36 使用 Cookie 记录客户端访问次数

单击“刷新”按钮，会看到访问的次数变为 2。再打开一个新的浏览器窗口，输入 CookieServlet 的 url 地址“http://localhost:8080/jygl/cookieServlet”，在第二个浏览器窗口中显示的访问次数将变为 3，如图 3-37 所示。

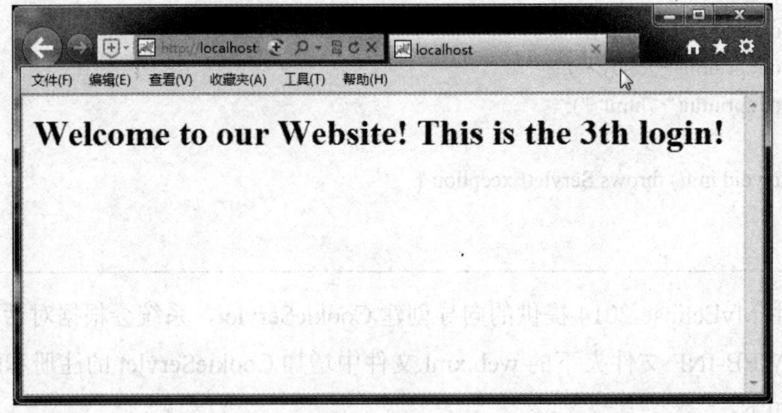

图 3-37 使用 Cookie 记录客户端访问次数

交替刷新两个浏览器窗口中的页面，可以看到访问次数也在交替增长，说明利用 Cookie 保存属性，只要是同一个客户端浏览器，都是同一个 Cookie 文件，Cookie 文件保存在客户端本地机的硬盘上，同一个浏览器访问同一个 Web 应用程序时，写回这个 Cookie 文件。

3.5 任务 5——使用请求转发实现注册控制器

3.5.1 任务描述

用户注册信息添加成功后，需要返回登录页面，进行登录操作。用户的注册功能实现后，通过 Servlet 控制器，可以将请求转发（request dispatching）给另外一个 Servlet 或者 JSP 页面，甚至是静态的 HTML 页面，然后由它们进行处理并产生对请求的响应。要完成请求转发，就要用到 javax.servlet.RequestDispatcher 接口。

3.5.2 实现任务所需的 RequestDispatcher 接口

1. RequestDispatcher 接口

RequestDispatcher 对象由 Servlet 容器创建，用于封装一个由路径所标识的服务器资源。利用 RequestDispatcher 对象，可以把请求转发给其他的 Servlet 或 JSP 页面。在 RequestDispatcher 接口中定义了两种方法。

- public void forward(ServletRequest request, ServletResponse response) throws ServletException, java.io.IOException

该方法用于将请求从一个 Servlet 传递给服务器上的另一个 Servlet、JSP 或者 HTML 页面。在 Servlet 中，可以对请求做一个初步的处理，然后调用这个方法，将请求传递给其他的资源来输出响应。要注意的是，这个方法必须在响应被提交给客户端之前调用，否则，它将抛出 IllegalStateException 异常。在 forward() 方法调用之后，原来在响应缓存中没有提交的内容将被自动清除。

- public void include(ServletRequest request, ServletResponse response) throws ServletException, java.io.IOException

该方法用于在响应中包含其他资源（Servlet、JSP 或 HTML 页面）的内容。和 forward() 方法的区别在于利用 include() 方法将请求转发给其他的 Servlet，被调用的 Servlet 对该请求做出的响应将并入原先的响应对象中，原先的 Servlet 还可以继续输出响应信息；而利用 forward() 方法将请求转发给其他的 Servlet，将由被调用的 Servlet 负责对请求做出响应，而原先 Servlet 的执行将终止。

2. 获取 RequestDispatcher 对象

有 3 种方法可以用来得到 RequestDispatcher 对象。一是利用 ServletRequest 接口中的 getRequestDispatcher() 方法：

- public RequestDispatcher getRequestDispatcher(java.lang.String path)

另外两种是利用 ServletContext 接口中的 getRequestDispatcher() 和 getNamedDispatcher() 方法：

- public RequestDispatcher getRequestDispatcher(java.lang.String path)
- public RequestDispatcher getNamedDispatcher(java.lang.String name)

可以看到 ServletRequest 接口和 ServletContext 接口各自提供了一个同名的方法 getRequestDispatcher()，那么这两个方法有什么区别呢？两个 getRequestDispatcher() 方法

的参数都是资源的路径名，不过 ServletContext 接口中的 getRequestDispatcher() 方法的参数必须以斜杠（/）开始，被解释为相对于当前上下文根（context root）的路径。例如，/myservlet 是合法的路径，而 ../myservlet 是不合法的路径；而 ServletRequest 接口中的 getRequestDispatcher() 方法的参数不但可以是相对于上下文根的路径，也可以是相对于当前 Servlet 的路径。例如，/myservlet 和 myservlet 都是合法的路径，如果路径以斜杠（/）开始，则被解释为相对于当前上下文根的路径；如果路径没有以斜杠（/）开始，则被解释为相对于当前 Servlet 的路径。ServletContext 接口中的 getNamedDispatcher() 方法则是以在部署描述符中给出的 Servlet（或 JSP 页面）的名字作为参数。

调用 ServletContext 对象的 getContext() 方法可以获取另一个 Web 应用程序的上下文对象，利用该上下文对象调用 getRequestDispatcher() 方法得到的 RequestDispatcher 对象，可以将请求转发到另一个 Web 应用程序中的资源。但要注意的是，要跨 Web 应用程序访问资源，需要在当前 Web 应用程序的 <context> 元素的设置中，指定 crossContext 属性的值为 true。

3. sendRedirect() 和 forward() 方法的区别

HttpServletResponse 接口的 sendRedirect() 方法和 RequestDispatcher 接口的 forward() 方法都可以利用另外的资源（Servlet、JSP 页面或 HTML 文件）来为客户端进行服务，但是这两种方法有着本质上的区别。

图 3-38 和图 3-39 分别给出了 sendRedirect() 方法和 forward() 方法的工作原理图。

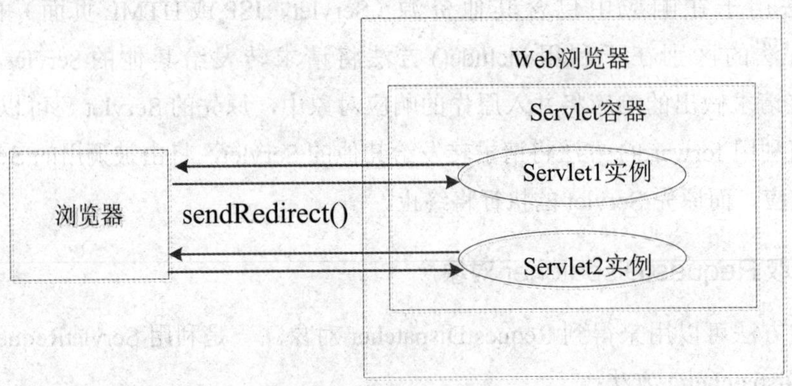

图 3-38　sendRedirect() 方法的工作原理图

HttpServletResponse 接口中的 sendRedirect() 方法的工作过程如下：

（1）浏览器访问 Servlet1。

（2）Servlet1 想让 Servlet2 为客户端服务。

（3）Servlet1 调用 sendRedirect() 方法，将客户端的请求重定向到 Servlet2。

（4）浏览器访问 Servlet2。

（5）Servlet2 对客户端的请求做出响应。

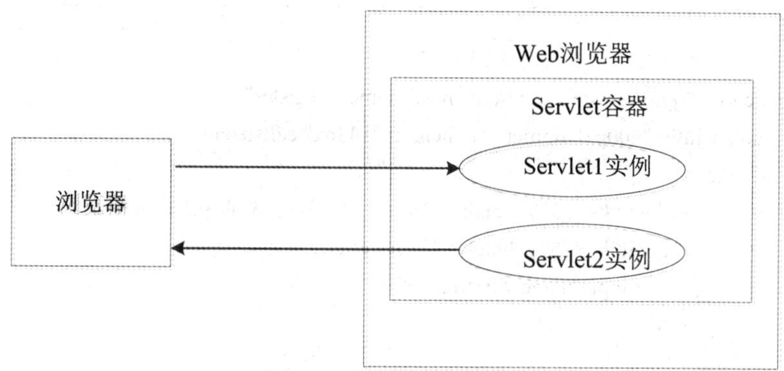

图 3-39　forward() 方法的工作原理图

从图 3-38 所示的交互过程中可以看出，调用 sendRedirect() 方法，实际上是告诉浏览器 Servlet2 所在的位置，让浏览器重新访问 Servlet2。调用 sendRedirect() 方法，会在响应中设置 Location 响应消息头。需要注意的是，这个过程对于用户来说是透明的，浏览器会自动完成新的访问。这时需注意，浏览器地址栏中显示的 URL 是重定向之后 Servlet2 的 URL。

RequestDispatcher 接口的 forward() 方法的交互过程如下：

（1）浏览器访问 Servlet1。

（2）Servlet1 想让 Servlet2 对客户端的请求进行响应，于是调用 forward() 方法，将请求转发给 Servlet2 进行处理。

（3）Servlet2 对请求做出响应。

从图 3-39 所示的交互过程中可以看出，调用 forward() 方法，对浏览器来说是透明的，浏览器并不知道为其服务的 Servlet 已经换成 Servlet2，它只知道发出了一个请求，获得了一个响应。注意，这时浏览器地址栏上显示的 URL 始终是原始请求 Servlet1 的 URL。

sendRedirect() 方法和 forward() 方法还有一个区别，那就是 sendRedirect() 方法不但可以在位于同一主机上的不同 Web 应用程序之间进行重定向，而且可以将客户端重定向到其他服务器上的 Web 应用程序资源。

3.5.3　任务实现

（1）在 jygl 项目的 WebRoot 文件夹的 public 子文件夹下新建一个用户注册页面 register.html，其代码如下：

```
<!DOCTYPE html>
<html>
<head>
<title> 用户注册 </title>
<meta name="content-type" content="text/html; charset=UTF-8">
</head>
```

```
<body>
    <h1> 为学堂学生就业信息管理系统 </h1>
    <form action="/jygl/register" method="post" name="register">
        <table width="600px" border="1" height="143px" cellspacing="0">
            <tr>
                <td width="25%" height="38px"> 用户名：  </td>
                <td width="75%" height="38px" align="left">
                    <input name="username" size="20">
                </td>
            </tr>
            <tr>
                <td height="35px"> 密 码：   </td>
                <td height="35px">
                    <input type="password" size="20" name="password1">
                </td>
            </tr>
            <tr>
                <td height="35px"> 确认密码：  </td>
                <td height="35px">
                    <input type="password" size="20" name="password2">
                </td>
            </tr>
            <tr>
                <td height="35px"> 用户身份：</td>
                <td height="35px">
                    <input type="radio" value="student"name="usertypes" checked= "checked"> 学生
                    <input type="radio" value="company" name="usertypes"> 企业
                    <input type="radio" value="admin" name="usertypes"> 管理员
                </td>
            </tr>
            <tr>
                <td height="35px"> </td>
                <td height="35px">
                    <input name="Submit" type="submit" value=" 注册 " />
                    <input name="cs" type="reset" value=" 重置 " />
                </td>
            </tr>
        </table>
    </form>
</body>
</html>
```

（2）用户访问注册页面 register.html，输入用户信息，单击“注册”按钮，浏览器负责将请求提交给服务器端的 RegisterServlet，因此接下来需编写实现用户注册的控制器 RegisterServlet。

在 jygl 项目的 src 文件夹的 cn.hbsi.controller 包中新建 Servlet 类，该 Servlet 类的相关信息如下。

- Servlet 类的类名：RegisterServlet。
- Servlet 类所在包的包名：cn.hbsi.controller。
- Servlet 类的父类名：javax.servlet.http.HttpServlet。
- Servlet 在 web.xml 文件中的注册名：RegisterServlet。
- Servlet 映射的对外访问路径：/register。

在 RegisterServlet 类的 doPost() 方法中，获取用户提交的注册信息，进行简单验证（密码和确认密码是否一致），并根据验证结果将请求转发到不同页面。其代码如下：

```
package cn.hbsi.controller;
import java.io.IOException;
import java.io.PrintWriter;
import javax.servlet.RequestDispatcher;
import javax.servlet.ServletException;
import javax.servlet.http.HttpServlet;
import javax.servlet.http.HttpServletRequest;
import javax.servlet.http.HttpServletResponse;
public class RegisterServlet extends HttpServlet {
    public void doGet(HttpServletRequest request, HttpServletResponse response)
            throws ServletException, IOException {
        doPost(request,response);
    }
    public void doPost(HttpServletRequest request, HttpServletResponse response)
            throws ServletException, IOException {
        //在任务 3.3 中使用了过滤器来解决中文乱码问题，因此直接从 request 对象中获取用户提交的注册信息
        String name=request.getParameter("username");
        String password1=request.getParameter("password1");
        String password2=request.getParameter("password2");
        String usertype=request.getParameter("usertypes");
        //验证用户输入的注册信息是否正确，根据验证结果转发请求
        if(password1!=null && password2!=null && password1.equals(password2)){
            RequestDispatcher dispatcher=request.getRequestDispatcher("public/login.html");
            dispatcher.forward(request, response);
        }else{
            request.setAttribute("username",name);
            request.setAttribute("usertype",usertype);
            RequestDispatcher dispatcher=request.getRequestDispatcher("/error");
```

```
                dispatcher.forward(request, response);
            }
        }
}
```

＊ 说明：

- 在任务 3.3 中专门配置了过滤器来解决中文乱码问题，因此在该 Servlet 中不再设置 request 对象和 response 对象的编码方式。
- 验证密码和确认密码都不为 null，并且一致的情况下，将请求转发到登录页面 login.html 进行下一步的登录；否则，应将请求转发到 ErrorServlet（映射的对外访问路径 /error），显示错误信息。
- 因为是将请求从 RegisterServlet 转发到 ErrorServlet，RegisterServlet 和 ErrorServlet 共享同一个 request 对象，所以在请求转发前可将需要传给 ErrorServlet 的数据（例如用户名、用户身份等）存入 request 对象中，而 ErrorServlet 就可从 request 对象中获取数据。

RegisterServlet 在 web.xml 文件中的配置信息如下：

```
<servlet>
    <description>This is the description of my J2EE component</description>
    <display-name>This is the display name of my J2EE component</display-name>
    <servlet-name>RegisterServlet</servlet-name>
    <servlet-class>cn.hbsi.controller.RegisterServlet</servlet-class>
</servlet>
<servlet-mapping>
    <servlet-name>RegisterServlet</servlet-name>
    <url-pattern>/register</url-pattern>
</servlet-mapping>
```

（3）在 src 文件夹下创建一个 Servlet 类：ErrorServlet，用于显示用户注册信息错误。该 Servlet 的相关信息如下。

- Servlet 类的类名：ErrorServlet。
- Servlet 类所在包的包名：cn.hbsi.view。
- Servlet 类的父类名：javax.servlet.http.HttpServlet。
- Servlet 在 web.xml 文件中的注册名：ErrorServlet。
- Servlet 映射的对外访问路径：/error。

ErrorServlet 是用来显示验证结果的，因此是视图组件，不能放在 cn.hbsi.controller 包下，应放置在 cn.hbsi.view 包下，其代码如下：

```
package cn.hbsi.view;
import java.io.IOException;
```

```
import java.io.PrintWriter;
import javax.servlet.ServletException;
import javax.servlet.http.HttpServlet;
import javax.servlet.http.HttpServletRequest;
import javax.servlet.http.HttpServletResponse;
public class ErrorServlet extends HttpServlet {
    public void doGet(HttpServletRequest request, HttpServletResponse response)
            throws ServletException, IOException {
        doPost(request,response);
    }
    public void doPost(HttpServletRequest request, HttpServletResponse response)
            throws ServletException, IOException {
        //获取request对象中保存的用户名和用户身份
        String username=(String) request.getAttribute("username");
        String usertype=(String) request.getAttribute("usertype");
        PrintWriter out = response.getWriter();
        out.println("<!DOCTYPE HTML PUBLIC \"-//W3C//DTD HTML 4.01 Transitional//EN\">");
        out.println("<HTML>");
        out.println("  <HEAD><TITLE>A Servlet</TITLE></HEAD>");
        out.println("  <BODY>");
        out.println(usertype+" 账号："+username+" 注册信息错误！ ");
        out.println("  </BODY>");
        out.println("</HTML>");
        out.flush();
        out.close();
    }
}
```

＊ **注意：**在获取 RegisterServlet 传给 ErrorServlet 的数据时使用的是 request 对象的 getAttribute() 方法，而不是 getParameter() 方法。

ErrorServlet 在 web.xml 文件中的配置信息如下：

```
<servlet>
    <description>This is the description of my J2EE component</description>
    <display-name>This is the display name of my J2EE component</display-name>
    <servlet-name>ErrorServlet</servlet-name>
    <servlet-class>cn.hbsi.view.ErrorServlet</servlet-class>
</servlet>
<servlet-mapping>
    <servlet-name>ErrorServlet</servlet-name>
    <url-pattern>/error</url-pattern>
</servlet-mapping>
```

（4）部署项目。

（5）启动 Tomcat 服务器，在浏览器地址栏中输入注册页面 register.html 的 URL 地址

“http://localhost:8080/jygl/public/register.html”，填写注册信息，如图 3-40 所示。

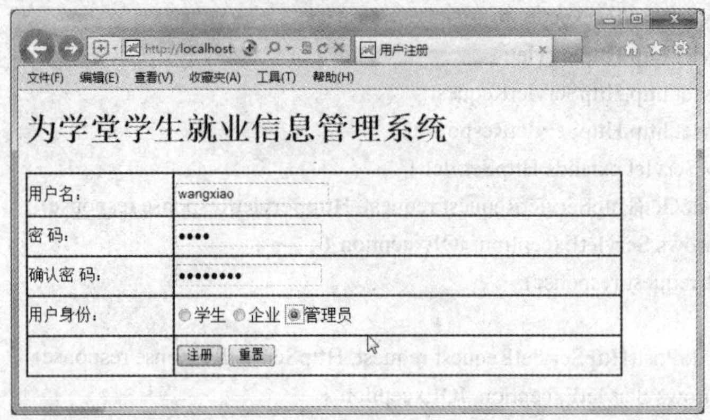

图 3-40 用户注册页面

这时密码和确认密码显然长度不同，因此单击“注册”按钮时，浏览器就将请求发送到 RegisterServlet。在 RegisterServlet 中，首先获取用户注册信息，经过验证发现密码和确认密码不一致，因此将请求转发到 ErrorServlet 上，由 ErrorServlet 向客户端产生输出。运行结果如图 3-41 所示。

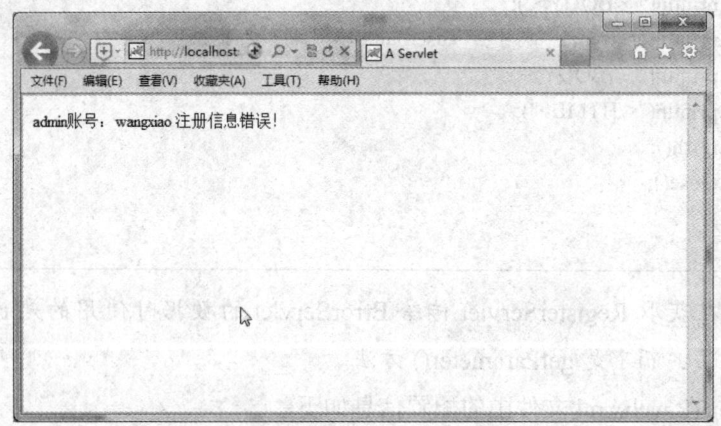

图 3-41 注册信息错误

若用户在图 3-40 所示的注册页面中正确输入用户信息，即密码和确认密码均不为 null 并且一致，则 RegisterServlet 经过验证后会将请求转发到 public/login.html 页面上，进行下一步的登录。

3.6 任务 6——使用 Session 技术实现登录后用户跟踪

3.6.1 任务描述

由于 HTTP 协议连接的无状态性，Web 应用并不记录有关同一用户以前请求的信息，根据项目需要，要记录登录用户的信息和一系列活动，那么解决这个问题的一个办法是使用 Servlet/JSP 容器提供的会话跟踪功能，Servlet API 规范定义了一个简单的 HttpSession 接口，HttpSession 是 Java 平台对 session 机制的实现规范，通过它可以方便地实现会话跟踪。

3.6.2 Session 会话管理 API

HttpSession 接口提供了存储和返回标准会话属性的方法，即 setAttribute() 和 getAttribute()。HttpSession 提供了一个会话 ID 关键字，一个参与会话行为的客户端在同一会话的请求中存储和返回它。Servlet 引擎查找适当的会话对象，并使之对当前请求可用。标准会话属性如会话标识符 ID、应用数据等，都以“名字 - 值”对的形式保存在服务器端。也就是说，HttpSession 接口提供了一种把对象保存到内存、在同一用户的后继请求中提取这些对象的标准办法。在会话中保存数据的方法是 setAttribute(String s, Object o)，从会话提取原来所保存对象的方法是 getAttribute(String s)。

在服务器端，每当新用户请求一个使用了 HttpSession 对象的 JSP 页面，Servlet/JSP 容器除了发回应答页面之外，它还要以 cookie 的形式向浏览器发送一个特殊的数字。这个特殊的数字称为“会话标识符”，它是一个唯一的用户标识符。此后，HttpSession 对象就驻留在内存中（这当然是在服务器端），浏览器再请求 session 时，服务器会先得到它的 sessionid，再作处理。

在客户端，浏览器保存会话标识符，并在每一个后继请求中把这个会话标识符发送给服务器。会话标识符告诉 JSP 容器当前请求不是用户发出的第一个请求，服务器以前已经为该用户创建了 HttpSession 对象。此时，JSP 容器不再为用户创建新的 HttpSession 对象，而是寻找具有相同会话标识符的 HttpSession 对象，然后建立该 HttpSession 对象和当前请求的关联。

可以通过 HttpServletRequest 接口的以下两个重载的方法来获取 HttpSession 对象。

- public HttpSession getSession()：该方法取得请求所在的会话。
- public HttpSession getSession(Boolean create)：返回当前请求的会话。如果当前请求不属于任何会话，而且 create 参数为 true，则创建一个会话，否则返回 null。此后所有来自同一个的请求都属于这个会话，通过它的 getSession 返回的是当前会话。

HttpSession 中提供了以下方法用来实现会话管理。

- public void setAttribute(String name,Object value)：将 value 对象以 name 名称绑定到会话。
- public object getAttribute(String name)：取得 name 的属性值，如果属性不存在则返回 null。

- public void removeAttribute(String name)：从会话中删除 name 属性，如果不存在不会执行，也不会抛出错误。
- public Enumeration getAttributeNames()：返回和会话有关的枚举值。
- public void invalidate()：使会话失效，同时删除属性对象。
- public Boolean isNew()：用于检测当前客户是否为新的会话。
- public long getCreationTime()：返回会话创建时间。
- public long getLastAccessedTime()：返回在会话时间内 web 容器接收到客户最后发出的请求时间。
- public int getMaxInactiveInterval()：返回在会话期间内客户请求的最长时间为秒。
- public void setMaxInactiveInterval(int seconds)：允许客户请求的最长时间。
- ServletContext getServletContext()：返回当前会话的上下文环境，ServletContext 对象可以使 Servlet 与 web 容器进行通信。
- public String getId()：返回会话期间的识别号。

3.6.3 任务实现

统过 Session 技术可以记录登录的用户信息，用来跟踪用户的活动。jygl 项目中把登录用户的信息作为一个 session 对象的属性封装到 session 中，在其他页面或 Servlet 中可以从 session 中提取登录用户信息。

（1）修改 jygl 项目中的 LoginServlet，验证浏览器提交的登录信息后，将用户名和用户身份信息保存到 session 中。

```
package cn.hbsi.controller;
import java.io.IOException;
import java.io.PrintWriter;
import javax.servlet.ServletException;
import javax.servlet.http.HttpServlet;
import javax.servlet.http.HttpServletRequest;
import javax.servlet.http.HttpServletResponse;
import javax.servlet.http.HttpSession;
public class LoginServlet extends HttpServlet {
    public void doGet(HttpServletRequest request, HttpServletResponse response)
                throws ServletException, IOException {
        doPost(request, response);
    }

    public void doPost(HttpServletRequest request, HttpServletResponse response)
```

```
            throws ServletException, IOException {
        //获取客户端提交的表单中数据
        String name = request.getParameter("username");
        String passwd = request.getParameter("password");
        String usertype = request.getParameter("usertypes");
        //得到 session 对象
        HttpSession session = request.getSession();
        //把用户名和用户类型封装到 session 中
        session.setAttribute("username", name);
        session.setAttribute("usertype", usertype);
        //验证用户名、密码、用户类型是否存在
        if(name==null || name.trim().equals("")){
            response.sendRedirect("/jygl/error");
            return;
        }
        if(passwd==null || passwd.trim().equals("") ){
            response.sendRedirect("/jygl/error");
            return;
        }
        response.sendRedirect("/jygl/success");
    }
}
```

＊ **说明：**

- 在本任务中，只是验证用户名和密码是否为空，若用户输入用户名和密码为非空的字符串，则登录成功；否则登录失败。
- 登录成功，则将请求重定向到 SuccessServlet 上；否则，将请求重定向到 ErrorServlet 上。因为使用的是重定向，LoginServlet 和目标 Servlet（SuccessServelt 或 ErrorServlet）不再共享同一个 request 对象，因此用户信息必须保存在 session 对象中，目标 Servlet 才可得到这些用户信息。

（2）登录成功后，LoginServlet 会将请求重定向到 SuccessServlet 上。因此第二步创建 SuccessServlet，读取 session 对象中保存的用户数据。SuccessServlet 类的相关信息如下。

- Servlet 类的类名：SuccessServlet。
- Servlet 类所在包的包名：cn.hbsi.view。
- Servlet 类的父类名：javax.servlet.http.HttpServlet。
- Servlet 在 web.xml 文件中的注册名：SuccessServlet。
- Servlet 映射的对外访问路径：/success。

SuccessServlet 的代码如下：

```
package cn.hbsi.view;
import java.io.IOException;
import java.io.PrintWriter;
import javax.servlet.ServletException;
import javax.servlet.http.HttpServlet;
import javax.servlet.http.HttpServletRequest;
import javax.servlet.http.HttpServletResponse;
import javax.servlet.http.HttpSession;
public class SuccessServlet extends HttpServlet {
    public void doGet(HttpServletRequest request, HttpServletResponse response)
            throws ServletException, IOException {
        doPost(request,response);
    }
    public void doPost(HttpServletRequest request, HttpServletResponse response)
            throws ServletException, IOException {
        //获取 session 对象中保存的用户名和用户身份
        HttpSession session = request.getSession();
        String username = (String) session.getAttribute("username");
        String usertype = (String) session.getAttribute("usertype");
        PrintWriter out = response.getWriter();
        out.println("<!DOCTYPE HTML PUBLIC \"-//W3C//DTD HTML 4.01 Transitional//EN\">");
        out.println("<HTML>");
        out.println("  <HEAD><TITLE>A Servlet</TITLE></HEAD>");
        out.println("  <BODY>");
        out.println(" 祝贺 " + usertype + " 身份的账号： " + username + " 登录成功！ ");
        out.println("  </BODY>");
        out.println("</HTML>");
        out.flush();
        out.close();
    }
}
```

SuccessServlet 在 web.xml 文件中的配置信息如下：

```
<servlet>
    <description>This is the description of my J2EE component</description>
    <display-name>This is the display name of my J2EE component</display-name>
    <servlet-name>SuccessServlet</servlet-name>
<servlet-class>cn.hbsi.view.SuccessServlet</servlet-class>
</servlet><servlet-mapping>
    <servlet-name>SuccessServlet</servlet-name>
```

```
        <url-pattern>/success</url-pattern>
    </servlet-mapping>
```

（3）修改 ErrorServlet，不再从 request 对象中读取 LoginServlet 传递来的数据，而是从 session 对象中读取用户登录信息。

```
package cn.hbsi.view;
import java.io.IOException;
import java.io.PrintWriter;
import javax.servlet.ServletException;
import javax.servlet.http.HttpServlet;
import javax.servlet.http.HttpServletRequest;
import javax.servlet.http.HttpServletResponse;
import javax.servlet.http.HttpSession;
public class ErrorServlet extends HttpServlet {
    public void doGet(HttpServletRequest request, HttpServletResponse response)
            throws ServletException, IOException {
        doPost(request,response);
    }
    public void doPost(HttpServletRequest request, HttpServletResponse response)
            throws ServletException, IOException {
        //获取 session 对象中保存的用户名和用户身份
        HttpSession session=request.getSession();
        String username=(String) session.getAttribute("username");
        String usertype=(String) session.getAttribute("usertype");
        PrintWriter out = response.getWriter();
        out.println("<!DOCTYPE HTML PUBLIC \"-//W3C//DTD HTML 4.01 Transitional//EN\">");
        out.println("<HTML>");
        out.println("  <HEAD><TITLE>A Servlet</TITLE></HEAD>");
        out.println("  <BODY>");
        out.println(usertype+" 账号："+username+" 注册信息错误！ ");
        out.println("  </BODY>");
        out.println("</HTML>");
        out.flush();
        out.close();
    }
}
```

（4）部署运行项目。

（5）启动 Tomcat，打开浏览器访问登录页面 login.html，运行效果如图 3-42 和图 3-43 所示。

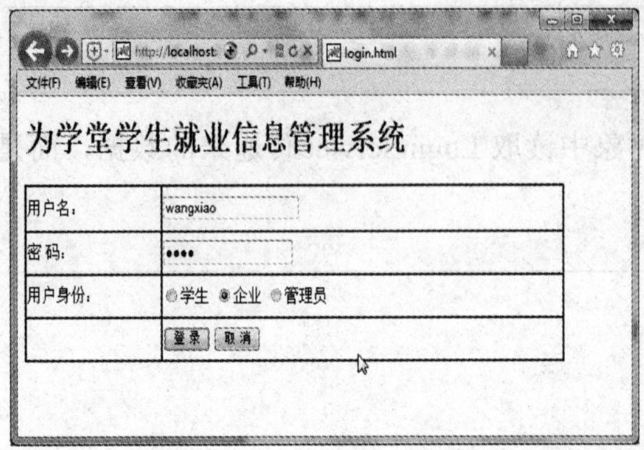

图 3-42　登录成功

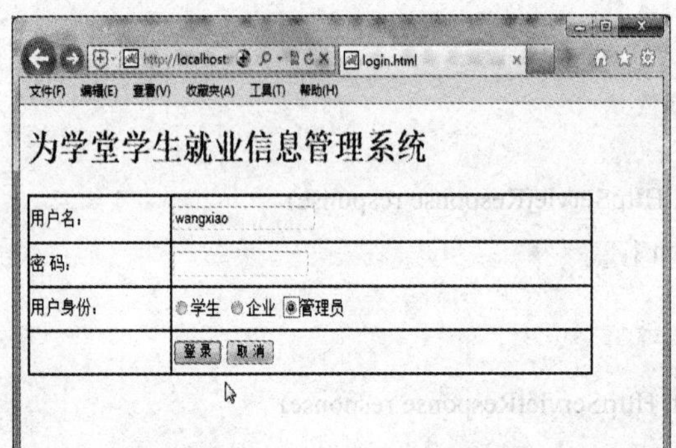

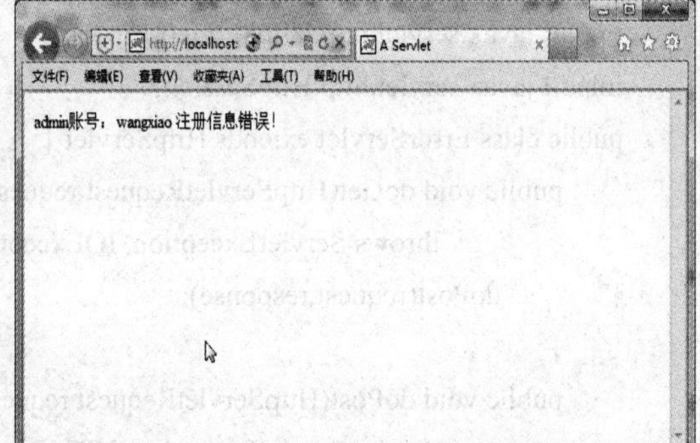

图 3-43　登录失败

3.7 本章小结

本模块首先介绍了 Servlet API 中的主要接口及其实现类，包括与 Servlet 实现相关的 Servlet 接口、GenericServlet 抽象类和 HttpServlet 抽象类；与请求和响应相关的 ServletRequest 接口、ServletResponse 接口、HttpServletRequest 接口和 HttpServletResponse 接口；与 Servlet 配置相关的 ServletConfig 接口，并通过实例帮助读者更好地理解这些接口与类的作用、用法。接着详细介绍了 Servlet 的生命周期，包括加载和实例化、初始化、请求处理、服务终止 4 个阶段。在编写 Servlet 时，要根据 Servlet 的生命周期来安排程序功能的实现位置，例如，资源的分配与初始化可以放到 init() 方法中，主要的请求处理代码可以放到相应的 doXXX() 方法中，资源的释放可以放到 destroy() 方法中。然后，对于每一个 Web 应用程序都有一个与之相关的 Servlet 上下文。Java Servlet API 提供了一个 ServletContext 接口用来表示上下文，ServletContext 对象是 Web 应用程序的运行时表示，ServletContext 对象可以被 Web 应用程序中所有的 Servlet 所访问，利用 ServletContext 对象可以在多个客户端之间、多个 Servlet 之间（要求在同一个 Web 应用程序下）共享属性。最后，利用 RequestDispatcher 对象，可以把请求转发给其他的 Servlet 或 JSP 页面。读者要了解 RequestDispatcher 接口的 forward() 方法和 include() 方法的区别，掌握 HttpServletResponse 对象的 sendRedirect() 方法和 RequestDispatcher 对象的 forward() 方法的工作原理。在实际应用中，可以根据具体的情况，合理利用这两种方法来完成业务需求。

3.8　课后实训

1. 单项选择题

（1）下列（　　）方法不是 HttpServlet 类的方法。

A．doGet()　　B．doPost()　　C．Action()　　D．doPut()

（2）陈述 A：服务器创建了一个 cookie，并发送给客户。客户把此 cookie 保存在本地硬盘中。陈述 B：当服务器需要时，客户通过 HTTPServletRequest 对象发送 cookie 给服务器。关于陈述 A 和 B，以下（　　）为真。

A．陈述 A 为假，陈述 B 为真　　B．陈述 A 为真，陈述 B 为假

C．这两个陈述都为真　　D．这两个陈述都为假

（3）已部署了名为 form.html 的一个窗体及名为 bookservlet 的 servlet。此 Web 上下文的名字是 bookcontext。以下（　　）是调用窗体的正确方法。

A．http://host address:8084/servlet/form.html

B．http://host address:8084/form.html

C．http://host address:8084/bookcontext/form.html

D．http://host address:8080/bookcontext/form.html

（4）下面的（　　）代码可以从 Servlet 中转向其他页面。

A．RequestDispatcher rd=getServletContext().getRequestDispatcher ("/jsp");
rd.forward(request, response);

B．RequestDispatcher rd=getServletContext().getRequestDispatcher("/jsp");
rd.forwar(response);

C．RequestDispatcher rd=getServletContext().getRequestDispatcher();
rd.forwar ("/jsp", request, response);

D．RequestDispatcher r=getServletContext().getRequestDispatcher ();
rd.forwar("/jsp", response);

（5）HttpServlet 类的（　　）方法处理 HTTP POST 请求。

A．doPost(ServletRequest, ServletResponse)

B．doPOST(ServletRequest, ServletResponse)

C．doPost(HttpServletRequest, HttpServletResponse)

D．doPOST(HttpServletRequest, HttpServletResponse)

（6）Web 程序的部署描述文件是（　　）。

A．config.xml　　B．web.xml　　C．server.xml　　D．init.xml

（7）Java Web 应用中往往通过设置不同作用域的属性来达到通信的目的。如果某个对象只在同一请求中共享，通过调用（　　）类的 setAttribute 方法设置属性。

A．HttpSession　　B．HttpServletRequest

C．ServletRequestListener　　D．ServletContext

（8）在 Java Web 开发中，增加一个新 cookie，调用 HttpServletResponse 的（　　）方法。

A．HttpServletRequest　　B．Session

C．addCookie　　D．getCookies

（9）在 Servlet 中要输出内容，调用 HttpServletRequest 的（　　）方法解析有名参数。

A．getOutputStream　　B．getRequestDispatcher

C．RequestDispatcher　　D．getParameter

（10）使用 HTTPSession 接口来跟踪 Servlets 中的会话数据。为把值加入到此会话对象，应使用（　　）函数。

A．putValue()　　B．addValue()

C．setValue()　　D．addSession()

2. 多项选择题

（1）下面（　　）说法是正确的。

A．HttpServlet.init() throws ServletException

B．HttpServlet.service() thrwos ServletException and IOException

C．HttpServlet.destroy() throws ServletException

D．HttpServlet.doHead() throws ServletException

（2）控制一个 Servlet 的生命周期的方法有（　　）。

A．destroy()　　B．service()　　C．init()　　D．doPost()

（3）在 Java Web 开发中，跟踪客户状态的手段可通过（　　）。

A．Session　　B．HttpServletResponse

C．Cookie　　D．getSession

（4）实现的基于 HTTP 协议的 Servlet 的服务方法签名正确的有（　　）。

A．public void doGet(ServletRequest req, ServletResponse res) throws IOException, ServletException

B．public void doPost(HttpServletRequest req, HttpServletResponse res) throws IOException, ServletException

C．public void service(HttpServletRequest req, HttpServletResponse res)
throws IOException, ServletException

D．public void service(ServletRequest req, ServletResponse res)
throws IOException, ServletException

（5）在 javax.servlet.http.*API 中，HttpServlet 的（　　）方法用来处理客户端的请求。

A．init()　　B．doPost()　　C．doGet()　　D．destroy()

3. 实践题

1．使用 Servlet 类来完成一个用户登录的示例。即提供一个页面让用户输入用户名和密码，这个页面提交给一个 Servlet，在这个 Servlet 中判断如果用户名是“test”，密码是“123456”，就返回“用户登录成功的信息”，否则返回“用户登录失败”的信息。需要写一个用户登录的 login.jsp 页面，一个逻辑处理的 Control.java 的 Servlet 页面，一个用于显示结果信息的 message.jsp 页面。

2．使用 Servlet 实现学生就业管理系统用户注册。

模块 4　使用 JDBC 技术访问数据库

在模块 3 中通过使用 Servlet 控制器实现了用户的登录，但是用户名和密码的验证是使用的固定值，实际应用中用户名和密码等用户信息是保存在数据库中的，我们需要访问数据库，查看用户输入值是否和数据库中保存的用户信息匹配，才能确定用户能否成功登录，在 Java 应用中，JDBC 是实现 Java 同各种数据库连接的关键，它提供了将 Java 和数据库连接起来的程序接口，使用户可以以 SQL 的形式编写访问请求，然后传给数据库，其结果再由这一接口返回。该模块将详细介绍在 Web 程序中如何使用 JDBC 实现数据库的连接与访问技术。

学习目标

■　【知识目标】

1. 了解资源文件的创建方法和意义
2. 学会在静态初始化块中读取资源文件信息
3. 了解 DAO 访问模式
4. 能熟练使用 JDBC API 对象及其方法

■　【技能目标】

1. 能够用资源文件保存数据库相关信息，并且在程序中读取资源文件
2. 能够利用 JDBC 技术创建数据库连接
3. 能够利用 JDBC 技术关闭数据库连接资源
4. 能够使用 DAO 方式操作数据库
5. 能够利用 JDBC 技术处理查询结果集

4.1　任务 1——学会使用 JDBC 技术访问数据库

4.1.1　任务描述

为使用 Java 程序方便、高效地访问数据库并对数据进行操作，需了解访问数据库的方法和技术，了解 Java 程序操作数据库所需接口和类的使用。

4.1.2　实现任务所需 JDBC API

JDBC 是 Java DataBase Connectivity 的缩写，它是 Java 应用程序访问数据库的机制，由一些接口和类构成的 Java API，提供了执行 SQL 语句、访问关系数据库的方法。

1. 什么是 JDBC

为使 Java 程序能方便地访问数据库并对数据进行操作，Java 语言采用了专门的数据库编程接口 JDBC，用于在 Java 程序中实现数据库操作功能并简化操作过程。JDBC 支持基本 SQL 语句，提供多样化的数据库连接方式，并为各种不同的数据库提供统一的操作方式和编程思路。

JDBC 工作原理如图 4-1 所示，其中 JDBC 驱动程序管理器是 JDBC 体系结构的核心，其作用是根据目标数据库的种类（包括连接方式）的不同，选择相应的 JDBC 驱动程序供当前 Java 应用程序调用。

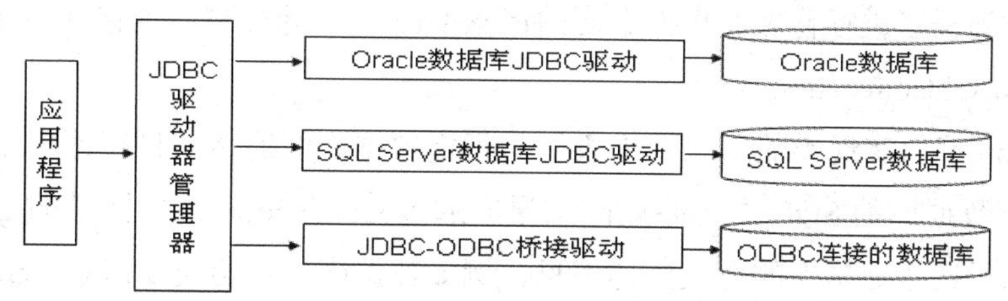

图 4-1　JDBC 体系结构

从图 4-1 中可以看出，JDBC 在工作原理上是起到应用程序与不同种类数据库间连接桥梁的作用。因此当 Java 程序员在编写数据库操作程序时，可以只针对 JDBC 进行编程，无须依赖特定的数据库产品，基本达到“写一个 Java 程序，适应所有数据库”的目的。

因此 JDBC 是一套协议，是 Java 开发人员和数据库厂商达成的协议，也就是由 Sun 定义的一组接口，由数据库厂商来实现（以驱动程序形式提供），并规定了 Java 开发人员访问数据库所使用的方法的调用规范。所以 JDBC 的主要用途就是访问和操作数据库。它为 Java 应用程序和数据库之间进行数据通信提供桥梁的作用。JDBC 的功能主要如下：

- 可以连接数据库，提供 Java 到数据库的连接。
- 通过 SQL 命令来操作数据库；JDBC 借助于标准查询语言对数据库进行增删改查。
- JDBC 提供对结果集的封装和处理。
- 支持事务的操作。

2. JDBC 编程常用的类和接口

在 JDK 的 java.sql 包中提供了多种 JDBC 编程需要的类和接口（API），这些类和接口可以提供连接和管理关系型数据库、执行 SQL 语句并获取查询结果等功能。这些类和接口如下：

（1）java.sql.Driver 接口

数据库驱动程序类必须要实现的接口，或者说所有的数据库驱动程序都是 Driver 的子类。在程序中要连接数据库，必须首先加载数据库驱动程序，也就是产生一个相应的数据库驱动程序的实例，根据子类可以代替父类的原则，也就生成了相应的 Driver 接口的实例。

常见加载数据库驱动程序的方法如下：

```
Class.forName(" 数据库驱动类的名字 ");
```

＊ **注意：**如果是下载的数据库驱动类，首先应将下载类文件或者 jar 包文件包括其路径一并添加到环境变量 CLASSPATH 中。如果用 Eclipse 等开发工具开发项目，可以将驱动类导入到指定项目中，否则该语句执行时会找不到相应的类文件而出现异常。

（2）java.sql.DriverManager 类

该类是驱动程序管理器类，负责管理各种不同驱动程序（Driver）。驱动程序必须加载后，通过该类对驱动程序进行管理并根据不同的请求 URL，创建数据库连接（Connection）。

（3）java.sql.Connection 接口

Connection 接口实现类的对象用于表示与指定数据库的连接。只有连接成功以后，才能执行发送给数据库的 SQL 语句并返回结果。通过 Connection 接口提供的 getMetaData() 方法可以获取所连接数据库的有关描述信息，例如数据库支持的类型信息、SQL 语法、存储过程、连接可进行的操作等。

（4）java.sql.Statement 接口

用来执行 SQL 语句并返回执行结果。例如执行查询功能的 executeQuery() 方法，能以 ResultSet 结果集的形式返回查询结果，格式如下：

```
public ResultSet executeQuery(String sql);
```

（5）java.sql.ResultSet 接口

包含 SQL 语句执行后返回数据的结果集。

4.1.3 任务实现

下面通过一个示例来讲解 JDBC 访问数据库的基本步骤。要求从 users 表中读取数据，并打印在命令行窗口中。

1. 搭建开发环境

（1）在 MySQL 中新建 test 数据库，并且创建 user 表，插入几条记录。SQL 语句如下：

```
// 创建数据库 test
CREATE DATABASE test;
// 打开数据库
USE test;
// 创建 user 表
DROP TABLE IF EXISTS 'user';
CREATE TABLE 'user' (
  'id' INT(100) NOT NULL AUTO_INCREMENT,
  'username' VARCHAR(20) DEFAULT NULL,
  'password' VARCHAR(50) DEFAULT NULL,
  PRIMARY KEY   ('id')
) ENGINE=INNODB DEFAULT CHARSET=utf8;
// 添加用户信息
insert into user(username,password) values ( 'user1','user1');
insert into user(username,password) values ( 'user2','user2');
insert into user(username,password) values ( 'user3','user3');
```

（2）新建一个 Java Web 项目 JDBCDemo，并导入 MySQL 驱动程序。

新建一个 Web 项目 JDBCDemo，将 MySQL 驱动程序复制到 WebRoot/WEB-INF/lib 文件夹下，如图 4-2 所示。

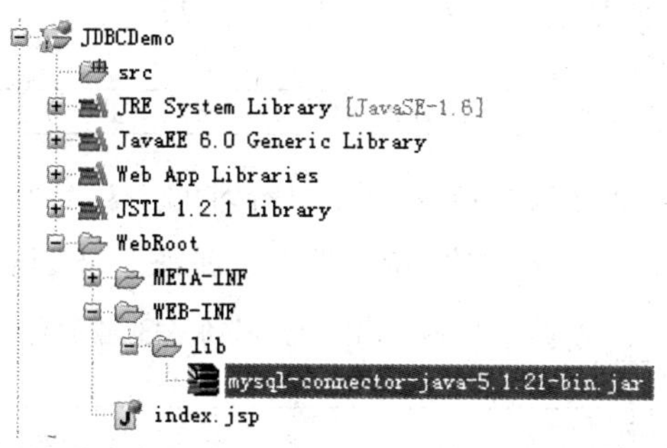

图 4-2　将 MySQL 驱动程序添加到项目中

2. 编写程序，访问数据库

在 Java 中访问数据库过程的步骤如下：

（1）在程序中加载数据库驱动程序

常用载入驱动程序的方法如下：

- 使用 Class 类中的静态方法 forName() 加载驱动程序，并在驱动器管理器上注册这个新的驱动程序，格式如下：

```
Class.forName(" 数据库驱动程序 ");
```

- 创建驱动程序类对象，调用驱动器管理器中的静态方法 registerDriver() 注册该驱动程序，格式如下：

```
Driver driver=new 驱动程序类 ();
DriverManager.registerDriver(driver);
```

＊ **注意：** 必须包含驱动程序类的完整路径和类名。在实际开发中，并不推荐采用这个方法注册驱动。查看 Driver 的源代码可以看到，如果采用此种方式，会导致驱动程序注册两次，也就是在内存中会有两个 Driver 对象。

载入 MySQL 数据库驱动程序的语句为：

```
Class.forName("com.mysql.jdbc.Driver");
```

或者

```
Driver driver=new com.mysql.jdbc.Driver();
DriverManager.registerDriver(driver);
```

（2）建立数据库连接

使用 DriverManager 类的静态方法 getConnection() 建立数据库连接，该方法使用 URL 字符串作为参数，在连接过程中会用到前面已加载的驱动程序类。如果能建立连接，则返回一个 Connection 对象，否则报错。格式如下：

```
Connection conn=DriverManager.getConnection(URL, 用户名 , 密码 );
```

其中，用户名和密码是登录数据库管理系统时的用户名和密码；URL 代表的是数据库的网络位置和名称，这和网络上的 URL 类似，是来标识目标数据库的。JDBC 使用的数据库 URL 由“协议名”、“子协议名”和“子名称”3 部分组成，其具体语法格式如下：

```
jdbc:< 子协议名 >:< 子名称 >
```

其中：

- jdbc 为协议名。
- < 子协议名 > 用于指定目标数据库的类型和具体连接方式。
- < 子名称 > 则指定了具体的数据库（或数据源）连接信息，如数据库服务器的 IP 地址 / 通信端口号或者 ODBC 数据源名称、连接用户名 / 密码等信息，子名称的格式和内容随子协议的不同而改变。

使用 JDBC 技术连接 MySQL 数据库的典型 URL 为 jdbc:mysql://localhost:3306/test，可简写为 jdbc:mysql:///test。其中 test 为数据库名。

（3）创建用于向数据库发送 SQL 的 Statement 对象，并发送 SQL 语句

建立连接后，使用返回的 Connection 对象 conn 的 createStatement() 方法，获取 Statement 对象，即可进行 SQL 操作，Statement 接口对 SQL 语句的处理分为 3 种情形：

- 调用 Statement 对象的 executeQuery() 方法，执行 SELECT 查询语句，该方法每次只能执行一条 SELECT 语句。
- 调用 Statement 对象的 executeUpdate() 方法，执行 INSERT、UPDATE、DELETE 等语句。
- 调用 Statement 对象的 execute() 方法，执行 CREATE 或 DROP 等语句。

（4）取得查询结果，从代表结果集的 ResultSet 中取出数据，输出到页面

executeQuery() 方法的返回值类型 ResultSet 是 JDBC 编程中最常使用的数据结构，它以零或多条记录（行）的形式包含了查询结果，可以通过隐含的游标（指针）来定位数据。初始化时，游标位于第一条记录前，可以通过其 next() 方法移到下一条记录。ResultSet 接口提供的 getXXX() 方法用于从当前记录中获取指定列的信息，可以通过指定列索引号或列名两种方式指定要读取的列，需要注意的是，列索引号从 1 开始。通常使用列名可读性更好一些，将来数据库表结构发生变化时（例如增加新的数据列）也不必做调整。

常用的 getXXX() 方法的格式及功能如表 4-1 所示。

表 4-1　getXXX() 方法的格式及功能

格　　式	功　　能
String getString(int col_ Index) String getString(String col_name)	在把 ResultSet 对象作为 String 对象检索中，返回当前行所指列中值
int getInt(int col_ Index) int getInt(String col_ name)	在把 ResultSet 对象作为 int 类型检索中，返回当前行所指列中值
float getFloat(int col_ Index) float getFloat(String col_ name)	在把 ResultSet 对象作为 float 类型检索中，返回当前行所指列中值
double getDouble(int col_ Index) double getDouble(String col_ name)	在把 ResultSet 对象作为 double 类型检索中，返回当前行所指列中值
short getShort(int col_ number) short getShort(String col_ name)	在把 ResultSet 对象作为 short 类型检索中，返回当前行所指列中值
long getLong(int col_ number) long getLong(String col_ name)	在把 ResultSet 对象作为 long 类型检索中，返回当前行所指列中值
Date getDate(int col_ number) Date getDate(String col_ name	在把 ResultSet 对象作为 Date 对象检索中，返回当前行所指列中值
Object getObject(int col_ number) Object getObject(String col_ name)	在把 ResultSet 对象作为 Object 对象检索中，返回当前行所指列中值

对于 getXXX() 方法，JDBC 的驱动程序会将数据库中存储的 SQL 类型数据转换为 Java 类型并返回。

（5）断开与数据库的连接，并释放相关资源

JDBC 程序运行完后，必须释放程序在运行过程中所创建的那些与数据库进行交互的对象，这些对象通常是 ResultSet、Statement 和 Connection。特别是 Connection 对象，它是非常稀有的资源，用完后必须马上释放，如果 Connection 不能及时、正确地关闭，极易

导致系统宕机。Connection 的使用原则是尽量晚创建，尽量早释放。为确保资源释放代码能运行，资源释放代码也一定要放在 finally 语句中。

3. 编写程序，测试数据库的访问方法

（1）编写 Servlet 类文件

在项目文件夹 src 下新建 com.hbsi.controller 包，在包下创建 LookUserServlet.java 类，读取数据库 test 中 user 表中的数据显示到页面，代码如下：

```
//LookUserServlet.java
package com.hbsi.controller;
import java.io.IOException;
import java.io.PrintWriter;
import java.sql.Connection;
import java.sql.DriverManager;
import java.sql.ResultSet;
import java.sql.Statement;
import javax.servlet.ServletException;
import javax.servlet.http.HttpServlet;
import javax.servlet.http.HttpServletRequest;
import javax.servlet.http.HttpServletResponse;
public class LookUserServlet extends HttpServlet {
    public void doGet(HttpServletRequest request, HttpServletResponse response)
            throws ServletException, IOException {
        this.doPost(request, response);
    }
    public void doPost(HttpServletRequest request, HttpServletResponse response)
            throws ServletException, IOException {
        response.setContentType("text/html");
        PrintWriter out = response.getWriter();
        out.println("<!DOCTYPE HTML PUBLIC \"-//W3C//DTD HTML 4.01 Transitional//EN\">");
        out.println("<html>");
        out.println("<head><title>LookUserServlet</title></head>");
        out.println("<body>");
        Connection con=null;
        Statement stat=null;
        ResultSet rs=null;
        try{
            //（1）加载驱动
            Class.forName("com.mysql.jdbc.Driver");
            //（2）建立连接
            String url="jdbc:mysql://localhost:3306/test";
            String username="root";
            String password="root";
            con = DriverManager.getConnection(url,username,password);
```

```
            //（3）生成 Statement 对象，提交查询语句，返回结果集
            stat = con.createStatement();
            String sql="select * from user";
            rs = stat.executeQuery(sql);
            //（4）读取结果集
            while(rs.next()){
             out.print("id="+rs.getInt("id")+"  ");
             out.print("name="+rs.getString("username")+"  ");
             out.print("password="+rs.getString("password")+"<br>");
            }
        }catch (Exception e) {
             e.printStackTrace();
        }finally{
            //（5）释放资源
            //关闭结果集
            if(rs!=null){
                try{
                    rs.close();
                }catch (Exception e) {
                  e.printStackTrace();
                }
            }
            //关闭语句对象
            if(stat!=null){
                try{
                    stat.close();
                }catch (Exception e) {
                 e.printStackTrace();
                }
            }
            //关闭连接对象
            if(con!=null){
                try{
                    con.close();
                }catch (Exception e) {
                  e.printStackTrace();
                }
            }
        }
        out.println("</body>");
        out.println("</html>");
        out.flush();
        out.close();
    }
}
```

＊ **注意**：在载入驱动程序时，如果找不到指定驱动程序，JVM 会抛出 ClassNotFound Exception 异常，而在和数据库建立连接、生成语句对象、提交 SQL 语句以及读取结果集的过程中有可能会抛出 SQLException 异常，因此相关代码应放在 try 语句块中，一旦出现异常，由对应的 catch 块来进行捕获处理。

（2）在配置文件中添加 Servlet 配置信息

在 WebRoot/WEB-INF/web.xml 文件中添加 LookUserServlet 的配置信息，代码如下：

```
//web.xml
<?xml version="1.0" encoding="UTF-8"?>
<web-app version="3.0"
    xmlns="http://java.sun.com/xml/ns/javaee"
    xmlns:xsi="http://www.w3.org/2001/XMLSchema-instance"
    xsi:schemaLocation="http://java.sun.com/xml/ns/javaee
    http://java.sun.com/xml/ns/javaee/web-app_3_0.xsd">
  <servlet>
    <servlet-name>LookUserServlet</servlet-name>
    <servlet-class>com.hbsi.controller.LookUserServlet</servlet-class>
  </servlet>
  <servlet-mapping>
    <servlet-name>LookUserServlet</servlet-name>
    <url-pattern>/lookUser</url-pattern>
  </servlet-mapping>
</web-app>
```

4. 测试程序运行结果

部署程序，启动服务器，在地址栏中输入“http://localhost:8080/JDBCDemo/lookUser”，运行结果如图 4-3 所示。

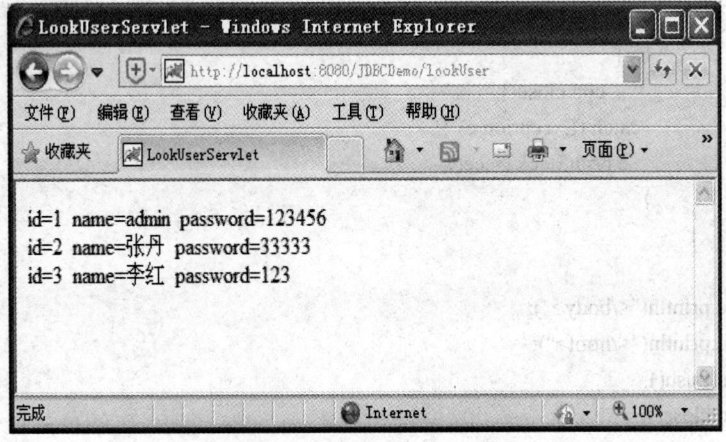

图 4-3 使用 JDBC 查询数据

4.2 任务 2——使用 JDBC 技术对用户表数据进行 CRUD 操作

4.2.1 任务描述

当用户根据自己的身份输入用户名和密码进行登录，用户的相关信息保存在相应的数据库表中，需要使用 JDBC 实现 Java 程序与数据库连接，验证用户密码的正确性。如果是新用户，需要进行注册，注册的信息也是需要保存到数据库表中，同样有时需要更改用户信息或者删除用户信息，要实现这些功能，需要熟练使用对数据库数据的增、删、查、改操作。本次任务使用 JDBC 实现用户数据的增、删、查、改功能。

4.2.2 使用 JDBC 对用户表数据进行 CRUD 操作所需接口和类

JDBC 中的 Statement 对象用于向数据库发送 SQL 语句，想完成对数据库的增、删、查、改，只需要通过这个对象向数据库发送增、删、查、改语句即可。

Statement 对象的 executeUpdate() 方法，用于向数据库发送增、删、改的 sql 语句，executeUpdate() 执行完后，将会返回一个整数（即增、删、改语句导致了数据库几行数据发生了变化）。

Statement 对象的 executeQuery() 方法用于向数据库发送查询语句，executeQuery() 方法返回代表查询结果的 ResultSet 对象。

4.2.3 任务实现

1. 编写实现用户增、删、查、改方法的数据库操作类

在项目 JDBCDemo 的 src 文件夹下新建 com.hbsi.util 包，在包下新建 UserCRUD 类实现对数据库中的 user 表进行数据的插入、更新和删除等操作。

```
//UserCRUD.java
package com.hbsi.util;
import java.sql.Connection;
import java.sql.DriverManager;
import java.sql.ResultSet;
import java.sql.Statement;
public class UserCRUD {
    Connection con = null;
    Statement stat = null;
```

```
        ResultSet rs=null;
        String driver = "com.mysql.jdbc.Driver";
        String url = "jdbc:mysql://localhost:3306/test";
        String username = "root";
        String password = "root";
        //增加数据操作
        public boolean insert(String name,String pwd){
            boolean flag=false;
            try{
                Class.forName(driver);
                con=DriverManager.getConnection(url, username, password);
                stat=con.createStatement();
                String sql="insert into user(username,password) values("+"'"+name+"','"+pwd+"')";
                int count = stat.executeUpdate(sql);
                if(count>0){
                   flag=true;
                }
                } catch(Exception e){
                    e.printStackTrace();
                }finally{
                   //释放资源
                   if(stat!=null){
                      try{
                         stat.close();
                      }catch (Exception e) {
                         e.printStackTrace();
                      }
                   }
                   if(con!=null){
                      try{
                         con.close();
                      }catch (Exception e) {
                         e.printStackTrace();
                      }
                   }
            }
            return flag;
        }
        //删除数据操作
        public boolean delete(int id){
           boolean flag=false;
           try{
              Class.forName(driver);
              con = DriverManager.getConnection(url, username, password);
              stat = con.createStatement();
```

```
        String sql = "delete from user where id="+id;
        int count = stat.executeUpdate(sql);
        if(count>0){
            flag=true;
        }
    } catch(Exception e){
            e.printStackTrace();
    }finally{
        // 释放资源
        if(stat!=null){
            try{
                stat.close();
            }catch (Exception e) {
                e.printStackTrace();
            }
        }
        if(con!=null){
            try{
                con.close();
            }catch (Exception e) {
                e.printStackTrace();
            }
        }
    }
    return flag;
}
// 更新数据操作
public boolean update(int id,String pwd){
    boolean flag=false;
    try{
        Class.forName(driver);
        con=DriverManager.getConnection(url, username, password);
        stat= con.createStatement();
        String sql="update user set password='"+pwd+"' where id="+id;
        int count = stat.executeUpdate(sql);
        if(count>0){
            flag=true;
        }
    }catch (Exception e) {
        e.printStackTrace();
    }finally{
        if(stat!=null){
            try{
                stat.close();
            }catch (Exception e) {
```

```
                    e.printStackTrace();
                }
            }
            if(con!=null){
                try{
                    con.close();
                }catch (Exception e) {
                    e.printStackTrace();
                }
            }
        }
        return flag;
    }
    //查找数据操作
    public String find(int id){
        String message="";
        try{
            Class.forName("com.mysql.jdbc.Driver");
            con = DriverManager.getConnection(url, username, password);
            stat = con.createStatement();
            String sql = "select * from user where id="+id;
            rs = stat.executeQuery(sql);
            if(rs.next()){
                message="用户 ID="+rs.getInt("id")+" 用户名 ="+rs.getString("username")+" 密码 ="+ rs.
getString ("password");
            }
        }catch (Exception e) {
            e.printStackTrace();
        }finally{
            if(rs!=null){
                try{
                    rs.close();
                }catch (Exception e) {
                    e.printStackTrace();
                }
            }
            if(stat!=null){
                try{
                    stat.close();
                }catch (Exception e) {
                    e.printStackTrace();
                }
            }
```

```
                if(con!=null){
                    try{
                        con.close();
                    }catch (Exception e) {
                        e.printStackTrace();
                    }
                }
            }
            return message;
        }
    }
```

2. 编写 Servlet 类 CRUDServlet，调用 UserCRUD 中的方法

（1）在 com.hbsi.controller 包中创建 CRUDServlet.java，代码如下：

```
// CRUDServlet.java
package com.hbsi.controller;
import java.io.IOException;
import java.io.PrintWriter;
import javax.servlet.ServletException;
import javax.servlet.http.HttpServlet;
import javax.servlet.http.HttpServletRequest;
import javax.servlet.http.HttpServletResponse;
import com.hbsi.util.UserCRUD;
public class CRUDServlet extends HttpServlet {
    public void doGet(HttpServletRequest request, HttpServletResponse response)
            throws ServletException, IOException {
      this.doPost(request, response);
    }
    public void doPost(HttpServletRequest request, HttpServletResponse response)
            throws ServletException, IOException {
        response.setContentType("text/html");
        response.setCharacterEncoding("utf-8");
        PrintWriter out = response.getWriter();
        out.println("<!DOCTYPE HTML PUBLIC \"-//W3C//DTD HTML 4.01 Transitional//EN\">");
        out.println("<HTML>");
        out.println(" <HEAD><TITLE>CRUDServlet</TITLE></HEAD>");
        out.println("<BODY>");
        UserCRUD ucrud=new UserCRUD();
        boolean f1=ucrud.insert("yang", "hello");
        if(f1){
            out.println(" 添加用户 yang 成功！ <br>");
        }
```

```
            out.println("id 为 2 的用户的信息为："+ucrud.find(2)+"<br>");
            out.println(" 修改 id 为 2 的用户密码为 321<br>");
            boolean f2=ucrud.update(2, "321");
            if(f2){
                out.println("id 为 2 的用户密码修改成功 !<br>");
                out.println(" 修改后 id 为 2 的用户信息为："+ucrud.find(2)+"<br>");
            }
            boolean f3=ucrud.delete(3);
            if(f3){
                out.println(" 删除 id 为 3 的用户成功！ ");
            }
            out.println("</BODY>");
            out.println("</HTML>");
            out.flush();
            out.close();
        }
    }
```

（2）在 web.xml 中添加 Servlet 配置信息，代码如下：

```
<servlet>
    <servlet-name>CRUDServlet</servlet-name>
    <servlet-class>com.hbsi.controller.CRUDServlet</servlet-class>
</servlet>
<servlet-mapping>
    <servlet-name>CRUDServlet</servlet-name>
    <url-pattern>/crud</url-pattern>
</servlet-mapping>
```

3. 在地址栏中输入“http://localhost:8080/JDBCDemo/crud”，测试运行效果如图 4-4 所示

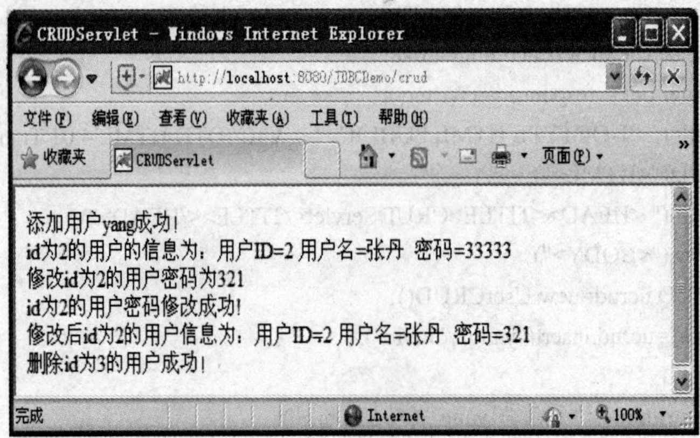

图 4-4 实现数据增、删、查、改

4.3　任务 3——利用 DAO 技术实现用户登录

DAO（Data Access Objects，数据访问对象）是一个面向对象的接口。DAO 层一般有接口和该接口的实现类，接口用于规范实现类，实现类一般用于操作数据库。一般操作修改、添加、删除数据库操作的步骤很相似，也可以写一个公共 DAO 类，修改、添加、删除数据库操作时直接调用公共类 DAO。

在不分层的系统中，可以将所有的代码都写到一个程序中，在这个程序中不仅要处理页面逻辑，还要做业务逻辑、数据访问。为了程序的可扩展性、健壮性、可维护性，一般采用分层架构。一个 JavaEE 的程序一般可以分为 3 层架构：表示层、业务逻辑层、数据访问层，3 层之间用接口隔离。因为目前都采用 B/S 开发架构，所以一般使用浏览器进行访问。表示层使用 JSP/Servlet 进行页面效果的显示；业务逻辑层将多个 DAO 操作进行组合，形成完整的业务逻辑；数据访问层提供 DAO 操作，包括添加、查询、修改、删除等（CRUD 操作）。

在 DAO 中实际上都是以接口为操作标准，即客户端依靠 DAO 实现的接口进行操作，而服务器要将接口进行具体的实现。

4.3.1　案例描述

当用户根据自己的身份输入用户名和密码进行登录，用户的相关信息保存在相应的数据库表中，需要使用 JDBC 实现 Java 程序与数据库连接，验证用户密码的正确性。本次任务实现学生就业管理系统的用户登录功能，用户输入用户名和密码，并且选择用户的身份，单击“登录”按钮后要验证用户名和密码是否正确，同时也要验证用户是否被审核，是否拥有能够登录的权限，只有经过审核的用户才能登录，如果没有经过管理员的身份审核，系统会给出相应的提示。

用户单击“登录”按钮请求通过 form 表单传给 Servlet，由 Servlet 调用 DAO（数据访问对象）完成登录验证。在 DAO 中实现与数据库连接。

在对数据库进行 CRUD（增、查、改、删）操作时，都需要连接数据库，操作完后都需要释放资源。为了避免过度的重复代码，可以将连接数据库和释放资源的代码封装到一个工具类中。

4.3.2　实现任务所使用的预处理语句

由于 Statement 对象只能执行不带参数的简单 SQL 语句，因此在 JDBC 技术规范中，还提供了 PreparedStatement 接口用于执行预编译 SQL 语句，该接口继承了 java.sql.Statement

接口。由于 PreparedStatemnet 对象已经预编译过，所以其执行速度要快于 Statement 对象。并且 PreperedStatement 对于 sql 中的参数，允许使用占位符的形式进行替换，简化 sql 语句的编写，同时 PreperedStatement 可以避免 SQL 注入的问题。

Connection 对象的 prepareStatement(String sql) 方法可创建并返回 ParepareStatement 对象，这与获取 Statement 对象的方式略有不同。

PreparedStatement 接口中定义的执行预处理语句相关方法如下。

- void setXXX(int parameterIndex,XXX x)：设定 SQL 语句参数的值。
- ResultSet executeQuery()：执行约定的预编译 SQL 语句的 SELECT 操作，并返回查询结果集。
- int executeUpdate()：执行约定的预编译 SQL 语句的 INSERT、UPDATE、DELETE 等操作，并返回上述操作所影响的列数。

例如如下程序，演示了预处理语句的用法。

```
package com.hbsi.demo;
import java.sql.Connection;
import java.sql.ResultSet;
import java.sql.SQLException;
import java.sql.Statement;
import com.hbsi.db.*;
public class PreparedStatemenDemo {
    public void insert(){
        Connection con = null;
        PreparedStatement pstat = null;
        try{
            con = ConnectionFactory.getConnection();
            String sql = "insert into users (name,password,usertypes,examineandverify, permissions)
                    values(?,?,?,?,?)";
            pstat =con.prepareStatement(sqlstr);
            pstat.setString(1,"Tom");
            pstat.setString(2, "123");
            pstat.setString(3, "1");
            pstat.setString(4,1"student");
            pstat.setString(3, "11,22,33,44,55,66,77");
            int count = pstat.executeUpdate(sql);
            if(count>0){
                System.out.println(" 添加用户成功 !!");
            }
        }catch(Exception e){
            e.printStackTrace();
        }finally{
```

```
                DBClose.close(con, pstat, null);
            }
        }
    }
```

可以看出，如果要执行的预处理语句中有尚未确定的数值，使用“?”代替，这相当于方法声明中的形式参数，待到执行该语句时再使用 setXXX() 方法给出具体数值，相当于调用方法时的实参。预处理语句也可以是无参的，即没有任何不确定的成分，此时直接调用 PreparedStatement 对象的 executeQuery()、executeUpdate() 等方法即可。

4.3.3　任务实现

1. 创建 JDBC 连接数据库的工具类

创建一个工具类，将获取 Connection 对象进行封装和释放资源都封装成工具类中相应的方法，方法如下：

（1）为了提高程序的灵活性，可以将数据库的配置信息写到一个属性文件中，当需要修改数据库连接时只需要改动配置文件即可。

打开 Web 项目 student，在 src 下创建资源文件 jdbc.properties，在文件中添加数据库相关资源信息。

```
// 数据库驱动
driver=com.mysql.jdbc.Driver
// 数据库 URL
url=jdbc:mysql://localhost:3306/jygl
// 用户名
username=root
// 密码
password=root
```

（2）创建 com.hbsi.db 包，在包中创建 ConnectionFactory 类，定义私有静态方法读取资源文件保存在类的静态成员变量中，在类中定义静态初始化块，调用读取资源的静态方法，定义静态方法，利用读取的资源信息和 JDBC API 获取和数据的连接。

```
// ConnectionFactory.java
package com.hbsi.db;
import java.io.IOException;
import java.io.InputStream;
import java.sql.Connection;
import java.sql.DriverManager;
import java.sql.SQLException;
```

```
import java.util.Properties;
public class ConnectionFactory {
    private static String DRIVER="";
    private static String URL="";
    private static String USERNAME="";
    private static String PASSWORD="";
    //定义私有构造方法，禁止从类体外创建对象
    private ConnectionFactory(){ }
    //定义静态初始化块，调用方法读取 jdbc.properties 属性文件内容
    static{
        getProperties();
    }
    //定义方法，获取属性文件中的数据
    private static void getProperties(){
        //获取当前运行的线程对象
        Thread curThread=Thread.currentThread();
        //获取当前线程的类加载器
        ClassLoader loader=curThread.getContextClassLoader();
        //获取属性文件的输入流
        InputStream inStream=loader.getResourceAsStream("jdbc.properties");
        //创建保存属性文件内容的对象
        Properties prop=new Properties();
        //把属性文件中的内容保存到 prop 对象中
        try {
          prop.load(inStream);
        } catch (IOException e) {
          e.printStackTrace();
        }
        //从 prop 对象中读取 4 个属性的值，赋值给 4 个成员变量
        DRIVER=prop.getProperty("driver");
        URL=prop.getProperty("url");
        USERNAME=prop.getProperty("username");
        PASSWORD=prop.getProperty("password");
    }
    //定义静态方法，获取和数据库的连接
    public static Connection getConnection(){
        Connection con=null;
        try {
          //加载驱动程序
          Class.forName(DRIVER);
        } catch (ClassNotFoundException e) {
          e.printStackTrace();
        }
```

```
        try {
            //获取和数据库的连接对象
            con=DriverManager.getConnection(URL,USERNAME,PASSWORD);
        } catch (SQLException e) {
            e.printStackTrace();
        }
        return con;//返回获取到的连接对象
    }
}
```

2. 创建关闭数据库连接的工具类

将关闭工作封装在一个单独的类中，使用工具类释放数据库连接资源。在 com.hbsi.db 包中创建 DBClose 类，代码如下：

```
//DBClose.java
package com.hbsi.db;
import java.sql.Connection;
import java.sql.ResultSet;
import java.sql.SQLException;
import java.sql.Statement;

public class DBClose {
  //定义方法关闭结果集
  private static void close(ResultSet rs){
     if(rs!=null){
          try {
               rs.close();
          } catch (SQLException e) {
               e.printStackTrace();
          }
     }
  }
  //定义方法，关闭 Statement 对象
  private static void close(Statement stat){
     if(stat!=null){
          try {
               stat.close();
          } catch (SQLException e) {
               e.printStackTrace();
          }
     }
  }
```

```
    //定义方法关闭 Connection 对象
    private static void close(Connection con){
        if(con!=null){
            try {
                con.close();
            } catch (SQLException e) {
                e.printStackTrace();
            }
        }
    }
    //定义公有方法，关闭用来添加、删除、修改数据库的连接资源
    public static void close(Statement stat,Connection con){
        close(stat);
        close(con);
    }
    //定义公有方法，关闭用来查询数据库的连接资源
    public static void close(ResultSet rs,Statement stat,Connection con){
        close(rs);
        close(stat);
        close(con);
    }
}
```

3. 创建对数据库进行操作的 DAO 工具类

为了完成 CRUD 操作，定义 domain 对象 User，定义存取用户的接口和接口实现类，来实现对用户数据的操作。

（1）先定义 domain 实体类 User，代码如下：

```
//User.java
package com.hbsi.bean;
public class User {
    private int id;
    private String username;
    private String password;
    private String usertypes;
    private String verify;
    public int getId() {
        return id;
    }
    public void setId(int id) {
        this.id = id;
    }
```

```
    public String getUsername() {
        return username;
    }
    public void setUsername(String username) {
        this.username = username;
    }
    public String getPassword() {
        return password;
    }
    public void setPassword(String password) {
        this.password = password;
    }
    public String getUsertypes() {
        return usertypes;
    }
    public void setUsertypes(String usertypes) {
        this.usertypes = usertypes;
    }
    public String getVerify() {
        return verify;
    }
    public void setVerify(String verify) {
        this.verify = verify;
    }
}
```

（2）在 src 中定义包 com.hbsi.dao，在包中定义用户的行为接口 UserDao，接口中定义方法确定用户登录信息是否存在。

```
//UserDao.java
package com.hbsi.dao;
import com.hbsi.bean.User;
public interface UserDao {
    // 定义方法查询用户登录信息是否存在
    User lookUser(User user);
}
```

服务类在进行用户的相关操作时，必须委托给 UserDao 对象，根据 UserDao 定义的行为，而不考虑其实现对象的具体代码，这样将存储逻辑和业务逻辑分离。在 Dao 设计模式中，定义出存储逻辑的行为，即定义为接口。

（3）在 src 下新建 com.hbsi.dao.service 包，在包中新建实现 UserDao 接口的实现类 UserDaoImpl.java，代码如下：

```
//UserDaoImpl.java
package com.hbsi.dao.service;
import java.sql.Connection;
import java.sql.PreparedStatement;
import java.sql.ResultSet;
import java.sql.SQLException;
import com.hbsi.bean.User;
import com.hbsi.db.ConnectionFactory;
import com.hbsi.db.DBClose;
import com.hbsi.dao.UserDao;
public class UserDaoImpl implements UserDao {
   Connection con=null;
   PreparedStatement pstat=null;
   ResultSet rs=null;
   //定义方法查询用户登录信息是否存在
   public User lookUser(User user){
      //创建和数据库的连接
      con=ConnectionFactory.getConnection();
     //定义一个用来查询用户名、密码、用户类型是否存在的 sql 语句
      String sql="select * from user where username=? and password=? and usertypes=?";
      try {
         //创建预编译的 PreparedStatement 对象
         pstat=con.prepareStatement(sql);
         //设置 SQL 语句的参数值
         pstat.setString(1,user.getUsername());
         pstat.setString(2,user.getPassword());
         pstat.setString(3,user.getUsertypes());
         //执行查询，返回结果集
         rs=pstat.executeQuery();
         //如果结果集不为空，从结果集提取数据
         if(rs.next()){
               //用字段名作参数取出字段 'id' 的值，封装为对象 user 的属性值
               user.setId(rs.getInt("id"));
               user.setUsername(rs.getString("username"));
               user.setPassword(rs.getString("password"));
               user.setUsertypes(rs.getString("usertypes"));
               //用字段名作参数取出字段 'verify' 的值
               user.setVerify(rs.getString("verify"));
         }else{// 查询结果集为空
               user.setUsertypes("error");
         }
```

```
            } catch (SQLException e) {
                e.printStackTrace();
            } finally{
                DBClose.close(rs, pstat, con);
            }
            return user;
    }
}
```

4. 改写 LoginServlet.java 的代码，调用 Dao 实现类方法实现登录验证

```
//LoginServlet.java
package com.hbsi.controller;
import java.io.IOException;
import java.io.PrintWriter;
import javax.servlet.ServletException;
import javax.servlet.http.HttpServlet;
import javax.servlet.http.HttpServletRequest;
import javax.servlet.http.HttpServletResponse;
import javax.servlet.http.HttpSession;
import com.hbsi.bean.User;
import com.hbsi.dao.UserDao;
import com.hbsi.dao.service.UserDaoImpl;
public class LoginServlet extends HttpServlet {
    public void doPost(HttpServletRequest request, HttpServletResponse response)
            throws ServletException, IOException {
        response.setContentType("text/html");
        response.setCharacterEncoding("utf-8");
        PrintWriter out = response.getWriter();
        out.println("<!DOCTYPE HTML PUBLIC \"-//W3C//DTD HTML 4.01 Transitional//EN\">");
        out.println("<html>");
        out.println("<head><title>LoginServlet</title></head>");
        out.println("<body>");
        //提取用户提交的表单数据
        String name=request.getParameter("username");
        String password=request.getParameter("password");
        String usertypes=request.getParameter("usertypes");
        //根据提取的用户输入值，构造一个 User 对象
        User user=new User();
        //用提取的表单数据设置 user 对象的属性值
        user.setUsername(name);
```

```
            user.setPassword(password);
            user.setUsertypes(usertypes);
            //创建 UserDao 对象，用来查询用户在数据库中是否存在
            UserDao ud=new UserDaoImpl();
            User u=ud.lookUser(user);
            //如果用户在数据库中存在，那么对象 u 的 usertypes 属性值不是 error
            if(u.getUsertypes().equals("error")){// 说明用户不存在
                out.println(" 用户名或密码不存在 ");
            }else{// 用户存在
                if(u.getVerify().equals("1")){
                    out.println(" 用户未激活，请联系管理员 ");
                }
                if(u.getVerify().equals("2")){// 说明用户经过了审核
                    // 判断用户身份
                    if(u.getUsertypes().equals("admin")){
                        // 如果是管理员，进入管理员主页面
                        out.println(" 欢迎管理员 "+user.getUsername()+" 登录 ");
                    }
                    if(u.getUsertypes().equals("student")){
                        out.println(" 欢迎学生 "+user.getUsername()+" 登录 ");
                    }
                    if(u.getUsertypes().equals("company")){
                        out.println(" 欢迎企业 "+user.getUsername()+" 登录 ");
                    }
                }
                if(u.getVerify().equals("3")){// 说明用户经过审核未通过
                    out.println(" 用户审核未通过，请重新注册，如实填写信息 ");
                }
                out.println("</body>");
                out.println("</html>");
                out.flush();
                out.close();
            }
        }
}
```

5. 部署运行项目，测试登录结果

部署项目，启动服务器，在地址栏中输入“http://localhost:8080/jygl/public/login.html”，输入用户名和密码，测试登录效果。用户成功登录效果如图 4-5 所示。

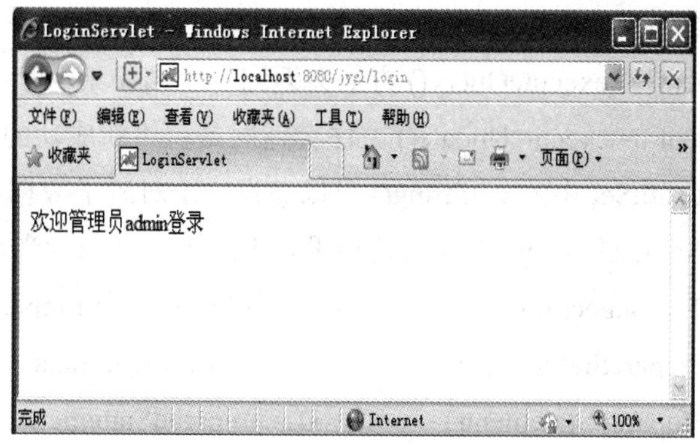

图 4-5　管理员用户成功登录页面

4.4　本 章 小 结

本章重点介绍了 Java 数据库编程的相关知识，使用 JDBC 进行数据库访问的技术。包括 JDBC 常用接口和类、数据库的连接、数据库元数据的操作、预处理语句和存储过程的调用、事务控制、使用 DAO 访问数据库等。应重点掌握数据库的连接及如何使用 SQL 语句对数据库进行各种操作。

4.5　课 后 实 训

1．单项选择题

（1）典型的 JDBC 程序按（　　）顺序编写。

A．释放资源

B．获得与数据库的物理连接

C．执行 SQL 命令

D．注册 JDBC Driver

E．创建不同类型的 Statement

F．如果有结果集，处理结果集

A．DBEFCA　　B．ABCDEF　　C．CDBAEF　　D．DBEFAC

（2）Statement 中定义的 execute() 方法的返回类型是（　　）。

A．int　　B．boolean　　C．char　　D．string

（3）JDBC 包含多个类，其中 Java.sql.ResultSet 类属于（　　）。

A．JDBC 类　　B．JDBC 接口类

C．JDBC 异常类　　D．JDBC 控制类

（4）下面的描述错误的是（　　）。

A．Statement 的 executeQuery() 方法会返回一个结果集

B．Statement 的 executeUpdate() 方法会返回是否更新成功的 boolean 值

C．使用 ResultSet 中的 getString() 可以获得一个对应于数据库中 char 类型的值

D．ResultSet 中的 next() 方法会使结果集中的下一行成为当前行

（5）使用下面的 Connection 的（　　）方法可以建立一个 PreparedStatement 接口。

A．createPrepareStatement()　　B．prepareStatement()

C．createPreparedStatement()　　D．preparedStatement()

（6）对于从 Employee 表中选择记录的以下代码片段，

```
Connection con=null;
Class.forName("sun.jdbc.odbc.JdbcOdbcDriver");
con=DriverManager.getConnection("jdbc:odbc:ss","sa","");
ResultSet rs=stat.executeQuery("select * from Employee");
```

识别其遗漏的代码行。（　　）

A．PreparedStatement stat=con.createStatement();

B．Statement stat=createStatement();

C．PreparedStatement stat=createPreparedStatement();

D．Statement stat=con.createStatement();

（7）如果数据库中某个字段为 numberic 型，可以通过结果集中的（　　）方法获取。

A．getNumberic()　　B．getDouble()

C．setNumberic()　　D．setDouble()

（8）Statement 接口中的（　　）方法可以用于执行数据定义语言。

A．execute()　　B．addBatch()

C．executeUpdate()　　D．executeQuery()

（9）下述选项中不属于 JDBC 基本功能的是（　　）。

A．与数据库建立连接　　B．提交 SQL 语句

C．处理查询结果　　D．数据库维护管理

（10）executeQuery() 方法返回的类型是（　　）。

A．ResultSet　　B．boolean

C．受影响的记录数量　　D．int

（11）executeUpdate() 返回的类型是（　　）。

A．ResultSet　　B．int

C．boolean　　D．受影响的记录数量

2. 多项选择题

（1）下面的描述正确的是（　　）。

A．PreparedStatement 继承自 Statement

B．Statement 继承自 PreparedStatement

C．ResultSet 继承自 Statement

D．CallableStatement 继承自 PreparedStatement

（2）以下可以正确获取结果集的有（　　）。

A．Statement stat=con.createStatement();

ResultSet rs=stat.executeQuery("select * from book");

B．Statement stat=con.createStatement("select * from book");

ResultSet rs=stat.executeQuery();

C．PreparedStatement pstat=con.preparedStatement();

ResultSet rs=pstat.executeQuery("select * from book");

D．PreparedStatement pstat=con.preparedStatement("select * from book");

ResultSet rs=pstat.executeQuery()

3. 实践题

（1）简述 JDBC 连接数据库的过程。

（2）根据所学内容，使用 Dao 设计模式实现学生就业管理系统的注册功能。

模块 5　使用 JSP 技术实现 Web 页面

在模块 3 中讲解了使用 Servlet 实现 Web 控制器，前台页面使用的是 HTML 静态页面，同时也学习了如何使用 Servlet 向客户端写一个 Web 页面，通过项目会发现如果使用 HTML 静态页面，缺点是不能动态显示实时数据，如果使用 Servlet 实现动态页面，又会需要编写很多代码，Servlet 以 Java 程序为主，输出 HTML 代码时需要使用 out.println 函数，也就是说 Java 中内嵌 HTML，不能很好地做到页面表示和业务逻辑的分离，而 JSP 则能够弥补 Servlet 在实现动态页面时的不足。所以本模块介绍 JSP 技术相关实现。

学习目标

■ 【知识目标】

1. 了解 JSP 环境配置、JSP 页面开发和部署
2. 记住 JSP 容器、JSP 运行原理
3. 学会 JSP 注释、指令元素、脚本元素以及动作元素的使用

■ 【技能目标】

1. 能描述 JSP 技术原理
2. 能够利用 JSP 实现 MVC 模式的视图组件
3. 使用 JSP 技术实现网站配置和部署

5.1　任务 1——使用 JSP 标签实现用户注册页面

5.1.1　任务描述

利用 JSP 技术实现用户的注册功能。用户输入用户名和密码，选择根据自己的身份进行注册，用户注册成功后，返回登录页面，显示“XXX 用户注册成功，请联系管理员激活账号”信息，已注册的用户经管理员审核如果审核合格，用户才能登录。

5.1.2　实现任务所需技术

使用 JSP 技术实现注册页面，JSP 全名为 JavaServer Pages，是由 SunMicrosystems 公司倡导、许多公司参与一起建立的一种动态技术标准。在传统的网页 HTML 文件（*.htm、

*.html）中加入 Java 程序片段（Scriptlet）和 JSP 标签，就构成了 JSP 网页 Java 程序片段，可以操纵数据库、重新定向网页以及发送 E-mail 等，实现建立动态网站所需要的功能。JSP 是一个简化的 Servlet 设计， JSP 与 Servlet 一样，是在服务器端执行的，通常返回给客户端的就是一个 HTML 文本，因此客户端只要有浏览器就能浏览。Web 服务器在遇到访问 JSP 网页的请求时，首先执行其中的程序段，然后将执行结果连同 JSP 文件中的 HTML 代码一起返回给客户端。插入的 Java 程序段可以操作数据库、重新定向网页等，以实现建立动态网页所需要的功能。JSP 将网页逻辑与网页设计的显示分离，支持可重用的基于组件的设计，使基于 Web 的应用程序的开发变得迅速和容易。JSP 是一种动态页面技术，它的主要目的是将表示逻辑从 Servlet 中分离出来。众多大公司都支持 JSP 技术的服务器，如 IBM、Oracle、Bea 公司等，所以 JSP 迅速成为商业应用的服务器端语言。JSP 有如下优点：

- 一次编写，到处运行。除了系统之外，代码不用做任何更改。用 JSP 开发的 Web 应用是跨平台的，既能在 Linux 下运行，也能在其他操作系统上运行。
- 系统的多平台支持。基本上可以在所有平台上的任意环境中开发，在任意环境中进行系统部署，在任意环境中扩展。
- 强大的可伸缩性。从只有一个小的 Jar 文件就可以运行 Servlet/JSP，到由多台服务器进行集群和负载均衡，到多台 Application 进行事务处理，消息处理，一台服务器到无数台服务器，显示了一个巨大的生命力。
- 多样化和功能强大的开发工具支持。JSP 有许多非常优秀的开发工具，而且许多可以免费得到，并且其中许多已经可以顺利地运行于多种平台之下。
- 支持服务器端组件。Web 应用需要强大的服务器端组件来支持，开发人员需要利用其他工具设计实现复杂功能的组件供 Web 页面调用，以增强系统性能。

1. JSP 页面的执行过程

表面上看 JSP 页面和 HTML 页面很相似，但是它们的执行过程是完全不同的，HTML 页面是在浏览器中加载有浏览器解释执行的，而 JSP 文件是以 Servlet 类的形式运行的。JSP 文件的执行过程如图 5-1 所示。

图 5-1 描述了一个 JSP 文件的执行过程和运行原理，根据该图可以把 JSP 运行的生命周期详细描述为以下 7 个步骤：

（1）当 JSP 文件第一次被请求时，Web 容器接收到客户端请求，首先将 JSP 文件转换成一个包含了 Servlet 类定义的 Java 文件。

（2）Web 容器将该 Servlet 文件编译为一个类文件。

（3）编译生成的 Servlet 类字节码文件通过类加载器被装载到 Web 容器的虚拟机中。

（4）Web 容器创建 Servlet 类的一个实例对象。

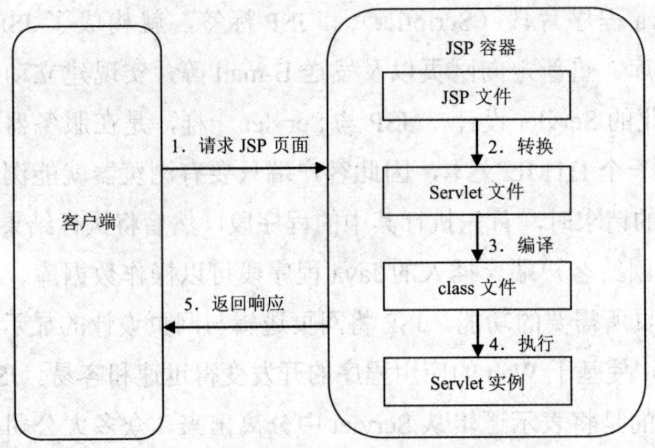

图 5-1　JSP 的执行过程

（5）Web 容器调用 _jspInit 方法初始化该 Servlet。

（6）Web 容器调用 _jspService 方法处理每个客户端的请求。

（7）当 Web 容器将 JSP 生成的 Servlet 实例从 Web 服务中删除时，调用 _jspDestroy 方法，执行所需的清除工作。

2. JSP 页面的组成元素

JSP 页面就是包含 JSP 元素的 Web 页面，JSP 元素包括静态元素和动态元素，静态元素指 HTML 元素，动态元素包括指令元素、脚本元素、动作元素、注释等。JSP 页面组成元素如表 5-1 所示。

表 5-1　JSP 页面组成元素

元　素	标　记
HTML 元素	所有 HTML 标签
注释元素	HTML 注释、JSP 页面注释、Java 注释
指令元素	page 指令、include 指令、taglib 指令
脚本元素	声明、表达式、脚本
动作元素	Usebean、getProperty、setProperty、forward、include、plugin

下面分别介绍 JSP 相关技术内容。

1）JSP 页面中的注释

在编写程序时，通常通过注释来增强代码的可阅读性和可维护性。注释在代码编译时会被忽略，所以注释不会增加可执行文件的大小。JSP 文件中共有 3 种注释方法，即 HTML 注释、JSP 注释标记和 Java 注释。

（1）HTML 注释

HTML 注释方法也叫做显示注释，使用格式如下：

```
<!-- 注释内容 -->
```

HTML 注释内容在客户端浏览器中是看不见的。但是在查看源代码时，客户端可以看到这些注释内容，所以也叫做显性注释。例如：

```
<!--
    这段 HTML 注释会显示在客户端的浏览器页面中
-->
```

在客户端的 HTML 源代码中产生和上面一样的数据。

HTML 注释还可以包含动态的内容，这些动态内容将被 JSP 容器处理，然后将处理的结果作为注释的一部分，这些注释在客户端可以看到。

例如：

```
<!--
    这个页面加载于 <%= (new java.util.Date()).toString() %>
-->
```

以上代码在客户端的 HTML 源代码中显示为：

```
<!--
    这个页面加载于 Sat May 08 19:51:56 CST 2010
-->
```

所以，这种注释方法是不安全的，而且会加大网络的传输负担。为了安全可以使用隐式注释：包括 Java 中的“//”“/*….*/”，以及 JSP 中自己的注释：“<%-- 注释内容 --%>”所谓是显式或隐式，实际上就是指在查看源文件时显示的代码。

（2）JSP 注释标记

JSP 注释标记，其使用格式是 <%--　JSP 注释 --%>。在客户端通过查看源代码时看不到注释中的内容，安全性比较高。

例如：

```
<%-- JSP 中的注释，看不见 --%>
```

（3）Java 注释

在 JSP 脚本中使用注释，脚本就是嵌入到 <% 和 %> 标记之间的程序代码，使用的语言是 Java，因此在脚本中进行注释和在 Java 类中进行注释方法是一样的。其使用格式如下：

```
<% // 单行注释 %> 和 <%/* 多行注释 */%>
```

例如：

```
<%
    // 注释，看不见
    /*  注释，看不见 */
%>
```

以上注释代码在客户端浏览器中是看不到的。

2）JSP 指令标记

JSP 指令标记主要是用于 JSP 页面生成的 Servlet 的整体结构，JSP 指令标记有 3 种：page、include 和 taglib，下面分别介绍这 3 种指令标记。

（1）page 指令

page 指令作用于整个 JSP 页面，用来定义与页面相关的各种属性，能够影响 JSP 页面的整体转换以及 JSP 页面和容器的通信。page 指令允许通过类的导入、Servlet 超类的定制、内容类型的设置以及诸如此类的事物来控制 Servlet 的结构。page 指令可以放在文档中的任何地方，但通常情况下是放在页面开始处。page 指令的语法如下：

```
<%@ page 属性名 1=" 属性值 1" 属性名 2=" 属性值 2" … %>
```

例如：

```
<%@ page language="java" import="java.util.*" pageEncoding="utf-8"%>
```

page 指令可以定义 13 个大小写敏感的属性：import、contentType、pageEncoding、session、isELIgnored（只限 JSP 2.0）、buffer、autoFlush、info、errorPage、isErrorPage、isThreadSafe、language 和 extends。对于每个页面，除了 import 属性外其他属性在页面中只能定义一次。

① import 属性

使用 page 指令的 import 属性指定 JSP 页面转换成 Servlet 时应该导入的类和包的集合，作用和 Java 程序中的 import 声明类似。该属性的值可以是一个，也可以是多个，当有多个属性值时，多个属性值是一个采用逗号分隔的完全限定列名或者包的列表。page 指令定义 import 属性在页面中的使用可有以下几种形式：

- 一个页面中可以重复多次设置 import 属性，形式如下：

```
<%@ page import="java.util.Math" %>
```

或者

```
<%@ page import="java.sql.*" %>
```

- Import 可以有多个属性值：

```
<%@ page import="java.util.Math, java.sql.*" %>
```

- 没有显式设置 import 属性值时，import 属性使用默认值，默认值为：

```
<%@ page import="java.lang.*,javax.servlet.*,javax.servlet.JSP.*,javax.servlet.http.*" %>
```

② contentType 属性

contentType 属性用来设置 content-Type 响应报头，标明即将发送到客户程序的文档的

MIME 类型。客户端浏览器会根据 content-Type 中指定的 MIME 类型和字符集编码来显示 Servlet 输出的内容。常见的 MIME 类型如表 5-2 所示。

表 5-2　常见的 MIME 类型

扩 展 名	类型 / 子类型
.doc	application/msword
.docx	application/vnd.openxmlformats-officedocument.wordprocessingml.document
.rtf	application/rtf
.xls	application/vnd.ms-excel application/x-excel
.xlsx	application/vnd.openxmlformats-officedocument.spreadsheetml.sheet
.ppt	application/vnd.ms-powerpoint
.pptx	application/vnd.openxmlformats-officedocument.presentationml.presentation
.pdf	application/pdf
.swf	application/x-shockwave-flash
.chm	application/octet-stream
.rar	application/octet-stream
.zip	application/x-zip-compressed
.wav	audio/wav
.wma	audio/x-ms-wma
.mp3	.mp2
.mpg	audio/mpeg
.bmp	image/bmp
.gif	image/gif
.png	image/png
.jpg	image/jpeg
.txt	text/plain
.xml	text/xml
.html	text/html
.css	text/css
.js	text/javascript

设置 contentType 属性时，通常可以采用下面两种形式：

```
<%@ page contentType="MIME-TYPE" %>
```

或者

```
<%@ page contentType="MIME-Type; charset=Character-Set" %>
```

例如：

```
<%@ page contentType=" image/jpeg " %>
```

servlet（默认的 MIME 类型为 text/plain），JSP 页面的默认 MIME 类型是 text/html（默

认字符集为 ISO-8859-1）。因此，如果 JSP 页面以 Latin 字符集输出 HTML，则根本无须使用 contentType，如果希望同时更改内容的类型和字符集，可以使用下面的语句：

```
<%@ page contentType="someMimeType; charset=someCharacterSet" %>
```

③ pageEncoding 属性

pageEncoding 属性指定了页面的字符编码，如果设置了这个属性，则 JSP 页面的字符编码就是它指定的字符集，如果没有设置该属性，则页面使用 contentType 属性设置的字符集，如果两个属性都没有设置，则页面使用默认的字符集，JSP 页面默认字符集为 ISO-8859-1，这种编码不支持中文，所以如果页面中包含中文字符，应通过设置 contentType 属性或者 pageEncoding 属性，使用支持中文编码的字符集作为属性值，支持中文编码的字符集通常使用的有 utf-8、gb2312 或 gbk。

④ session 属性

session 属性定义了一个页面是否正在参与一个 HTTP 会话。使用这个属性时，可以采用下面两种形式：

```
<%@ page session="true" %>（JSP 默认属性值）
```

或者

```
<%@ page session="false" %>
```

属性值为 true（默认）表示，如果存在已有会话，则预定义变量 session（类型为 HttpSession）应该绑定到现有的会话；否则，创建新的会话并将其绑定到 session。false 值表示不自动创建会话，在 JSP 页面转换成 Servlet 时，对变量 session 的访问会导致错误。

对于高流量的网站，使用 session="false" 可以节省大量的服务器内存。但要注意，session="false" 并不禁用会话跟踪，它只是阻止 JSP 页面为那些尚不拥有会话的用户创建新的会话。由于会话是针对用户，不是针对页面，所以，关闭某个页面的会话跟踪没有任何益处，除非有可能在同一客户会话中访问到的相关页面都关闭会话跟踪。

⑤ isELIgnored（只限 JSP 2.0）属性

isELIgnored 属性的设置决定该 JSP 页面上是否忽略 EL 元素，属性值可以为 true 或者是 false，如果属性值为 true，则不对该页面上的 EL 进行处理。isELIgnored 属性是 JSP 2.0 新引入的属性；在只支持 JSP 1.2 及早期版本的服务器中，使用这项属性是不合法的。这个属性的默认值依赖于 Web 应用所使用的 web.xml 的版本。如果 web.xml 指定 Servlet 2.3（对应 JSP 1.2）或更早版本，默认值为 true（但变更默认值依旧是合法的，JSP 2.0 兼容的服务器中都允许使用这项属性，不管 web.xml 的版本如何）。如果 web.xml 指定 Servlet 2.4（对应 JSP 2.0）或之后的版本，那么默认值为 false。设置这个属性的语法有下面两种形式：

```
<%@ page isELIgnored="false" %>
```

或者

```
<%@ page isELIgnored="true" %>
```

⑥ buffer 属性

buffer 属性定义了在输出流（JspWriter 对象 out）中使用的缓冲区的大小，其值可以为 none 或 Nbk，默认大小为 8kb，可以更大。使用这个属性时，可以采用下面两种形式：

```
<%@ page buffer="none" %>
```

或者

```
<%@ page buffer="Nkb" %>
```

其中 N 为缓冲区的大小，例如：

```
<%@ page buffer="8kb"%>
```

⑦ autoFlush 属性

autoFlush 属性定义了当缓冲区被填满之后，是应该自动清空输出缓冲区（默认），还是在缓冲区溢出后抛出一个异常（autoFlush="false"）。可采用如下两种形式设置这个属性值：

```
<%@ page autoFlush="true" %>（页面默认设置）
```

或者

```
<%@ page autoFlush="false" %>
```

在 buffer="none" 时，false 值是不合法的。如果客户程序是常规的 Web 浏览器，那么 autoFlush="false" 的使用极为罕见。但是，如果客户程序是定制应用程序，可能希望确保应用程序要么接收到完整的消息，要么根本没有消息。false 值还可以用来捕获产生过多数据的数据库查询，但是，一般来说，将这些逻辑放在数据访问代码中（而非表示代码）要更好一些。

⑧ info 属性

info 属性定义一个可以在 Servlet 中通过 getServletInfo() 方法获取的字符串，使用 info 属性时，采用下面的形式：

```
<%@ page info="Some Message" %>
```

⑨ errorPage 和 isErrorPage 属性

errorPage 属性用来指定一个 JSP 页面，由该页面来处理当前页面中抛出但未被捕获的任何异常（即类型为 Throwable 的对象）。它的应用方式如下：

```
<%@ page errorPaqe="Relative URL" %>
```

指定的错误页面可以通过 exception 变量访问抛出的异常。

isErrorPage 属性表示当前页是否可以作为其他 JSP 页面的错误页面。使用 isErrorPage 属性时，可以采用下面两种形式：

```
<%@ page isErrorPage="true" %>
```

或者

```
<%@ page isErrorPage="false" %> <%--Default--%>
```

⑩ isThreadSafe 属性

isThreadSafe 属性控制由 JSP 页面生成的 Servlet 是允许并行访问（默认），还是同一时间不允许多个请求访问单个 Servlet 实例（isThreadSafe="false"）。使用 isThreadSafe 属性时，可以采用下面两种形式：

```
<%@ page isThreadSafe="true" %> <%--Default--%>
```

或者

```
<%@page isThreadSafe="false" %>
```

遗憾的是，阻止并发访问的标准机制是实现 SingleThreadModel 接口。尽管在早期推荐使用 SingleThreadModel 和 isThreadSafe="false"，但最近的经验表明 SingleThreadModel 的设计很差，使得它毫无用处。因而，应该避免使用 isThreadSafe，采用显式的同步措施取而代之。

⑪language 属性

从某种角度讲，language 属性的作用是指定页面使用的脚本语言，如下所示：

```
<%@ page language="java" %>
```

就现在来说，由于 Java 既是默认选择，也是唯一合法的选择，所以没必要再去关心这个属性。

⑫ extends 属性

extends 属性指定 JSP 页面所生成的 Servlet 的超类（superclass ）。它采用下面的形式：

```
<%@ page extends="package.class" %>
```

这个属性一般为开发人员或提供商保留，由他们对页面的运作方式做出根本性的改变（如添加个性化特性）。一般人应该避免使用这个属性，除非引用由服务器提供商专为这种目的提供的类。

（2）include 指令

include 指令用来包含另外一个页面。当对这些页面进行编译时，当前的页面会与 include 指令指定的页面进行合并。

JSP 的 include 指令语法如下：

```
<%@ include file=" 要包含的文件路径 " %>
```

include 指令是静态包含，后者是动态的包含，在编译阶段插入到包含的地方，只生成一个 .java 与 .class 的文件。

例如：

```
<html>
    <head>
        <title>include 指令测试页面 </title>
    </head>
    <body>
        <%@ include file = "test.html" %>
    </body>
</html>
```

（3）taglib 指令

taglib 指令声明 JSP 文件使用了自定义的标签，同时引用标签库，也指定了它们的标签的前缀。必须在使用自定义标签之前使用 <% @ taglib %> 指令，而且可以在一个页面中多次使用，但是前缀只能使用一次。

Taglib 的具体用法在后面自定义标签部分再详细介绍。

3）JSP 脚本元素

JSP 中包含脚本元素，以 <% 开始并以 %> 结束，通常包含的是 Java 代码，它允许声明变量和方法，包含任意脚本代码和对表达式的求值。脚本元素包括声明、表达式和程序代码段。

例如：

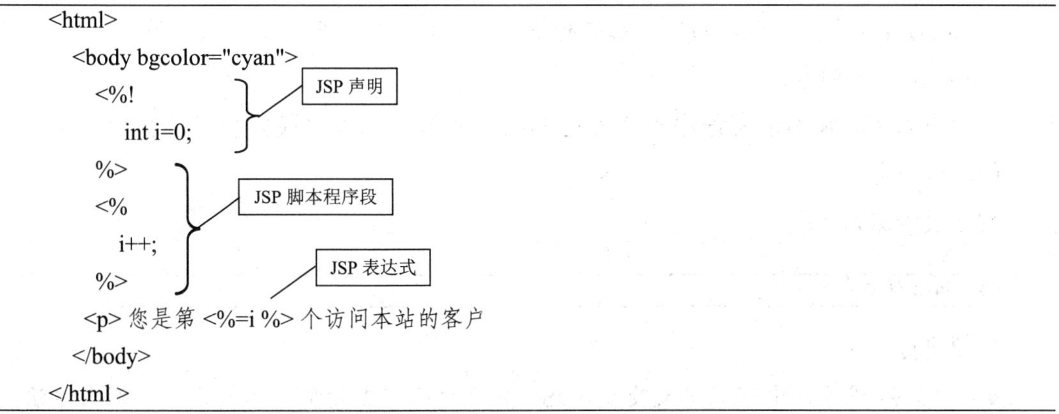

（1）变量和方法声明

声明是用来声明在 JSP 网页程序中将会用到的变量和方法。在 JSP 中使用这些变量和方法前，必须事先声明。声明语句必须符合指定脚本语言（Java）的语法规范。

语法格式如下：

```
<%!
    Java 的变量或方法声明代码
%>
```

* **说明：**

- 成员变量被所有 JSP 用户共享。
- 声明的变量和方法在整个 JSP 页面内都有效，与位置无关。

（2）表达式

任意一个有效的 JSP 脚本语言表达式就是 Java 表达式，即表达式内容必须符合相应脚本语言的语法规则。

表达式语法如下：

```
<%= 表达式 %>
```

表达式是在运行时由服务器计算求值，其结果转换成 String，插入该表达式在 JSP 页面的相应位置。如果表达式的结果不能转换成 String，将产生错误异常。使用表达式，可在 JSP 页面内显示动态数据内容。

例如：

```
<%= 10*9 %>
```

* **说明：**

- 不能用一个分号“;”作为表达式的结束符。但同样的表达式用在 Java 程序片中就需要使用分号。
- 表达式元素可以很复杂，由多个表达式组成。这种复杂表达式在计算值时，表达式的计算次序是由左向右，在这种情况下，有时会产生一定的副作用。

（3）脚本程序段

一段有效 JSP 脚本语言程序段认为是 Java 程序段。该程序段内容必须符合相应脚本语言的语法规定。

程序段语法如下：

```
<% Java 程序片 %>
```

* **说明：**

- 在 Java 程序片中可以定义变量（JSP 页面的局部变量）、声明方法、调用方法、使用表达式等。注意在变量声明和使用表达式时必须跟有“;”。

- 在 Java 程序片内可以使用任何隐含的对象和任何用 <jsp:useBean> 声明过的对象。
- Java 程序片内的注释格式与 Java 中的注释格式一致。

例题 5-1　使用脚本元素对两个数作加法和减法运算。

在 MyEclipse 中新建 Web 项目 JSPDemo，在 WebRoot 下新建 cal.jsp 文件，代码如下：

```
//cal.jsp
<%@ page language="java" import="java.util.*" pageEncoding="utf-8"%>
<html>
<body>
  <%!
      int x,y;
      int add(int x, int y){return x+y;}
      int minus(int x, int y){return x-y;}
  %>
  <%
      x=20;
      y=10;
      int a= add(x,y);
      out.println(" 调用 add 方法计算 "+x+" 与 "+y+" 之和： "+a);
      out.println("<BR> ");
  %>
    <hr>
    <p> 调用 minus 方法计算 <%=x%> 减 <%=y%> 的差：<%= minus(x,y)%>
</body>
</html>
```

部署项目，启动服务器，在地址栏中输入“http://localhost:8080/JSPDemo/cal.jsp”，项目运行效果如图 5-2 所示。

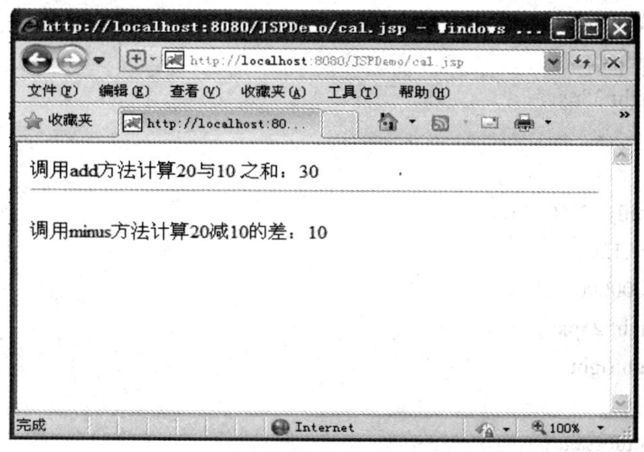

图 5-2　使用 JSP 元素实现数据加减运算

5.1.3 任务实现

1. 编写注册用的 JSP 页面 register.jsp

打开项目，在 WebRoot 下的 public 文件夹中新建 register.jsp 文件，代码如下：

```
//register.jsp
<%@ page language="java" import="java.util.*" pageEncoding="utf-8"%>
<!DOCTYPE HTML PUBLIC "-//W3C//DTD HTML 4.01 Transitional//EN">
<html>
  <head>
    <title> 用户注册页面 </title>
    <style type="text/css">
      body{
        background-color:#EDEDED;
      }
      .ta{
        margin:30px; auto;
      }
      .regtitle{
        font-family: 楷体 _gb2312;
        font-size: 16px;
        line-height: 40px;
        color: #333333;
      }
      .regtxtbt{
        font-family: 楷体 ,Arial;
        font-size:16px;
        color:#000000;
        height:38px;
        line-height:38px;
      }
      .regtxt{
        font-family: 宋体 ,Arial;
        font-size:12px;
        color:#000000;
        line-height:25px;
        text-align:right;
      }
      #usernamemessage{
        font-size:12px;
```

```
            line-height:25px;
            color:#FF0000;
        }
        #pwdmessage{
            font-size:12px;
            line-height:25px;
            color:#FF0000;
        }
    </style>
    <script type="text/javascript">
        function checkUser(){
            var name=document.form1.username.value;
             if((name==null)||(name.length==0)){
                document.getElementById("usernamemessage").innerHTML=" 用户名不能为空 ";
                return false;
             }else{
                return true;
            }
        }
     function checkPassword(){
        var password=document.form1.password.value;
        if((password==null)||(password.length==0)){
            document.getElementById("pwdmessage").innerHTML=" 密码不能为空 ";
            return false;
        }else{
            return true;
        }
     }
     function submitForm(){
         return (checkUser())&&(checkPassword());
     }
  </script>
</head>
<body>
      <formname="form1" action="/jygl/doregister" method="post"
       onSubmit="return submitForm();">
    <table width="500" class="ta" border="0"    cellpadding="0"
    cellspacing="0" align="center">
            <tr height="40" valign="top">
              <td></td>
              <td><span class="logintitle"> 为学堂学生管理系统 </span></td>
            </tr>
            <tr>
```

```
            <td width="20%" height="38" align="right">
               <span class="regtxt"> 用户名：</span>
            </td>
            <td colspan="1">
               <input type="text" name="username" size="20" onblur="checkUser()">
               <%
                     Object msgObj=request.getAttribute("usermessage");
                     String msg="";
                     if(msgObj!=null){
                              msg=String.valueOf(msgObj);
                     }
               %>
               <span id="usernamemessage"><%=msg %></span>
            </td>
         </tr>
         <tr>
            <td width="20%" height="38" align="right">
               <span class="regtxt"> 密码：</span>
            </td>
            <td colspan="2">
         <input type="password" name="password" size="20" onblur="checkPassword();">
            <img alt="1" src="/jygl/images/luck.gif" width="19" height="18">
            <span id="pwdmessage"></span>
           </td>
         </tr>
         <tr>
            <td width="20%" height="38" align="right">
               <span class="regtxt"> 用户身份：</span>
               </td>
               <td colspan="2">
                  <input type="radio" name="usertypes" value="student">
                  <span class="regtxt"> 学生 </span>   
                  <input type="radio" name="usertypes" value="company">
                  <span class="regtxt"> 企业 </span>   
                  <input type="radio" name="usertypes" value="admin">
                  <span class="regtxt"> 管理员 </span>   
               </td>
            </tr>
            <tr>
            <td width="20%" height="38"> </td>
            <td colspan="2">
                  <input type="submit" value=" 注册 ">   
                  <input type="button" value=" 取消 ">
```

```
            </td>
          </tr>
        </table>
      </form>
  </body>
</html>
```

2. 编写 Servlet 实现用户注册处理

在项目 src 下的 com.hbsi.controller 包中新建 RegisterServlet.java 类，代码如下：

```
//RegisterServlet.java
package com.hbsi.controller;
import java.io.IOException;
import javax.servlet.RequestDispatcher;
import javax.servlet.ServletException;
import javax.servlet.http.HttpServlet;
import javax.servlet.http.HttpServletRequest;
import javax.servlet.http.HttpServletResponse;
import com.hbsi.bean.User;
import com.hbsi.dao.service.UserDaoImpl;
public class RegisterServlet extends HttpServlet {
    public void doPost(HttpServletRequest request, HttpServletResponse response)
                throws ServletException, IOException {
        //定义 User 对象，属性值初始化为默认值
        User user=new User();
        //获取用户提供的输入值
        String username=request.getParameter("username");
        String password=request.getParameter("password");
        String usertypes=request.getParameter("usertypes");
        //使用输入值设置对象 u 的属性值
        user.setUsername(username);
        user.setPassword(password);
        user.setUsertypes(usertypes);
        //创建 UserDao 对象
        UserDao ud=new UserDaoImpl();
        //检测用户名是否已经注册
        boolean flag=ud.checkUsername(username);
        if(flag){
            request.setAttribute("usermessage","该用户名已注册，请重新输入新的用户名");
            this.gotoPage("public/register.jsp", request, response);
        }else{
        //把注册信息写到数据库中，返回添加的记录映射的 User 对象
        user=ud.addUser(user);
```

```
            if(user.getUsertypes().equals("admin")){// 注册用户是管理员
                request.setAttribute("errorMsg", " 管理员用户注册成功，请联系管理员激活账号 ");
                // 转回登录页面
                this.gotoPage("public/login.jsp", request, response);
            }
            // 如果注册用户是学生
            if(user.getUsertypes().equals("student")){
                // 封装注册学生用户信息（学生 id）到 request 中
                request.setAttribute("sid",user.getId());
                // 转到 studentresume.jsp 页面
                this.gotoPage("stu/studentInfo.jsp", request, response);
            }
            // 如果注册用户是企业
            if(user.getUsertypes().equals("company")){
                request.setAttribute("cid", user.getId());
                this.gotoPage("company/companyInfo.jsp", request,response);
            }
            }
        }
    private void gotoPage(String url,HttpServletRequest request, HttpServletResponse response)
            throws ServletException, IOException{
        RequestDispatcher dispatcher=request.getRequestDispatcher(url);
        dispatcher.forward(request, response);
    }
}
```

3. 在配置文件中配置 Servlet

```
<?xml version="1.0" encoding="UTF-8"?>
<web-app version="2.5"
    xmlns="http://java.sun.com/xml/ns/javaee"
    xmlns:xsi="http://www.w3.org/2001/XMLSchema-instance"
    xsi:schemaLocation="http://java.sun.com/xml/ns/javaee
    http://java.sun.com/xml/ns/javaee/web-app_2_5.xsd">
......
<servlet>
    <servlet-name>RegisterServlet</servlet-name>
    <servlet-class>com.hbsi.controller.RegisterServlet</servlet-class>
</servlet>
......
<servlet-mapping>
    <servlet-name>RegisterServlet</servlet-name>
```

```
        <url-pattern>/doregister</url-pattern>
    </servlet-mapping>
    <welcome-file-list>
        <welcome-file>public/login.jsp</welcome-file>
        </welcome-file-list>
    </web-app>
```

4. 部署运行应用程序，进行测试

部署程序，在地址栏中输入“http://localhost:8080/jygl/public/login.jsp”，单击注册新用户超链接，会转到 register.jsp 文件页面，注册一个管理员用户，运行结果如图 5-3 和图 5-4 所示。

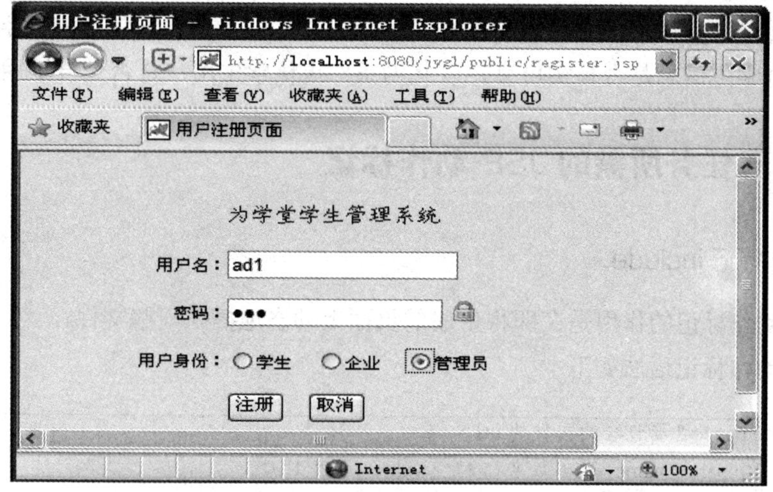

图 5-3　用户注册页面

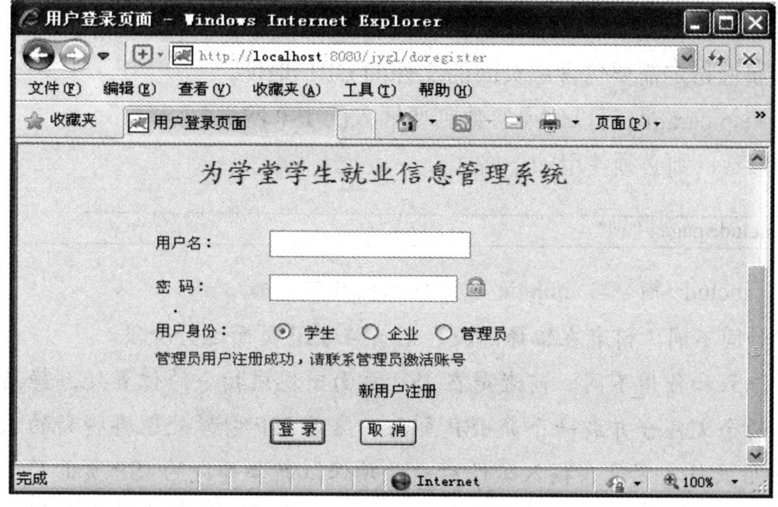

图 5-4　用户注册成功后返回登录页面

5.2 任务 2——使用 JSP 动作元素实现学生注册个人基本信息

5.2.1 任务描述

JSP 规范中包含一些标准的动作控制标签，它们必须通过适当的 JSP 引擎来实现，在 JSP 引擎的任何版本中或者是 Web 服务器中总是可用的。它们可以辅助那些定制的类型实现特定的 JSP 页面。

本次任务通过 JSP 动作标记实现学生注册时注册用户名和密码信息成功后，不是转到登录页面，而是继续注册个人信息，填写学生个人基本信息，管理员会根据学生注册的基本信息，检查学生信息是否真实可靠，以此为条件审核学生用户是否是合法用户。

5.2.2 实现任务所需的 JSP 动作标记

1. 动作标记 include

include 动作标记的作用是在即将生成的页面上动态地插入一些文件。

include 动作标记语法如下：

```
<jsp:include page =" 要包含的文件的 url" >
      <jsp:param name = " 参数名称 1"    value = " 值 1" />
      <jsp:param name = " 参数名称 2"    value = " 值 2" />
      ……
</jsp:include>
```

- page 属性指定需要包含进页面的文件的 URL 地址。
- 使用 <jsp:param> 可以传递参数到要插入的 JSP 网页。
- 若无参数，则必须使用如下格式：

```
<jsp:include page ="url" />
```

* **说明**：include 指令与 include 动作标记的比较？

- 处理时间不同。前者在编译阶段，后者在 JSP 页面运行阶段。
- 工作流程和作用不同。前者是在 JSP 页面出现该指令的位置处，静态插入一个文件，两个文件合并成一个新 JSP 页面，然后 JSP 引擎处理再将新的 JSP 页面转译成 Java 文件。因此，插入文件后，必须保证新合并成的 JSP 页面符合 JSP 语法规则，即能够成为一个 JSP 页面文件。而后者告诉 JSP 页面动态加载一个文件，不把 JSP 页面中动作指令 include 所指定的文件与原 JSP 页面合并成一个新的 JSP 页面，两个文件不会合并，只是告诉 Java 解释器，该文件在 JSP 运行时（Java 文件的字节码文件被加载执行）才被处理。如果包含的文件是普通文本文件，就将文件的内容发送到客户端，由客户端负责显示；若包含的文件是 JSP 文件，JSP 引擎就执行这个文件，然后将执行结果发送到客户端，并由客户端负责显示这些结果。

- 执行速度不同。前者快，后者慢。
- 灵活性不同。前者不能指定参数，后者可以通过 param 子标记指定参数。

2. 动作标记 param

动作标记 param 用于为其他动作标签提供附加参数信息，该动作可以与 <jsp:include>、<jsp:forward> 等一起使用。

动作标记 param 的语法如下：

```
<jsp:param name=" 参数名 " value=" 值 "/>
```

例如：

```
<jsp:include page="show.jsp" >
    <jsp:param name="name" value=" 张三 " />
    <jsp:param name="password" value="123" />
</jsp:include>
```

3. 动作标记 forward

动作标记 forward 的功能是将浏览器显示的网页转到另一个 HTML 网页或者 JSP 网页。一个 <jsp:forward> 有效地终止了当前页面的运行，JSP 引擎不会再处理这个页面中剩下的任何内容，缓冲区被清空。

动作标记 forward 的语法如下：

```
<jsp:forward page = " 要转向的文件的 url">
  <jsp:param name=" 参数名称 1" value=" 值 1" />
  <jsp:param name=" 参数名称 2" value=" 值 2" />
</jsp:forward>
```

- page 属性指定要转向的页面的 URL 地址。
- 使用 <jsp:param> 可以传递参数到要转入的 JSP 网页。
- 若无参数，则必须使用如下格式：

```
<jsp:forward page =" 要转向的文件的 url"/>
```

4. 动作标记 param

动作标记 param 的功能是在 JSP 页面之间传递参数，语法如下：

```
<jsp:param  name=" 参数名 " value=" 参数值 ">
```

（1）它可以实现主页面向包含页面传递参数，例如：

```
<jsp:include page="Relative URL">
  <jsp:param name="param name" value="paramvalue"/>
</jsp:include>
```

（2）还可以实现在使用 jsp:forward 动作做页面跳转时传递参数，例如：

```
<jsp:forward page="Relative URL">2.
   <jsp:param name="paramname" value="paramvalue"/>
</jsp:forward>
```

这种方式和一般的表单参数一样，也可以通过 request.getParameter(name) 取得参数的值。

5. 动作标记 plugin

动作标记 plugin 用来确保一个 Java 插件软件可用，可以在浏览器中播放或显示一个对象（典型的就是 applet 和 bean），一般来说，<jsp:plugin> 元素会指定对象是 applet 还是 bean，同样也会指定 class 的名字及位置，另外还会指定从哪里下载这个 Java 插件。

动作标记 plugin 的工作原理：<jsp:plugin> 动作标签将根据浏览器的版本被替换成 HTML 标签 <object> 或 <Applet> 元素（<applet> 在 HTML 3.2 中定义，<object> 在 HTML 4.0 中定义）。

动作标记 plugin 的语法如下：

```
<jsp:plugin  TYPE = "bean|applet"
   code=" 保存类的文件名称 "    codebase=" 类路径 "
   [NAME = " 对象名称 "]       [archive = " 相关文件路径 "]
   [ALIGN = " 对齐方式 "]
   [height = " 高度 "]        [width = " 宽度 "]
   [hspace = " 水平间距 "]    [vspace = " 垂直间距 "]
   [jrevesion = "Java 环境版本 "]
   [nspluginurl = " 供 NC 使用的 plugin 加载位置 "]
   [iepluginurl = " 供 IE 使用的 plugin 加载位置 "] >
   <jsp:params>
       <jsp:param NAME = " 参数名称 1" VALUE = " 值 1" />
       <jsp:param NAME = " 参数名称 2" VALUE = " 值 2" />
         ……
   </jsp:params>
   <jsp:fallback> 错误信息 </jsp:fallback>
</jsp:plugin>
```

下面通过一个简单的例题来介绍 JSP 动作标记的使用方法。

例题 5-2　在项目 JSPDemo 下的 WebRoot 中新建 JSP 页面 forwardtest.jsp，首先随机获取一个随机数，若该数大于 0.5，就转向一个页面（first.jsp），若小于 0.5，则转向另一个页面（second.jsp）。参数的获取方法：request.getParameter(" 参数名称 ")。

```
//forwardtest.jsp
<%@ page language="java" import="java.util.*" pageEncoding="utf-8"%>
<!DOCTYPE HTML PUBLIC "-//W3C//DTD HTML 4.01 Transitional//EN">
<html>
  <body>
    <%
      double i=Math.random();
       if(i>0.5){
      %>
      <jsp:forward page="first.jsp">
         <jsp:param name="number" value="<%=i%>" />
      </jsp:forward>
     <% } else      {%>
     <jsp:forward page="second.jsp">
         <jsp:param name="number" value="<%=i%>" />
     </jsp:forward>
     <% }%>
   </body>
 </html>
//first.jsp
<%@ page language="java" import="java.util.*" pageEncoding="utf-8"%>
<!DOCTYPE HTML PUBLIC "-//W3C//DTD HTML 4.01 Transitional//EN">
<html>
  <body bgcolor=cyan>
  这是 first.jsp 页面 <br>
    <%
     String s=request.getParameter("number");
     out.println("<br> 传递过来的值是 "+s);
    %>
   </body>
  </html>
//second.jsp
<%@ page language="java" import="java.util.*" pageEncoding="utf-8"%>
<!DOCTYPE HTML PUBLIC "-//W3C//DTD HTML 4.01 Transitional//EN"> >
<html>
  <body bgcolor=cyan>
  这是 second.jsp 页面 <br>
   <%
```

```
        String s=request.getParameter("number");
        out.println("<br> 传递过来的值是 "+s);
    %>
  </body>
</html>
```

例题 5-2 运行结果如图 5-5 和图 5-6 所示。

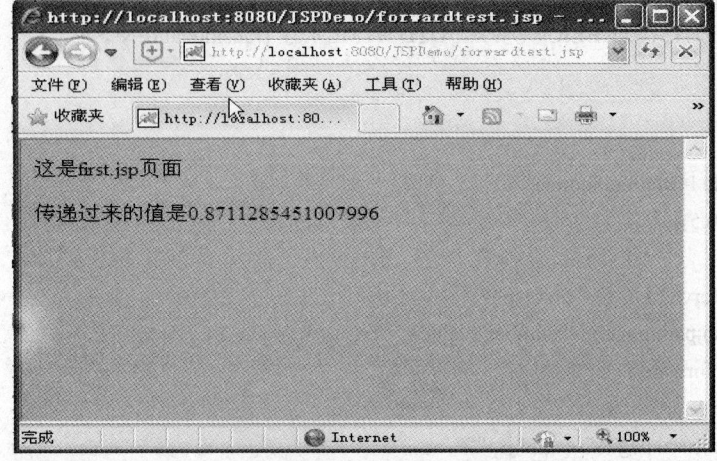

图 5-5 随机数大于 0.5 转到 first.jsp 页面

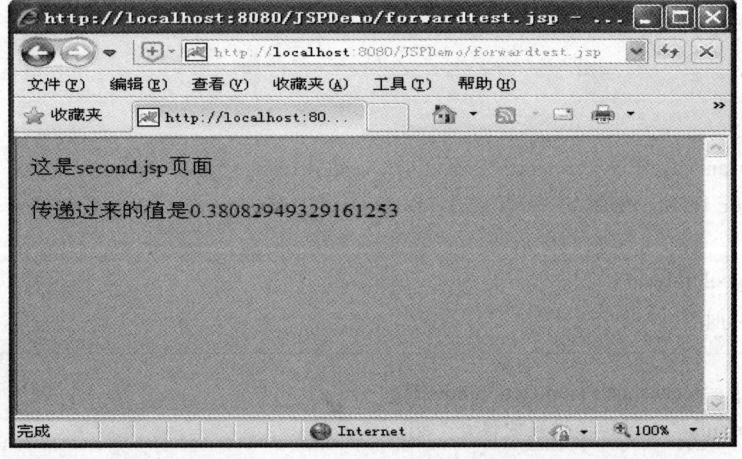

图 5-6 随机数小于或等于 0.5 转到 second.jsp 页面

6. 动作标记 useBean

动作标记 useBean 标准用来查找或者实例化一个 JavaBean。

动作标记 useBean 的语法如下：

```
<jsp:useBean id="name" class="className" scope="scope" />
```

或者

```
<jsp:useBean id="name" type="className" scope="scope" />
```

- id 指定该 JavaBean 实例的变量名，通过 id 可以访问这个实例。
- class 指定 JavaBean 的类名。如果需要创建一个新的实例，容器会使用 class 指定的类并调用无参构造方法来完成实例化。
- scope 指定 JavaBean 的作用范围，可以使用 4 个值：page、request、session 和 application。默认值为 page，表明此 JavaBean 只能应用于当前页；值为 request 表明此 JavaBean 只能应用于当前的请求；值为 session 表明此 JavaBean 能应用于当前会话；值为 application 则表明此 JavaBean 能应用于整个应用程序内。
- type 指定 JavaBean 对象的类型，通常在查找已存在的 JavaBean 时使用，这时使用 type 将不会产生新的对象。如果是查找已存在的 JavaBean 对象，type 属性的值可以是此对象的准确类名、其父类或者其实现的接口；如果是新建实例，则只能是准确类名或者父类。另外，如果能够确定此 JavaBean 的对象肯定存在，则指定 type 属性后可以省略 class 属性。

例如：

```
<jsp:useBean id="user" class="com.hbsi.bean.UserBean" scope="request "/>
```

表示在当前页面定义一个 class 所指定类型的变量 user，如果在 scope 指定的 request 范围内存在 name 为 user 的对象，则将其赋值给变量 user；如果不存在，就创建一个 class 所指定类型的对象，并将其赋值给变量 user，并在 scope 指定的 request 范围内保存一个 name 为 user 的对象。

标记动作 useBean 的使用方法将在模块 7 中详细介绍。

5.2.3　任务实现

1. 编写用于提示用户如实填写个人信息的 info.jsp 页面

由于学生和企业用户注册时都需要如实填写自己的信息，以备管理员作为审核用户是否合法的依据，所以，学生和企业用户在注册时都需按实填写自己的信息，所以建立一个公用的 JSP 页面，用来包含在不同页面中重复使用，在项目 WebRoot 下的 public 文件夹中创建一个公用的 info.jsp 文件，代码如下：

```
//info.jsp
<%@ page language="java" import="java.util.*" pageEncoding="utf-8"%>
<!DOCTYPE HTML PUBLIC "-//W3C//DTD HTML 4.01 Transitional//EN">
<html>
  <head>
```

```
        <title>My JSP 'info.jsp' starting page</title>
        <style type="text/css">
          body{
            text-align:center;
          }
          .d1{
            width:500px;
            font-size:12px;
            color:#FF0000;
            font-weight:bold;
            line-height:20px;
            margin:20px auto 0px auto;
          }
        </style>
      </head>
      <body>
        <div class="d1">
          请如实填写注册信息，管理员会根据填写的信息是否属实，审核用户名是否合法，如果合法，
审核通过后可以登录，如果审核未通过，下次需重新填写信息继续注册。
        </div>
      </body>
    </html>
```

2. 编写用来添加学生信息的 JSP 页面 studentInfo.jsp

在项目文件夹下的 WebRoot 文件夹下，新建一个文件夹 stu，在 stu 下新建一个 JSP 文件 studentInfo.jsp，代码如下：

```
    //studentInfo.jsp
    <%@ page language="java" import="java.util.*" pageEncoding="utf-8"%>
    <!DOCTYPE HTML PUBLIC "-//W3C//DTD HTML 4.01 Transitional//EN">
    <html>
      <head>
        <title> 学生基本信息 </title>
        <link href="/jygl/css/stucss.css" rel="stylesheet" type="text/css">
        <script type="text/javascript" src="/jygl/js/datepicker.js" ></script>
      </head>
      <body>
        <form method="post" action="/jygl/studentManage" style="margin:0pt;">
          <jsp:include page="/public/info.jsp"></jsp:include>
          <table class="regtable" width="500" align="center" border="0"
            cellpadding="5" cellspacing="1">
              <tr>
```

```
<td valign="top" width="500" bgcolor="#f9f9f9" height="350">
  <table width="500" align="center" border="0" cellpadding="0" cellspacing="0">
  <tr>
    <td colspan="2" class="tdinfo" height="25">
      <span style="font-weight: bold;"> 基本信息 </span>
    </td>
    <td colspan="2"> </td>
  </tr>
  <tr>
    <td colspan="2" width="190">
      <%
        Object obj=request.getAttribute("sid");
                String stuid="";
                if(obj!=null){
                      stuid=String.valueOf(obj);
                }
      %>
    <input type="hidden" value="<%=stuid%>" name="sid" />
    </td>
    <td colspan="2" width="310">
      <input type="hidden" value="sturegister" name="action" />
    </td>
  </tr>
  <tr>
    <td align="right" height="30" width="190"> 姓名： </td>
    <td width="310" align="left">  
      <input type="text" name="sname" size="30"/>
    </td>
  </tr>
  <tr>
    <td align="right" height="30"> 性别： </td>
    <td>  
      <input name="gender" type="radio" value=" 男 " checked style="border: 0;" />
      男  
      <input name="gender" type="radio" value=" 女 " style="border: 0;" />
    女  
  </td>
  </tr>
  <tr>
    <td align="right" height="30"> 身份证号： </td>
    <td>  
     <input type="text" name="idnumber" size="50" />
  </td>
```

```
</tr>
<tr>
  <td align="right" height="30"> 学校：</td>
  <td>  
   <input type="text" name="school" size="50" />
  </td>
</tr>
<tr>
  <td align="right" height="30"> 院系：</td>
  <td>  
  <input type="text" name="department" size="50" />
 </td>
</tr>
<tr>
  <td align="right" height="30"> 专业：</td>
  <td>  
  <input type="text" name="major" size="50" /></td>
</tr>
<tr>
   <td align="right" height="30"> 学历：</td>
   <td height="30">  
     <select name="education">
        <option value="00" selected="selected"> 请选择 </option>
        <option value=" 专科 "> 专科 </option>
        <option value=" 本科 "> 本科 </option>
        <option value=" 硕士研究生 "> 硕士研究生 </option>
        <option value=" 博士研究生 "> 博士研究生 </option>
     </select>
   </td>
</tr>
<tr>
  <td align="right" height="30"> 入学时间：</td>
  <td>  
    <input type="text" name="entrancedate"
    style="width:100px" onfocus="HS_setDate(this)">
  </td>
</tr>
<tr>
  <td align="right" height="30" > 籍贯：</td>
  <td>  
    <input type="text" name="nativeplace" size="50" />
  </td>
</tr>
```

```
            <tr>
              <td></td>
              <td align="left" height="30">
                <input name="imageField" src="/jygl/images/Login_but.gif"
                 type="image" style="margin-left:50px">
              </td>
            </tr>
        </table>
      </form>
   </body>
</html>
```

3. 编写页面中所用的 css 文件

在项目文件夹的 WebRoot 文件夹下的 css 文件夹下新建一个样式文件 stucss.css，代码如下：

```
//stucss.css
body,td,th {
     font-family: 宋体 ;
     font-size: 12px;
     color: #333333;
}
body {
     margin-left: 0px;
     margin-top: 0px;
     margin-right: 0px;
     margin-bottom: 0px;
     background-color:#EEF2FB;
}
.regtable {
     border: 1px solid #375088;
     margin-top:30px;
}
.tdinfo {
     background-color: #FBFBFB;
     border-top-width: 1px;
     border-right-width: 1px;
     border-bottom-width: 1px;
     border-left-width: 1px;
     border-top-style: none;
     border-right-style: none;
     border-bottom-style: dashed;
```

```
        border-left-style: none;
        border-top-color: #D2D2D2;
        border-right-color: #D2D2D2;
        border-bottom-color: #D2D2D2;
        border-left-color: #D2D2D2;
}
.txt{
        font-family:" 宋体 ,Arial";
        font-size: 12px;
        font-weight:bold;
        color: #333333;
}
```

4. 编写页面中所用的 js 脚本文件

在项目文件夹下的 WebRoot 文件夹下，新建一个文件夹 js，在 js 文件夹下新建一个 JavaScript 脚本文件 datepicker.js，代码如下：

```
//datepicker.js
function HS_DateAdd(interval,number,date){
 number = parseInt(number);
 if (typeof(date)=="string"){
     var date = new Date(date.split("-")[0],date.split("-")[1],date.split("-")[2])
 }
 if (typeof(date)=="object"){var date = date}
 switch(interval){
    case "y":return new Date(date.getFullYear()+number,date.getMonth(),date.getDate());
    break;
    case "m":return new Date(date.getFullYear(),date.getMonth()
    +number,checkDate(date.getFullYear(),date.getMonth()+number,date.getDate()));
    break;
    case "d":return new Date(date.getFullYear(),date.getMonth(),date.getDate()+number);
    break;
    case "w":return new Date(date.getFullYear(),date.getMonth(),7*number+date.getDate());
    break;
  }
 }
function checkDate(year,month,date){
 var enddate = ["31","28","31","30","31","30","31","31","30","31","30","31"];
 var returnDate = "";
 if (year%4==0){enddate[1]="29"}
 if (date>enddate[month]){returnDate = enddate[month]}else{returnDate = date}
 return returnDate;
```

```
}
function WeekDay(date){
 var theDate;
 if (typeof(date)=="string"){
    theDate = new Date(date.split("-")[0],date.split("-")[1],date.split("-")[2]);
 }
 if (typeof(date)=="object"){theDate = date}
 return theDate.getDay();
}
function HS_calender(){
 var lis = "";
 var style = "";
 style +="<style type='text/css'>";
 style +=".calender {
    width:170px; height:auto;
    font-size:12px;
    margin-right:14px;
    background:url(calenderbg.gif) no-repeat right center #fff;
    border:1px solid #397EAE; padding:1px}";
 style +=".calender ul {list-style-type:none; margin:0; padding:0;}";
 style +=".calender.day { background-color:#EDF5FF; height:20px;}";
 style +=".calender.day li,.calender .date li{ float:left; width:14%; height:20px; line-height:20px; text-
        align:center}";
 style +=".calender li a { text-decoration:none; font-family:Tahoma; font-size:11px; color:#333}";
 style +=".calender li a:hover { color:#f30; text-decoration:underline}";
 style +=".calender li a.hasArticle {font-weight:bold; color:#f60 !important}";
 style +=".lastMonthDate, .nextMonthDate {color:#bbb;font-size:11px}";
 style +=".selectThisYear a, .selectThisMonth a{text-decoration:none; margin:0 2px; color:#000; font-
        weight:bold}";
 style +=".calender.LastMonth, .calender .NextMonth{ text-decoration:none;
    color:#000; font-size:18px;
    font-weight:bold;
    line-height:16px;}";
 style +=".calender.LastMonth { float:left;}";
 style +=".calender.NextMonth { float:right;}";
 style +=".calenderBody {clear:both}";
 style +=".calenderTitle {text-align:center;height:20px; line-height:20px; clear:both}";
 style +=".today { background-color:#ffffaa;border:1px solid #f60; padding:2px}";
 style +=".today a { color:#f30; }";
 style +=".calenderBottom {clear:both;
    border-top:1px solid #ddd;
    padding: 3px 0; text-align:left}";
 style +=".calenderBottom a {text-decoration:none;
```

```
    margin:2px !important;
    font-weight:bold; color:#000}";
  style +=".calenderBottom a.closeCalender{float:right}";
  style +=".closeCalenderBox {float:right; border:1px solid #000;
    background:#fff;
    font-size:9px;
    width:11px;
    height:11px;
    line-height:11px; text-align:center;overflow:hidden;
    font-weight:normal !important}";
  style +="</style>";

  var now;
  if (typeof(arguments[0])=="string"){
    selectDate = arguments[0].split("-");
    var year = selectDate[0];
    var month = parseInt(selectDate[1])-1+"";
    var date = selectDate[2];
    now = new Date(year,month,date);
  }else if (typeof(arguments[0])=="object"){
    now = arguments[0];
  }
  var lastMonthEndDate= HS_DateAdd("d","-1",now.getFullYear()+"-"
  +now.getMonth()+"-01").getDate();
  var lastMonthDate = WeekDay(now.getFullYear()+"-"+now.getMonth()+"-01");
  var thisMonthLastDate = HS_DateAdd("d","-1",now.getFullYear()
    +"-"+(parseInt(now.getMonth())+1).toString()+"-01");
  var thisMonthEndDate = thisMonthLastDate.getDate();
  var thisMonthEndDay = thisMonthLastDate.getDay();
  var todayObj = new Date();
  today = todayObj.getFullYear()+"-"+todayObj.getMonth()+"-"+todayObj.getDate();

  for (i=0; i<lastMonthDate; i++){   //上月日期
    lis = "<li class='lastMonthDate'>"+lastMonthEndDate+"</li>" + lis;
    lastMonthEndDate--;
  }
  for (i=1; i<=thisMonthEndDate; i++){ // 当前月日期
    if(today == now.getFullYear()+"-"+now.getMonth()+"-"+i){
     var todayString = now.getFullYear()+"-"+(parseInt(now.getMonth())+1).toString()+"-"+i;
     lis +="<li><a href=javascript:void(0) class='today'
        onclick='_selectThisDay(this)' title='"+now.getFullYear()
        +"-"+(parseInt(now.getMonth())+1)+"-"+i+"'>"+i+"</a></li>";
    }else{
     lis += "<li><a href=javascript:void(0)
```

```
        onclick='_selectThisDay(this)' title='"+now.getFullYear()+"-"+(parseInt(now.getMonth())+1)+"-
"+i+"'>"+i+"</a></li>";
      }
    }
    var j=1;
    for (i=thisMonthEndDay; i<6; i++){   // 下月日期
      lis += "<li class='nextMonthDate'>"+j+"</li>";
      j++;
    }
    lis += style;
    var CalenderTitle = "<a href='javascript:void(0)'
        class='NextMonth' onclick=HS_calender(HS_DateAdd('m',1,'"+now.getFullYear()+"-"+now.
        getMonth()
        +"-"+now.getDate()+"'),this) title='Next Month'>&raquo;</a>";
    CalenderTitle += "<a href='javascript:void(0)'
        class='LastMonth' onclick=HS_calender(HS_DateAdd('m',-1,'"+now.getFullYear()+"-"+now.
        getMonth()
        +"-"+now.getDate()+"'),this) title='Previous Month'>&laquo;</a>";
        CalenderTitle += "<span class='selectThisYear'>
          <a href='javascript:void(0)' onclick='CalenderselectYear(this)'
          title='Click here to select other year' >"+now.getFullYear()
          +"</a></span> 年 <span class='selectThisMonth'>"
          +"<a href='javascript:void(0)' onclick='CalenderselectMonth(this)' title='Click here to select other
          month'>"
          +(parseInt(now.getMonth())+1).toString()+"</a></span> 月 ";
    if (arguments.length>1){
      arguments[1].parentNode.parentNode.getElementsByTagName("ul")[1].innerHTML = lis;
      arguments[1].parentNode.innerHTML = CalenderTitle;
    }else{
      var CalenderBox = style
      +"<div class='calender'>
      <div class='calenderTitle'>"+CalenderTitle+"</div>
      <div class='calenderBody'>
      <ul class='day'>
      <li> 日 </li><li> 一 </li><li> 二 </li><li> 三 </li><li> 四 </li><li> 五 </li><li> 六 </li></ul>
      <ul class='date' id='thisMonthDate'>"+lis+"</ul></div>
      <div class='calenderBottom'>
      <a href='javascript:void(0)' class='closeCalender'
      onclick='closeCalender(this)'>×</a><span>
      <span>
      <a href=javascript:void(0) onclick='_selectThisDay(this)' title='"+todayString+"'>
      今天 </a></span></span></div></div>";
      return CalenderBox;
```

```
}
}
function _selectThisDay(d){
 var boxObj = d.parentNode.parentNode.parentNode.parentNode.parentNode;
   boxObj.targetObj.value = d.title;
   boxObj.parentNode.removeChild(boxObj);
}
function closeCalender(d){
 var boxObj = d.parentNode.parentNode.parentNode;
   boxObj.parentNode.removeChild(boxObj);
}
function CalenderselectYear(obj){
   var opt = "";
   var thisYear = obj.innerHTML;
   for (i=1970; i<=2020; i++){
    if (i==thisYear){
      opt += "<option value="+i+" selected>"+i+"</option>";
    }else{
      opt += "<option value="+i+">"+i+"</option>";
    }
   }
   opt = "<select onblur='selectThisYear(this)'
   onchange='selectThisYear(this)' style='font-size:11px'>"+opt+"</select>";
   obj.parentNode.innerHTML = opt;
}

function selectThisYear(obj){
  HS_calender(obj.value+"-"
+obj.parentNode.parentNode.getElementsByTagName("span")[1].getElementsByTagName("a")[0].
innerHTML+"-1",obj.parentNode);
}

function CalenderselectMonth(obj){
   var opt = "";
   var thisMonth = obj.innerHTML;
   for (i=1; i<=12; i++){
    if (i==thisMonth){
      opt += "<option value="+i+" selected>"+i+"</option>";
    }else{
      opt += "<option value="+i+">"+i+"</option>";
    }
   }
   opt = "<select onblur='selectThisMonth(this)'
   onchange='selectThisMonth(this)' style='font-size:11px'>"+opt+"</select>";
```

```
    obj.parentNode.innerHTML = opt;
}
function selectThisMonth(obj){
 HS_calender(obj.parentNode.parentNode.getElementsByTagName("span")[0].getElementsByTag
 Name("a")[0].innerHTML+"-"+obj.value+"-1",obj.parentNode);
}
function HS_setDate(inputObj){
 var calenderObj = document.createElement("span");
 calenderObj.innerHTML = HS_calender(new Date());
 calenderObj.style.position = "absolute";
 calenderObj.targetObj = inputObj;
 inputObj.parentNode.insertBefore(calenderObj,inputObj.nextSibling);
}
```

5. 编写实现学生个人信息添加用到的 Java 类、Dao 接口和接口实现类

（1）在项目文件夹 src 下的 com.hbsi.bean 包中新建 Student 类，代码如下：

```
//Student.java
package com.hbsi.bean;
public class Student {
    // 学生用户 id
    private int sid;
    // 姓名
    private String sname;
    // 性别
    private String gender;
    // 身份证号
    private String idnumber;
    // 毕业院校
    private String school;
    // 院系
    private String department;
    // 专业名称
    private String major;
    // 学历
    private String education;
    // 入学时间
    private String entrancedate;
    // 籍贯
    private String nativeplace;
    public int getSid() {
        return sid;
    }
```

```
public void setSid(int sid) {
    this.sid = sid;
}
public String getSname() {
    return sname;
}
public void setSname(String sname) {
    this.sname = sname;
}
public String getGender() {
    return gender;
}
public void setGender(String gender) {
    this.gender = gender;
}
public String getIdnumber() {
    return idnumber;
}
public void setIdnumber(String idnumber) {
    this.idnumber = idnumber;
}
public String getSchool() {
    return school;
}
public void setSchool(String school) {
    this.school = school;
}
public String getDepartment() {
    return department;
}
public void setDepartment(String department) {
    this.department = department;
}
public String getMajor() {
    return major;
}
public void setMajor(String major) {
    this.major = major;
}
public String getEducation() {
    return education;
}
public void setEducation(String education) {
    this.education = education;
```

```
    }
    public String getEntrancedate() {
        return entrancedate;
    }
    public void setEntrancedate(String entrancedate) {
        this.entrancedate = entrancedate;
    }
    public String getNativeplace() {
        return nativeplace;
    }
    public void setNativeplace(String nativeplace) {
        this.nativeplace = nativeplace;
    }
}
```

（2）在项目文件夹 src 下的 com.hbsi.dao 包中新建接口 StudentDao.java，代码如下：

```
package com.hbsi.dao;
import com.hbsi.bean.Student;
public interface StudentDao {
  //定义方法添加学生基本信息
    boolean addStudent(Student student);
}
```

（3）在 src 文件夹下的 com.hbsi.dao.service 包中定义实现类 StudentDaoImpl.java，代码如下：

```
//StudentDaoImpl.java
package com.hbsi.dao.service;
import java.sql.Connection;
import java.sql.PreparedStatement;
import java.sql.ResultSet;
import java.sql.SQLException;
import java.util.ArrayList;
import java.util.List;
import com.hbsi.bean.DoPage;
import com.hbsi.bean.Student;
import com.hbsi.dao.StudentDao;
import com.hbsi.db.ConnectionFactory;
import com.hbsi.db.DBClose;
public class StudentDaoImpl implements StudentDao {
    Connection con=null;
    PreparedStatement pstat=null;
    ResultSet rs=null;
```

```
    public boolean addStudent(Student student) {
        boolean flag=false;
        //1. 连接数据库
        con=ConnectionFactory.getConnection();
        // 定义 sql 语句，向 student 表中添加记录
        String sql="insert into student values(?,?,?,?,?,?,?,?,?,?)";
        try{
            pstat=con.prepareStatement(sql);
            // 为 sql 语句中的参数设置值
            pstat.setInt(1,student.getSid());
            pstat.setString(2,student.getSname());
            pstat.setString(3,student.getGender());
            pstat.setString(4,student.getIdnumber());
            pstat.setString(5,student.getSchool());
            pstat.setString(6,student.getDepartment());
            pstat.setString(7,student.getMajor());
            pstat.setString(8,student.getEducation());
            pstat.setString(9,student.getEntrancedate());
            pstat.setString(10,student.getNativeplace());
            int i=pstat.executeUpdate();
            if(i>0){
                flag=true;
            }
        } catch (SQLException e) {
            e.printStackTrace();
        }finally{
            DBClose.close(pstat, con);
        }
        return flag;
    }
}
```

6. 定义实现学生档案信息添加的 Servlet 类

在 src 文件夹下的 com.hbsi.controller 包中定义类 StudentManageServlet.java，调用 Dao 实现类方法，实现用户信息添加，代码如下：

```
//StudentManageServlet.java
package com.hbsi.controller;
import java.io.IOException;
import javax.servlet.RequestDispatcher;
import javax.servlet.ServletException;
import javax.servlet.http.HttpServlet;
import javax.servlet.http.HttpServletRequest;
```

```
import javax.servlet.http.HttpServletResponse;
import javax.servlet.http.HttpSession;
import com.hbsi.bean.Student;
import com.hbsi.dao.StudentDao;
import com.hbsi.dao.service.StudentDaoImpl;
public class StudentManageServlet extends HttpServlet {
    public void doGet(HttpServletRequest request, HttpServletResponse response)
            throws ServletException, IOException {
        this.doPost(request, response);
    }
    public void doPost(HttpServletRequest request, HttpServletResponse response)
            throws ServletException, IOException {
        String action=request.getParameter("action");
        StudentDao sd=new StudentDaoImpl();
        if(action.equals("sturegister")){
          //获取学生注册填写的基本信息
            String id=request.getParameter("sid");
            int sid=0;
            try {
                sid=Integer.parseInt(id);
            } catch (NumberFormatException e) {
                e.printStackTrace();
            }
            String sname=request.getParameter("sname");
            String gender=request.getParameter("gender");
            String idnumber=request.getParameter("idnumber");
            String school=request.getParameter("school");
            String department=request.getParameter("department");
            String major=request.getParameter("major");
            String education=request.getParameter("education");
            String entrancedate=request.getParameter("entrancedate");
            String nativeplace=request.getParameter("nativeplace");
            //定义一个 Student 对象，属性初始化为默认值
            Student student=new Student();
            //用获取的请求参数 sid 的值转换为整数，设置为 student 对象属性 sid 的值
            student.setSid(sid);
            //用获取的请求参数 sname 的值，设置为 student 对象属性 sname 的值
            student.setSname(sname);
            //依次把查询出的字段值，封装为对象 student 的属性值
            student.setGender(gender);
            student.setIdnumber(idnumber);
            student.setSchool(school);
            student.setDepartment(department);
            student.setMajor(major);
            student.setEducation(education);
```

```
            student.setEntrancedate(entrancedate);
            student.setNativeplace(nativeplace);
            //定义 StudentDao 对象，调用方法，把学生基本信息写入数据表
            boolean flag=sd.addStudent(student);
            if(flag){
              //添加信息成功，转到登录页面
            request.setAttribute("errorMsg", "学生用户注册成功，请联系管理员激活账号");
             this.gotoPage("public/login.jsp", request, response);
            }else{
                //添加信息失败，重新返回学生信息填写页面
                request.setAttribute("sid", student.getSid());
                this.gotoPage("stu/studentInfo.jsp", request, response);
            }
    }
    //定义方法用来请求转发到某个 url
    private void gotoPage(String url,HttpServletRequest request, HttpServletResponse response)
                        throws ServletException, IOException {
        RequestDispatcher dispatcher=request.getRequestDispatcher(url);
        dispatcher.forward(request, response);
    }
}
```

7. 在配置文件中配置 StudentManageServlet 的信息

打开 WebRoot 下 WEB-INF 文件夹的 web.xml 文件，添加 StudentManageServlet 的配置信息，代码如下：

```
<?xml version="1.0" encoding="UTF-8"?>
<web-app version="2.5"
    xmlns="http://java.sun.com/xml/ns/javaee"
    xmlns:xsi="http://www.w3.org/2001/XMLSchema-instance"
    xsi:schemaLocation="http://java.sun.com/xml/ns/javaee
    http://java.sun.com/xml/ns/javaee/web-app_2_5.xsd">
    ......
    <servlet>
        <servlet-name>StudentManageServlet</servlet-name>
        <servlet-class>com.hbsi.controller. StudentManageServlet</servlet-class>
</servlet>
    ......
    <servlet-mapping>
        <servlet-name>StudentManageServlet</servlet-name>
        <url-pattern>/studentManage</url-pattern>
   </servlet-mapping>
   ......
</web-app>
```

8. 部署运行项目

部署运行项目，在地址栏中输入“http://localhost:8080/jygl/public/login.jsp”，进入登录页面，单击注册新用户超链接，注册学生用户，注册用户成功后，进入学生个人信息添加页面，页面运行效果如图 5-7 所示。

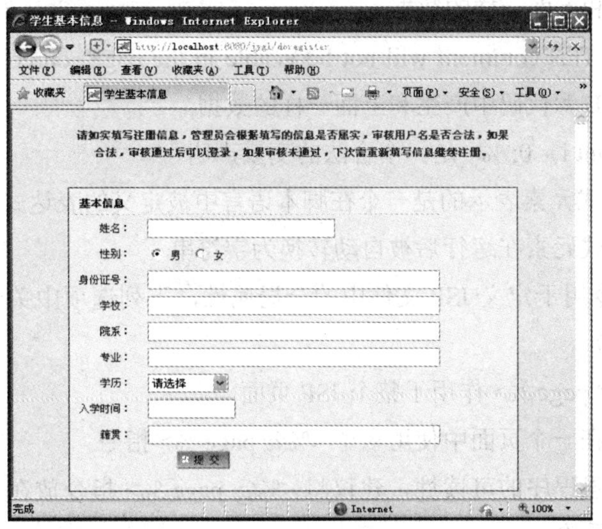

图 5-7　学生注册个人信息页面

5.3　本 章 小 结

JSP 技术为创建动态的 Web 页面提供了一个简捷的方式，JSP 技术包含了所有的静态页面呈现技术 HTML 内容，另外，又增加了自己特有的一些元素，可以实现 Web 页面动态数据的展示，为 Web 项目的开发提供了足够的支持。

虽然用 JSP 页面实现了登录的页面，但是，实现业务功能的代码以及和数据库建立连接的代码都编写在 JSP 页面中会使 JSP 难以维护，也为开发人员增加了负担，如何改进才能更好地发挥效率呢？

5.4　课 后 实 训

1. 单项选择题

（1）一个 JSP 页面经过编译之后，将创建一个（　　）文件。

A. applet　　B. servlet　　C. application　　D. exe

（2）下面（　　）不是 JSP 本身已加载的基本类。

A. java.lang.*　　B. java.io.*
C. javax.servlet.*　　D. javax.servlet.jsp.*

（3）下列说法中错误的是（　　）。

A. <!-- This file displays the user login screen --> 会在客户端的 HTML 源代码中产生和上面一样的数据

B. <%-- This comment will not be visible in the page source --%> 会在客户端的 HTML 源代码中产生和上面一样的数据

C. <%! int i = 0; %> 是一个合法的变量声明

D. 表达式元素表示的是一个在脚本语言中被定义的表达式

E. 表达式元素在运行后被自动转换为字符串

（4）page 指令用于定义 JSP 文件中的全局属性，下列选项中关于该指令用法的描述不正确的是（　　）。

A. <%@ page %> 作用于整个 JSP 页面

B. 可以在一个页面中使用多个 <%@ page %> 指令

C. 为增强程序的可读性，建议将 <%@ page %> 指令放在 JSP 文件开头，但不是必需的

D. <%@ page %> 指令中的属性只能出现一次

（5）下面关于 page 指令说法中错误的是（　　）。

A. page 指令用来定义 JSP 页面中的全局属性

B. 一个 JSP 页面只能包含一个 page 指令

C. 除了 import 外，其他 page 指令定义的属性 / 值只能出现一次

D. language 属性用来指示所使用的语言，“java”是当前唯一可用的 JSP 语言

（6）在 JSP 中，page 指令的（　　）属性用来引入需要的包或类。

A. extends　　B. import
C. language　　D. contentType

（7）对于预定义 <%! 预定义 %> 的说法错误的是（　　）。

A. 一次可声明多个变量和方法，只要以“;”结尾就行

B. 一个声明仅在一个页面中有效

C. 声明的变量将作为局部变量

D. 在预定义中声明的变量将在 JSP 页面初始化时初始化

（8）在 JSP 中，以下（　　）指令是用于将文件嵌入 JSP 页面的。

A. page　　B. forward　　C. include　　D. taglib

（9）以下对于声明 <%! 声明 %> 的说法错误的是（　　）。

A. 一次可声明多个变量和方法，只要以“;”结尾就行

B．一个声明仅在一个页面中有效

C．声明的变量将作为局部变量

D．在声明中声明的变量将在 JSP 页面初始化时初始化

（10）在 JSP 中，要定义一个方法，需要用到以下（　　）元素。

A．<%= %>　　B．<% %>　　C．<%! %>　　D．<%@ %>

（11）在 JSP 中，有一行代码：<%="2"+"4"%>，这行代码将输出的结果是（　　）。

A．2+4　　B．6

C．24　　D．不会输出，因为表达式是错误的

（12）在 JavaEE 中，一个 test.jsp 文件如下，试图运行时，将发生（　　）情况。

```
<html>
  <% String str=null;%>
  str is <%="str"%>
</html>
```

A．转译期错误

B．编译期错误

C．运行后，浏览器上显示：str is null

D．运行后，浏览器上显示：str is str

（13）在 JSP 中，只有一行代码：<%=A+B%>，运行将输出（　　）。

A．A+B　　B．AB

C．113　　D．错误信息，因为表达式是错误的

2．多项选择题

（1）下列对于 JSP 说法中正确的是（　　）。

A．JSP 是 Sun 公司推出的新一代站点开发语言

B．JSP 完全解决了目前 ASP、PHP 的一个通病——脚本级执行

C．JSP 将内容的生成和显示进行分离

D．JSP 强调可重用的组件

E．JSP 采用标识简化页面开发

（2）下面关于 page 指令的属性说法错误的是（　　）。

A．import 属性用于指定导入哪些包

B．contenttype 属性用来指定 JSP 页面的字符编码和响应的 mime 类型

C．isthreadsafe 属性用来设定 JSP 文件是否能多线程使用

D．session 属性制定此页面是否参与 HTTP 会话。默认值为 false

E．errorpage 属性指示当前页面是否为其他页的 errorpage 目标

（3）下列说法中正确的是（　　）。

A．include 指令通知容器将当前的 JSP 页面中内嵌的、在指定位置上的资源内容包含

B．include 指令中 file 属性指定要包含的文件名

C．include 指令只允许包含动态页面

D．taglib 指令允许页面使用者自定义标签

E．必须在使用自定义标签之前使用 <% @ taglib %> 指令

（4）在 JavaEE 中，在 a.jsp 文件中的代码片断如下：

```
<%
    request.setAttribute("loginName","JACK");
%>
```

在 b.jsp 中的代码片断如下：

```
<%
String loginName=(String)request.getAttribute("loginName");
out.println(loginName);
%>
```

运行 a.jsp 时，要在浏览器上输出："JACK"。可以使用以下（　　）方法。

A．在 a.jsp 中使用 <form method=post action="b.jsp">，把请求提交到 b.jsp

B．在 a.jsp 中使用 <jsp:forward page="b.jsp">，把页面跳转到 b.jsp

C．在 a.jsp 中使用 <% response.sendRedirect("b.jsp");%>，把页面重定向到 b.jsp

D．在 a.jsp 中使用 <%@ include file="b.jsp" %>，包含页面 b.jsp

（5）在 JSP 文件中加载动态页面可以用（　　）指令。

A．<%@ include file="fileName" %>

B．<jsp:include><jsp:include> 指令 </jsp:include>

C．page

D．<jsp:forward><sp:forward> 指令 </jsp:forward>

E．taglib

3. 实践题

（1）描述 JSP 运行生命周期。

（2）根据所学内容，使用 JSP 技术实现学生就业管理系统的企业注册功能。

模块 6　使用 JSP 内置对象

在模块 5 中学习了 JSP 的基础知识，了解了 JSP 页面基本组成元素的使用方法以及 JSP 页面运行的生命周期，我们知道，JSP 页面在初次被请求时，在服务器的容器中会首先生成一个对应的 Servlet 类，打开这个类会看到，在类体中有一些对象被创建，在使用 JSP 页面脚本元素过程中会用到这些对象，这些对象是 JSP 页面的内置对象，本模块介绍 JSP 内置对象的分类及使用方法。

学习目标

■ 【知识目标】

1. 能描述 JSP 内置对象分类
2. 熟悉 JSP 输入 / 输出内置对象的属性和方法
3. 能描述 JSP 作用域范围
4. 熟悉 JSP 作用域通信内置对象的属性和方法
5. 能描述 page、config、exception 内置对象的特点和方法

■ 【技能目标】

1. 学会 JSP 输入 / 输出内置对象的使用方法
2. 能使用内置对象实现页面优化
3. 学会 JSP 作用域通信内置对象的使用方法
4. 能使用作用域通信对象实现页面
5. 学会 page、config、exception 内置对象的使用方法

6.1　任务 1——使用 JSP 内置对象实现用户登录页面

6.1.1　任务描述

前面实现用户登录的页面是 html 页面，html 页面的缺陷是它是一个静态页面，不能动态显示一些信息，例如，当用户登录时如果输入信息不正确，原因是什么等，可以通过 JSP 元素内容获取由用户登录控制器 Servlet 传递过来的信息，动态显示到登录页面。

6.1.2 任务实施用到内置对象

为了方便和简化 JSP 页面的开发，在 JSP 技术中提供了 9 个隐含的内置对象供开发人员使用。内置对象的含义是指这些对象已经由 JSP 自动生成好了，开发人员在 JSP 页面中不用声明、构造就可以直接使用的对象。

JSP 页面中 9 个内置对象主要包括 out 对象、request 对象、response 对象、pageContext 对象、session 对象、application 对象、page 对象、config 对象和 exception 对象。每个内置对象的具体类型如表 6-1 所示。

表 6-1　内置对象列表

对 象 名 称	对 象 类 型
out	javax.servlet.jsp.JspWriter
request	javax.servlet.ServletRequest
response	javax.servlet.ServletResponse
session	javax.servlet.http.HttpSession
application	javax.servlet.ServletContext
config	javax.servlet.ServletConfig
page	java.lang.Object
pageContext	javax.servlet.jsp.PageContext
exception	java.lang.Throwable

这 9 个内置对象分为 4 个主要类别。

- 输入和输出对象：控制页面的输入和输出（request、response、out）。
- 作用域通信对象：检索与 JSP 页面的 Servlet 相关的信息（session、application、pageContext）。
- Servlet 对象：提供有关页面环境的信息（page、config）。
- 错误对象：处理页面中的错误（exception）。

下面分别介绍这些内置对象。

1. out 对象

out 对象的类型是 javax.servlet.jsp.JspWriter 类型，用来向客户端浏览器输出内容。调用这个对象的 println() 或者 print() 方法，就可将参数内容输出通过 Web 服务器传递到客户端的浏览器上。println() 方法会在送出数据之后进行换行，而 print() 方法不会换行。注意，这里换行指的是在 HTML 原始码中输出“\n”的换行字符，而不是输出
 标记进行换行。

例题 6-1　认识 out 对象的 println() 和 print() 方法输出各种类型的数据。

```
//testout1.jsp
<%@ page language="java" import="java.util.*" pageEncoding="utf-8"%>
```

```
<!DOCTYPE HTML PUBLIC "-//W3C//DTD HTML 4.01 Transitional//EN">
<html>
    <head>
        <title>out 对象应用实例 </title>
    </head>
    <body>
    <%
            out.print("welcome to www.hbsi.edu.cn");
            out.println("welcome to www.hbsi.edu.cn");
            out.println("<br> 输出字符串数据：");
            for (int i = 0; i < 5; i++) {
                out.println("<h4>Hello World!</h4>");
            }
            out.println(" 输出单个字符数据：");
            out.println('A');
            out.println("<br> 输出字符数组数据：");
            out.println(new char[] { 'a', 'v', 'b', 's' });
        %>
    </body>
</html>
```

例题 6-1 运行结果如图 6-1 所示。

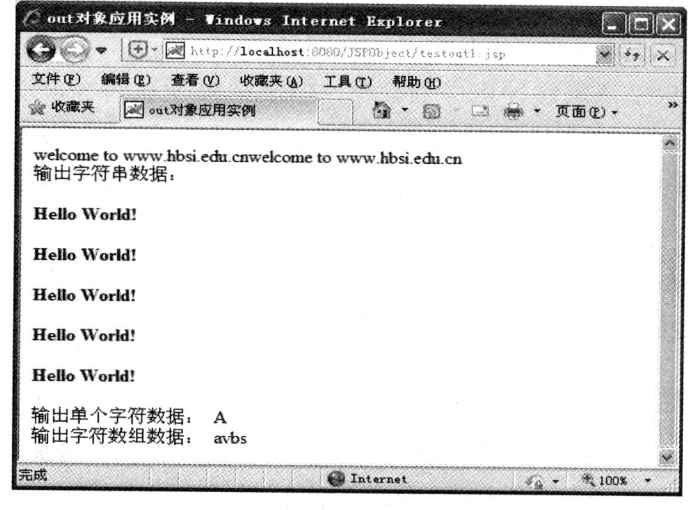

图 6-1　print() 方法和 println() 方法比较页面

out 对象具有缓冲功能，如果资源数目很多，每份资源很小，那么为了要取得完整的资源，将会花费很多通信时间在协议交互上，如果 out 对象不具有缓冲功能，则每一次 out.println() 就会直接将数据送出至客户端，那么单要完成一个完整网页的传送，就会花费不少的网络资源。每一个 JSP 页面默认都设有缓冲，可以使用 page 指令元素的 autoFlush 属性来设定是否使用缓冲功能。在 Tomcat 服务器上，默认为每个 JSP 页面设置 8192 字节的缓冲，在缓冲区还没有满之前，数据不会真正被送出至客户端，缓冲区满了，数据才会被送至客户端。

out 对象的其他重要方法如下。

- newLine()：用于输出一个换行符号，和 println() 方法一样，这种换行效果在页面上是看不出来的，需要查看源文件才能看到换行的效果。这个方法的主要作用是使 JSP 程序的输出结果换行，如果不是有这个方法或者 println() 方法，那么 JSP 程序的输出结果将乱作一团，都挤在一行中，这对于观察 JSP 程序的输出结果是十分不利的。有时，通过查看源代码观察 JSP 程序的输出结果可以知道 JSP 程序的运行状况，对调试程序十分有帮助，这时，如果这些输出结果能够适当分行显示，那就方便多了。
- flush()：用于强制输出服务器的输出缓冲区中的数据。如果 page 指令的 autoFlush 属性的值设为 true，那么 JSP 程序会把输出数据缓存在服务器的输出缓冲区中，直到程序结束或者缓冲区已经充满数据，服务器会自动把缓冲区中的数据都送到客户端。如果在 JSP 程序中使用了 flush() 方法，那么服务器不管缓冲区有没有充满，都将数据强制发送到客户端。如果 JSP 页面的 page 指令的 autoFlush 属性的值设为 false，那么需要显式调用 flush() 方法将数据送到客户端。
- close()：首先将缓冲区的数据强制输出到客户端，然后关闭对客户端的输出流。
- clearBuffer()：用于强制清除缓冲区中的数据，并且把数据写到客户端。如果缓冲区的内容为空，不会产生 IOException 错误。
- clear()：用于清除缓冲区中的数据，但不把数据写到客户端。clear() 方法和 clearBuffer() 方法不同的地方在于如果缓冲区内的数据为空，那么使用这个方法将会产生 IOException 异常，所以使用这个方法时，一定要使用 try 和 catch 块包住 close() 方法，以便随时捕捉可能发生的异常。
- getBufferSize()：使用该方法可以获得缓冲区的大小。缓冲区的大小是通过设定 page 指令的 buffer 属性来确定的。如果进行如下设置：

```
<%@page buffer="8kb" %>
```

那么此时 out.getBufferSize() 方法将返回 8。

- getRemaining()：可以获得缓冲区没有使用的剩余空间大小。
- isAutoFlush()：用于判断缓冲区是否自动刷新，返回值为布尔类型，当 page 指令的 autoFlush 属性值为真时，该方法返回 true，反之则返回 false。

例题 6-2 out 对象各种常用方法的使用。

```
//testout2.jsp
<%@ page language="java" import="java.util.*" pageEncoding="utf-8"%>
<!DOCTYPE HTML PUBLIC "-//W3C//DTD HTML 4.01 Transitional//EN">
```

```
<html>
    <head>
        <title>out 对象方法使用 </title>
    </head>
        <body>
            <%
                out.println("<br /> 缓冲区大小: ");
                out.println(out.getBufferSize());
                out.println("<br /> 缓冲区剩余空间大小: ");
                out.println(out.getRemaining());
                out.println("<br /> 是否自动刷新: ");
                out.println(out.isAutoFlush());
                out.flush();
                out.println("<br /> 调用 out.flush()");
                out.close();
                out.println(" 这一行信息不会输出！ ");
            %>
        </body>
  </html>
```

例题 6-2 运行结果如图 6-2 所示。

图 6-2　out 方法使用测试

从运行结果得到如下结论：

- 因为这时输出流已经关闭，所以最后一条语句“out.println(" 这一行信息不会输出！ ");”将不会在屏幕上产生输出。
- 在 JSP 文件的适当位置添加“out.println();”语句可以帮助进行程序的调试。

2. request 对象

request 对象的类型为 javax.servlet.http.HttpServletRequest，request 对象的用法和 Servlet

中的 HttpServletRequest 对象的用法一样。request 对象封装了客户端发出的请求，通过调用该对象相应的方法可以获取有关客户端请求的信息。例如，请求头、请求的类型、请求的参数等内容。request 对象的常用方法如下。

- Object getAttribute(String name)：获得由 name 指定的属性的值，如果该属性不存在，则返回 null。
- void setAttribute(String name, Object o)：设置由参数 name 指定的属性的属性值为 o。
- String getCharacterEncoding()：获得请求中的字符编码方式。
- int getContentLength()：获得内容的长度。
- Cookie[] getCookies()：返回客户端的 Cookie 对象，结果是一个 Cookie 数组。
- String getHeader(String name)：返回指定的请求消息头信息。
- String getServerName()：获得服务器的名字。
- int getServerPort()：获得服务器的端口号。
- String getParameter(String name)：获取客户端传送给服务器端的参数值。
- String[] getParameterValues(String name)：获取客户端传送给服务器端的参数值。
- Enumeration getParameterNames()：获取客户端提交的所有参数的名字。
- String getProtocol()：获取客户端向服务器传送数据使用的协议名称。
- String getServletPath()：获取客户端所请求的脚本文件的文件路径。
- String getMethod()：获取客户端向服务器传送数据的方法，GET|POST。
- String getRermoteAddr()：获取客户端的 IP 地址。
- String getRemoteHost()：获取客户端的计算机名称。
- HttpSession getSession()：返回和请求相关的 HttpSession 对象。
- HttpSession getSession(Boolean create)：返回和请求相关的 HttpSession 对象。
- String getQueryString()：获得查询字符串，该串由客户端 GET 方法向服务器传送。

例如，使用 request 对象获得用户提交的信息代码片段：

```
<%
    out.println(request.getParameter("userName"));
%>
```

 **注意：**

- 当 request 对象获取客户提交的汉字字符时，会出现乱码问题，必须进行特殊处理。首先，将获取的字符串用 ISO-8859-1 进行编码，并将编码存入一个字节数组中，然后再将这个字节数组转换为字符串对象即可，即：

```
<%
    String textContent=request.getParameter("userName");
    byte b[]=textContent.getBytes("ISO-8859-1");
```

```
        textContent=new String(b);
        out.println(textContent);
%>
```

- request 对象中的 getParameterNames() 方法的使用方法如下：

```
Enumeration enum = request.getParameterNames();
while(enum.hasMoreElements()){
    String s=(String)enum.nextElement();
    out.println(s);
}
```

例题 6-3　request 对象各种方法的功能及应用示例。

```
//testrequest.jsp
<%@ page language="java" import="java.util.*" pageEncoding="UTF-8"%>
<!DOCTYPE HTML PUBLIC "-//W3C//DTD HTML 4.01 Transitional//EN">
<html>
    <head><title>request 对象的使用 </title></head>
    <body>
        <h3 align="center">request 对象常用方法演示 </h3>
        <table border="1"  align="center">
            <tr>
                <td> 通信协议：</td>   <td><%=request.getProtocol() %></td>
                </tr>
                <tr>
                    <td> 请求方式：</td><td><%=request.getScheme() %></td>
                </tr>
                <tr>
                    <td> 服务器名称：</td><td><%=request.getServerName() %></td>
                </tr>
                <tr>
                    <td> 通信端口：</td><td><%=request.getServerPort() %></td>
                </tr>
                <tr>
                    <td> 客户端主机 IP：</td><td><%=request.getRemoteAddr() %></td>
                </tr>
                <tr>
                    <td> 客户端主机名：</td><td><%=request.getRemoteHost() %></td>
                </tr>
        </table>
    </body>
</html>
```

例题 6-3 代码的运行界面如图 6-3 所示。

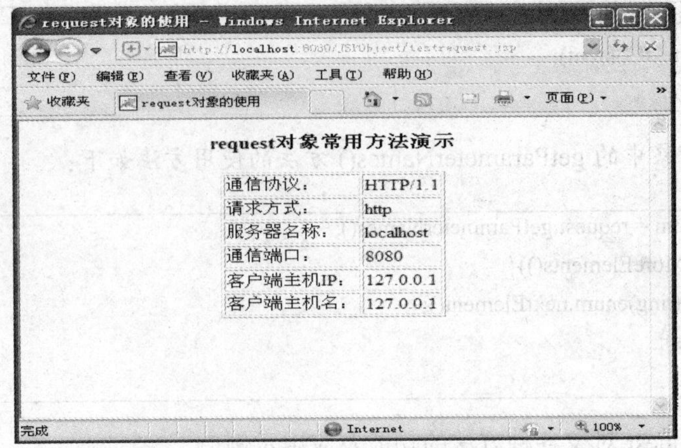

图 6-3　request 对象使用运行界面

3. response 对象

response 对象的类型为 javax.servlet.http.HttpServletResponse，response 对象封装服务器对客户端响应的内容，利用它来设定一些要返回给客户端的信息。response 对象的用法和 Servlet 中的 HttpServletResponse 对象的用法一样。常用方法如下。

- sendRedirect(URL)：在某些情况下，当响应客户时，需要将客户重新引导至另一个页面，可以使用 response 对象的 sendRedirect(URL) 方法实现客户的重定向。例如：

```
<% response.sendRedirect("index.jsp"); %>
```

- setContentType(String s)：动态改变 contentType 属性的值。参数 s 可取 text/html、application/x-msexcel、application/msword 等。

当一个用户访问一个 JSP 页面时，如果该页面用 page 指令设置页面的 contentType 属性的值为 text/html，JSP 引擎将按照这个属性值做出反应。如果要动态改变这个属性值来响应客户，就需要使用 response 对象的 setContentType() 方法来改变 contentType 的属性值。

- void addHeader(String name,String value)：添加 HTTP 响应消息头，该 header 将会传递到客户端。
- void setHeader(String name,String value)：设置由 name 指定的 HTTP 响应消息头值。
- boolean containsHeader(String name)：判断指定名字的 HTTP 响应消息头是否存在。
- void addCookie(Cookie cookie)：添加一个 Cookie 对象，用来保存客户端用户信息。
- String encodeURL(String url)：使用 sessionId 来封装 url。
- void flushBuffer()：强制将当前缓冲区的内容发送到客户端。
- int getBufferSize()：返回缓冲区的大小。
- ServletOutputStream getOutputStream()throws IOException：返回一个适合写二进制数据的输出流对象。

- PrintWriter getWriter()throws IOException：返回一个可以发送字符文本到客户端的输出流对象。

通过一个示例描述 response 对象的使用方法。

例题 6-4　使用 response 对象刷新页面。

```
//testresponse.jsp
<%@ page language="java" import="java.util.*" pageEncoding="UTF-8"%>
<!DOCTYPE HTML PUBLIC "-//W3C//DTD HTML 4.01 Transitional//EN">
<html>
    <head>
        <title>response 动态刷新页面 </title>
    </head>
    <body>
      <%
            response.setHeader("refresh","2");
            out.println(new Date().toLocaleString());
        %>
    </body>
</html>
```

例题 6-4 代码运行结果如图 6-4 所示，会发现页面上的时间每隔 2 秒刷新一次。

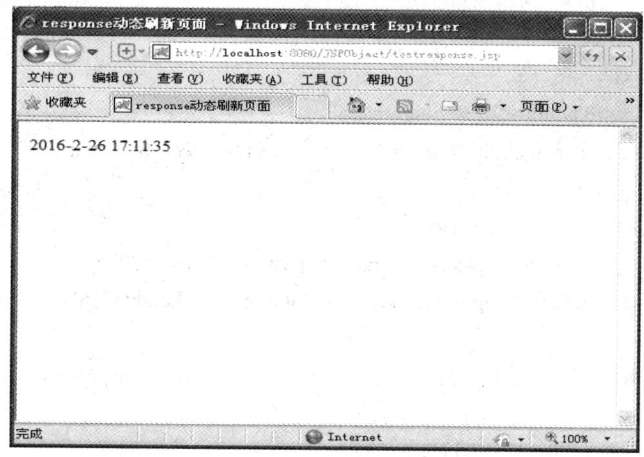

图 6-4　使用 response 动态刷新的运行界面

6.1.3　任务实现

1. 改写 login.html 页面文件为 JSP 页面 login.jsp

```
//login.jsp
<%@ page language="java" import="java.util.*" pageEncoding="utf-8"%>
```

```
<!DOCTYPE HTML PUBLIC "-//W3C//DTD HTML 4.01 Transitional//EN">
<html>
  <head>
    <meta http-equiv="Content-Type" content="text/html; charset=utf-8" />
    <title> 网站管理员登录 </title>
    <link href="/jygl/css/skin.css" rel="stylesheet" type="text/css">
  </head>
  <body>
      <table cellSpacing="0" cellPadding="0" width="350" border="0" align="center" >
        <tr><td height="150"> </td></tr>
        <tr>
          <td height="164" colspan="2" align="center">
            <span class="logintitle"> 为学堂学生就业信息管理系统 </span>
            <form action="/jygl/login" method="post" name="form1">
            <table cellSpacing=0 cellPadding=0 width=100% border="0" height=143>
              <tr>
                <td width="25%" height="38">
                  <span class="logintxt"> 用户名：   </span>
                </td>
                <td height="38" colspan="2" >
                 <input type="text" name="username" size="20" >
                </td>
              </tr>
              <tr>
                <td width="25%" height="35">
                   <span class="logintxt"> 密 码：    </span>
                </td>
                <td height="35" colspan="2">
                <input type="password" name="password" size="20">
                <img src="/jygl/images/luck.gif" width="19" height="18">
                </td>
            </tr>
            <tr>
              <td width="25%" height="35">
                      <span class="logintxt"> 用户身份：</span>
              </td>
              <td height="35" colspan="2">
                <input type="radio" value="student" name="usertypes" checked="checked">
                <span class="logintxt"> 学生 </span>  
                <input type="radio" value="company" name="usertypes">
                <span class="logintxt"> 企业 </span> 
                <input type="radio" value="admin" name="usertypes">
                <span class="logintxt"> 管理员 </span>
```

```
                </td>
            </tr>
            <tr>
                <td colspan="3">
                <%
                        Object obj=request.getAttribute("errorMsg");
                        if(obj!=null){
                %>
                <font color="red" style="font-size:12px">
                <%=String.valueOf(obj) %>
                </font>
                <% } %>
            </td>
            </tr>
            <tr>
                <td height="35"></td>
                <td width="20%" height="35" colspan="1">
                    <span style="color: #FF0000; font-size: 13px;"> </ span >
                </td>
                <td>
                    <a href="/jygl/public/register.jsp"> 新用户注册 </a>
                </td>
            </tr>
            <tr>
                <td height="35"> </td>
                <td width="20%" height="35">
                  <input name="Submit" type="submit" class="btn" value=" 登 录 ">
                </td>
                <td width="67%">
                  <input name="cs" type="reset" class="btn"  value=" 取 消 " >
                </td>
            </tr>
        </table>
      </form>
    </td>
    </tr>
  </table>
 </body>
</html>
```

2. 部署项目，运行测试效果

在地址栏中输入地址“http://localhost:8080/jygl/public/login.jsp”，显示登录页面如

图 6-5 所示。

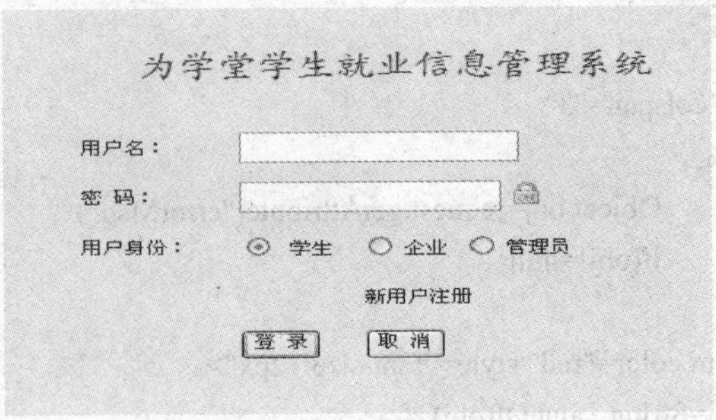

图 6-5　用户登录页面

6.2　任务 2——使用 JSP 内置对象实现管理员用户登录后首页面

6.2.1　任务描述

用户登录后，需要在应用程序中记录登录用户的信息，跟踪用户的操作，要实现这些功能，需要使用作用域通信对象来实现，本次任务介绍使用 JSP 的作用域通信对象以及 Servlet 对象实现用户登录后的首页面。

6.2.2　实现任务所需的内置对象

1. session 对象

session 对象的类型为 HttpSession，封装了属于客户会话的所有信息，其用法和 Servlet 中的用法完全一样。从一个客户打开浏览器并连接到服务器开始，到客户关闭浏览器离开这个服务器结束，被称为一个会话。在一次会话中，访问同一个 Web 应用中的 Servlet 和 JSP 页面时，所使用的 session 是同一个会话对象。

session 对象的常用方法如下。

- Object getAttribute(String name)：获得指定名字的属性的属性值。
- void setAttribute(String key,Object obj)：将参数 Object 指定的对象 obj 添加到 Session 对象中，并为添加的对象指定一个索引关键字。
- void removeAttribute(String name)：删除指定属性的属性值和属性名。
- long getCreationTime()：返回 session 对象的创建时间。
- String getId()：返回当前 session 对象的编号。

- long getLastAccessedTime()：返回当前 session 对象最后一次被操作的时间。
- int getMaxInactiveInterval()：获得 session 对象的生存时间。
- void invalidate()：注销当前的 session。
- boolean isNew()：判断是否是一个新的 session。

通过使用 session 对象记录表单信息的例题认识一下 session 的使用。

例题 6-5　使用 session 对象记录。

（1）在项目 JSPObject 的 WebRoot 文件夹下创建登录页面 login.jsp，代码如下：

```
//login.jsp
<%@ page language="java" import="java.util.*" pageEncoding="UTF-8"%>
<!DOCTYPE HTML PUBLIC "-//W3C//DTD HTML 4.01 Transitional//EN">
<html>
    <head>
        <title> 用户登录 </title>
    </head>
    <body>
        <form method="post" action="loginresult.jsp">
            <p> 用户名：<input type="text" name="userName" size="18" /></p>
            <p> 密码：<input type="text" name="password" size="20"/></p>
            <p>
                <input type="submit" name="ok" value=" 提交 " />
                <input type="reset" name="cancel" value=" 重置 " />
            </p>
        </form>
    </body>
</html>
```

（2）在项目 JSPObject 的 WebRoot 文件夹下创建一个 JSP 页面 loginresult.jsp 用来处理登录信息，代码如下：

```
//loginresult.jsp
<%@ page language="java" import="java.util.*" pageEncoding="UTF-8"%>
<!DOCTYPE HTML PUBLIC "-//W3C//DTD HTML 4.01 Transitional//EN">
<html>
    <head>
        <title>session 应用的演示 </title>
    </head>
    <body>
        <%
            request.setCharacterEncoding("utf-8");
            String userName = request.getParameter("userName");
            String password = request.getParameter("password");
```

```
                if (userName != null && password != null) {
                    if (userName.equals("admin") && password.equals("123")) {
                        session.setAttribute("login", "ok");
                        session.setAttribute("userName", userName);
                        response.sendRedirect("welcome.jsp");
                    } else {
            %>
            <h2> 登录错误，请输入正确的用户名和密码！ </h2>
            <%
                    }
                }
            %>
        </body>
    </html>
```

（3）在项目 JSPObject 的 WebRoot 文件夹下创建 welcome.jsp，查看 session 中封装的属性信息，代码如下：

```
<%@ page language="java" import="java.util.*" pageEncoding="UTF-8"%>
<!DOCTYPE HTML PUBLIC "-//W3C//DTD HTML 4.01 Transitional//EN">
<html>
    <head><title> 欢迎光临 </title></head>
    <body>
        <%
            String strLogin = (String) session.getAttribute("login");
            String userName = (String) session.getAttribute("userName");
            if (strLogin == null) {
        %>
        <h2> 请先登录，谢谢！ </h2>
        <h2>5 秒钟后，自动跳转到登录页面！ </h2>
        <%
            response.setHeader("refresh", "5;URL=login.jsp");
        } else {
            if (strLogin.equals("ok")) {
        %>
        <h2><%=userName%> 欢迎进入我们的网站！ </h2>
        <%}else{ %>
        <h2> 用户名或密码错误，请重新登录 </h2>
        <h2>5 秒钟后，自动跳转到登录页面！ </h2>
        <%
                response.setHeader("refresh", "5;URL=login.jsp");
            }
        }
        %>
```

```
    </body>
</html>
```

（4）启动服务器后部署运行项目测试结果。

在地址栏中输入“http://localhost:8080/JSPObject/login.jsp”，运行结果如图 6-6 所示。

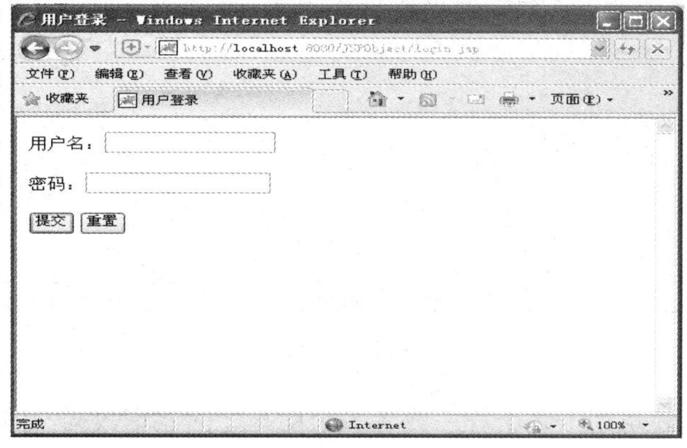

图 6-6　login.jsp 登录页面

输入用户名“admin”和密码“123”，单击“提交”按钮，由 loginresult.jsp 进行用户名和密码合法性判断后，如果用户名和密码正确，则进入欢迎页面，如图 6-7 所示。如果用户名或密码不正确，则显示“登录错误，请输入正确的用户名和密码！”提示信息。

图 6-7　登录成功页面

如果不从登录页面 login.jsp 登录，而是直接在浏览器的地址栏中输入“http://localhost:8080/ch6/welcome.jsp”，这时由于 session 中 login 的值为空，因此提示用户要先登录，并自动跳转到登录页面，如图 6-8 所示。

2. application 对象

application 对象的类型是 javax.servlet.ServletContext，通过 application 对象可以获得和当前 Web 应用程序相关的信息。例如，Web 服务器运行信息、Servlet 路径和 context 初始变量值等。

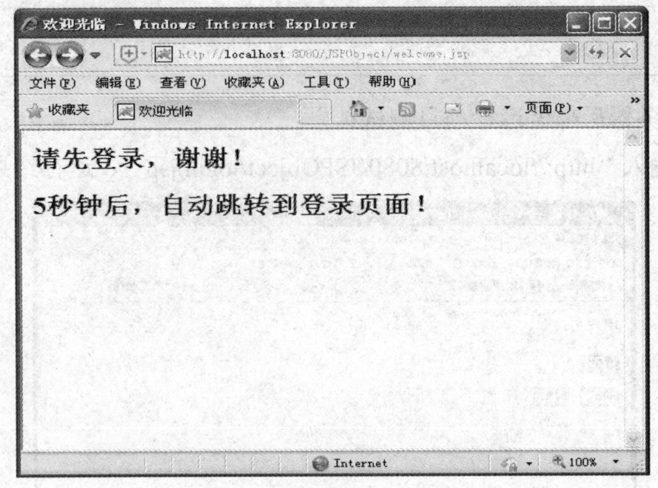

图 6-8　直接进入 welcome.jsp

application 对象还可用于多个程序或者多个用户之间共享数据，因为对于一个容器而言，每个用户都共用一个 application 对象。服务器启动后就产生了这个 application 对象，当客户在该网站的各个页面之间浏览时，这个 application 对象都是同一个，直到服务器关闭。但是与 session 对象不同的是，所有客户的 application 对象都是同一个，即所有客户共享这个内置的 application 对象。application 对象的常用方法如下。

- Object getAttribute(String name)：返回 application 对象中指定属性的值。
- void setAttriute(String name,Object obj)：设置 application 对象中指定属性的值。
- Enumeration getAttributeNames()：返回 application 对象中所有属性的名字。
- void removeAttribute(String name)：删除 application 对象中指定的属性。
- String getInitParameter(String name)：返回 application 对象中指定的初始化参数的值。
- String getServerInfo()：返回 JSP（Servlet）引擎名及版本号。
- ServletContext getContext(String uri)：返回指定 Web 应用程序的 application 对象。

使用例题来熟悉 application 的使用。

例题 6-6　使用 application 制作站点计数器。

在项目 JSPObject 的 WebRoot 文件夹下创建 count.jsp，查看 application 中封装的属性信息，代码如下：

```
//count.jsp
<%@ page language="java" import="java.util.*" pageEncoding="UTF-8"%>
<!DOCTYPE HTML PUBLIC "-//W3C//DTD HTML 4.01 Transitional//EN">
<html>
    <head><title>application 计数器 </title></head>
    <body>
        <center>
```

```
            <font size="5" color="blue">application 计数器 </font>
        </center>
        <hr />
        <%
            String strNum = (String) application.getAttribute("num");
            int num = 1;
            if (strNum != null) {
                num = Integer.parseInt(strNum) + 1;
            }
            application.setAttribute("num", String.valueOf(num));
        %> 访问次数：
        <font color="red"><%=num%> </font>
    </body>
</html>
```

启动服务器，在浏览器地址栏中输入“http://localhost:8080/JSPObject/count.jsp”。运行结果如图 6-9 所示。

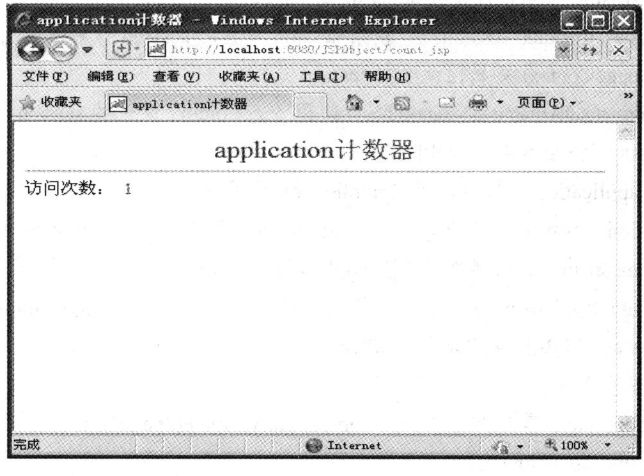

图 6-9　count.jsp 的运行结果

刷新页面会发现访问次数会依次发生变化。

3. pageContext 对象

pageContext 对象类型是 javax.servlet.jsp.PageContext，该对象代表页面上下文，主要用于访问页面共享数据。pageContext 也可以用来设置 request、session、application 范围的属性。

例题 6-7　pageContext 对象的使用示例。

在项目 JSPObject 的 WebRoot 文件夹下创建 testpgcontext.jsp，查看 pageContext 中封装的属性信息，代码如下：

```
//testpgcontext.jsp
<%@ page language="java" import="java.util.*" pageEncoding="UTF-8"%>
<!DOCTYPE HTML PUBLIC "-//W3C//DTD HTML 4.01 Transitional//EN">
<html>
    <head>
        <title>pageContext 对象的使用 </title>
    </head>
    <body>
     <%
        // 使用 pageContext 设置属性，该属性默认在 page 范围内
        pageContext.setAttribute("page", " 使用 pageContext 设置的 page 作用域属性 page") ;
        // 使用 request 设置属性，该属性默认在 request 范围内
        request.setAttribute("request1", " 使用 request 设置的 request 作用域属性 reqeust1");
        // 使用 pageContext 将属性设置在 request 范围中
        pageContext.setAttribute("request2"," 使用 pageContext 设置的 request 作用域属性 request2",
        pageContext.REQUEST_SCOPE);
        // 使用 session 将属性设置在 session 范围中
        session.setAttribute("session1", " 使用 session 设置的 session 作用域属性 session1");
        // 使用 pageContext 将属性设置在 session 范围中
        pageContext.setAttribute("session2" , " 使用 pageContext 设置的 session 作用域属性 session2",
        pageContext.SESSION_SCOPE);
        // 使用 application 将属性设置在 application 范围中
        application.setAttribute("app1", " 使用 application 设置的 application 作用域属性 app1") ;
        // 使用 pageContext 将属性设置在 application 范围中
        pageContext.setAttribute("app2", " 使用 pageContext 设置的 application 作用域属性 app2",
        pageContext.APPLICATION_SCOPE);
        // 以此获取各属性所在的范围
        out.println("page 属性值 =" + pageContext.getAttribute("page")) ;
        out.println("<br><br>");
        out.println("request1 属性值 =" +request.getAttribute("request1"));
        out.println("<br><br>");
        out.println("request2 属性值 ="+request.getAttribute("request2"));
        out.println("<br><br>");
        out.println("session1 属性值 =" +session.getAttribute("session1"));
        out.println("<br><br>");
        out.println("session2 属性值 =" +session.getAttribute("session2")) ;
        out.println("<br><br>");
        out.println("app1 属性值 ="+application.getAttribute("app1"));
        out.println("<br><br>");
        out.println("app2 属性值 =" +application.getAttribute("app2") );
        out.println("<br><br>");
     %>
```

```
    </body>
</html>
```

上面的 JSP 页面使用 pageContext 对象多次设置属性，在设置属性时，如果没有指定属性存在的范围，则属性默认在 page 范围内；如果指定了属性所在的范围，则属性可以被存放在 application、session、request 等范围中。

启动服务器，在浏览器地址栏中输入“http://localhost:8080/JSPObject/testpgcontext.jsp”。运行结果如图 6-10 所示。

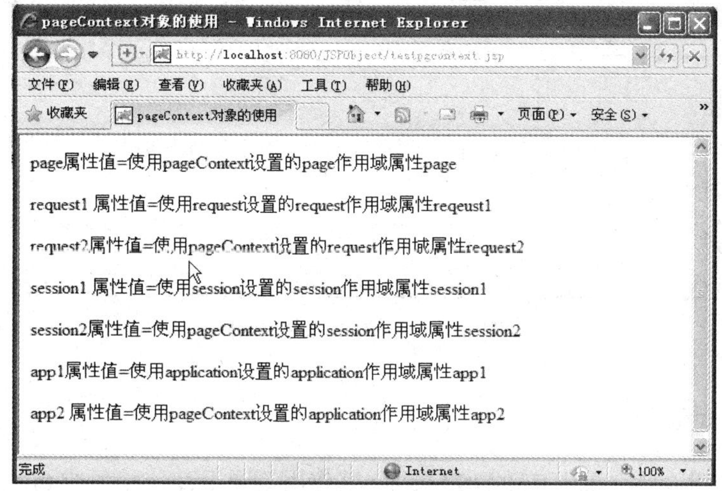

图 6-10 pageContext 对象的使用

4. config 对象

config 对象的类型为 javax.servlet.ServletConfig，它代表当前 JSP 配置信息，但 JSP 页面通常无须配置，因此也就不存在配置信息。该对象在 JSP 页面中非常少用，但在 Servlet 中则用处相对较大。因为 Servlet 需要配置在 web.xml 文件中，可以指定配置参数。关于 Servlet 的使用在模块 3 中已经介绍过，大家可以复习模块 3 的内容。

例题 6-8 在 JSP 页面中使用 config 的一个方法 getServletName()。

在项目 JSPObject 的 WebRoot 文件夹下创建 testconfig.jsp，代码如下：

```
//testconfig.jsp
<%@ page language="java" import="java.util.*" pageEncoding="utf-8"%>
<!DOCTYPE HTML PUBLIC "-//W3C//DTD HTML 4.01 Transitional//EN">
<html>
  <head>
    <title>config 对象测试 </title>
  </head>
  <body>
     输出 config 的 getServletName 的值为：<%=config.getServletName()%>
```

```
    </body>
</html>
```

启动服务器，在浏览器地址栏中输入“http://localhost:8080/JSPObject/testconfig.jsp”。运行结果如图 6-11 所示。

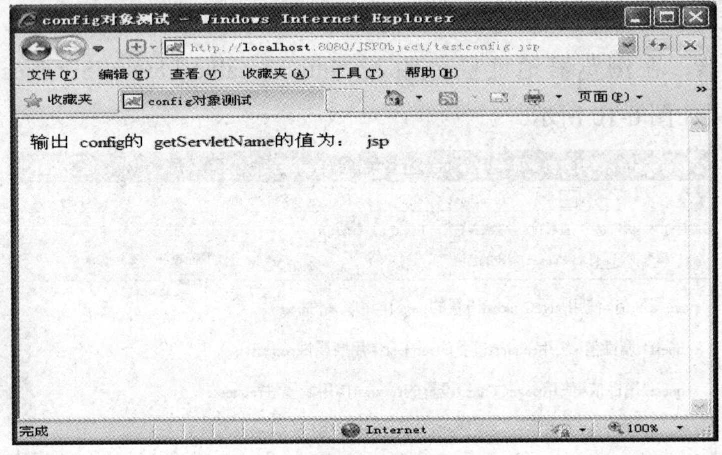

图 6-11 config 对象的使用

5. page 对象

page 对象代表的是当前所在的 JSP 页面，其作用等同于 Java 编程中 this 关键字的作用。

6. exception 对象

exception 对象是 Throwable 的实例，是 JSP 页面中可以专门集中处理异常的内置对象，通过 page 指令的设定，Web 应用中所有 JSP 页面所发生的异常都可以由指定的 JSP 页面处理，这个指定的 JSP 页面中就可以使用 exception 内置对象处理转发过来的异常。

使用 page 指令时，设定 errorPage 属性指定专门处理异常的 JSP 页面，而专门处理异常的 JSP 页面则设定 isErrorPage 属性为 true。专门处理异常的 JSP 页面中使用这个内置的 exception 对象。

例题 6-9 使用 exception 对象的实例。

在项目 JSPObject 的 WebRoot 文件夹下创建 testexception.jsp，代码如下：

```
//testexception.jsp
<%@ page language="java" import="java.util.*" pageEncoding="utf-8" %>
<-- 通过 errorPage 属性指定异常处理页面 -->
<%@ page errorPage="error.jsp" %>
<!DOCTYPE HTML PUBLIC "-//W3C//DTD HTML 4.01 Transitional//EN">
<html>
    <head>
```

```
        <title> 异常处理测试 </title>
    </head>
    <body>
        <%
            int a= 6/0;
        %>
    </body>
</html>
```

在项目的 WebRoot 下新建一个 JSP 页面 error.jsp。error.jsp 中通过 <%@page%> 指令元素的 isErrorPage 属性指定该页面为专门处理异常的页面。在该页面中可以使用 JSP 的内置对象 exception。

```
//error.jsp
<%@ page language="java"  import="java.util.*" pageEncoding="utf-8" isErrorPage="true" %>
<!DOCTYPE HTML PUBLIC "-//W3C//DTD HTML 4.01 Transitional//EN">
<html>
    <head>
        <title> 异常处理 </title>
    </head>
    <body>
        网页发生异常信息：<%=exception %>
    </body>
</html>
```

<%=exception%> 代码只能显示简单的异常信息，如果想要查看异常的具体信息，可以通过 exception.printStackTrace(new PriintWriter(out)) 显示发生异常的堆栈信息。

启动服务器，在浏览器地址栏中输入“http://localhost:8080/JSPObject/ testexception.jsp”。运行结果如图 6-12 所示。

图 6-12　异常对象的使用测试

6.2.3 任务实现

1. 改写 LoginServlet.java 类

```
//LoginServlet.java
package com.hbsi.controller;
import java.io.IOException;
import javax.servlet.RequestDispatcher;
import javax.servlet.ServletException;
import javax.servlet.http.HttpServlet;
import javax.servlet.http.HttpServletRequest;
import javax.servlet.http.HttpServletResponse;
import javax.servlet.http.HttpSession;
import com.hbsi.bean.User;
import com.hbsi.dao.UserDao;
import com.hbsi.dao.service.UserDaoImpl;
public class LoginServlet extends HttpServlet {
    public void doPost(HttpServletRequest request, HttpServletResponse response)
            throws ServletException, IOException {
        // 获取当前 HttpSession 对象
        HttpSession session=request.getSession();
        // 提取用户提交的表单数据
        String name=request.getParameter("username");
        String password=request.getParameter("password");
        String usertypes=request.getParameter("usertypes");
        // 根据提取的用户输入值，构造一个 User 对象
        User user=new User();
        // 用提取的表单数据设置 user 对象的属性值
        user.setUsername(name);
        user.setPassword(password);
        user.setUsertypes(usertypes);
        // 创建 UserDao 对象，用来查询用户在数据库中是否存在
        UserDao ud=new UserDaoImpl();
        User u=ud.lookUser(user);
        // 如果用户在数据库中存在，那么对象 u 的 usertypes 属性值不是 error
        if(u.getUsertypes().equals("error")){// 说明用户不存在
            // 在请求对象中设置属性值
            request.setAttribute("errorMsg", " 用户名或密码不存在 ");
            // 转发回登录页面
            this.gotoPage("public/login.jsp", request, response);
        }else{// 用户存在
```

```
                if(u.getVerify().equals("1")){
                    request.setAttribute("errorMsg", " 用户未激活，请联系管理员 ");
                    this.gotoPage("public/login.jsp", request, response);
                }
                if(u.getVerify().equals("2")){// 说明用户经过了审核
                    // 把当前用户封装到 session 属性中
                    session.setAttribute("user", u);
                    // 判断用户身份
                    if(u.getUsertypes().equals("admin")){
                        // 如果是管理员，进入管理员主页面
                        this.gotoPage("admin/index.jsp", request, response);
                    }
                    if(u.getUsertypes().equals("student")){
                        // 如果是学生，进入学生主页面
                        this.gotoPage("stu/stuIndex.jsp", request, response);
                    }
                    if(u.getUsertypes().equals("company")){
                        // 如果是企业，进入企业主页面
                        this.gotoPage("company/companyIndex.jsp", request,response);
                    }
                }
              if(u.getVerify().equals("3")){// 说明用户经过审核未通过
              request.setAttribute("errorMsg", " 用户审核未通过，请重新注册，如实填写信息 ");
                  this.gotoPage("public/login.jsp", request, response);
              }
          }
      }
      // 定义方法用来请求转发到某个 url
      private void gotoPage(String url,HttpServletRequest request, HttpServletResponse response)
              throws ServletException, IOException {
          RequestDispatcher dispatcher=request.getRequestDispatcher(url);
          dispatcher.forward(request, response);
      }
}
```

2. 编写管理员首页面 index.jsp 文件及其相关文件

（1）在 WebRoot 文件夹下新建文件夹 admin，在 admin 下新建 index.jsp 文件，代码如下：

```
//index.jsp
<%@ page language="java" import="java.util.*" pageEncoding="utf-8"%>
<!DOCTYPE HTML PUBLIC "-//W3C//DTD HTML 4.01 Transitional//EN">
<html>
  <head>
```

```
    <title> 管理员首页面 </title>
  </head>
    <frameset rows="64,*" frameborder="no" border="0" framespacing="0">
      <frame src="/jygl/public/top.jsp"  name="top" noresize="noresize" frameborder="0" scrolling="no"
marginwidth="0"  marginheight="0" />
      <frameset cols="200,*" >
          <frame src="/jygl/admin/left.jsp" name="left" noresize="noresize" frameborder="0"
scrolling="no" marginwidth="0"  marginheight="0" >
          <frame src="/jygl/public/right.jsp" name="main" noresize="noresize" frameborder="0"
marginwidth="0"  marginheight="0" >
      </frameset>
    </frameset>
  </html>
```

（2）创建左导航菜单，在项目 WebRoot 下的 admin 文件夹下新建 left.jsp 文件，代码如下：

```
//left.jsp
<%@ page language="java" import="java.util.*" pageEncoding="utf-8"%>
<!DOCTYPE HTML PUBLIC "-//W3C//DTD HTML 4.01 Transitional//EN">
<html>
  <head>
    <title> 导航菜单 </title>
    <link rel="stylesheet"  type="text/css"  href="/jygl/css/leftmenu.css" />
  </head>
  <body>
    <table width="100%" height="319" border="0" cellpadding="0" cellspacing="0" bgcolor=
"#EEF2FB">
      <tr>
        <td width="182"  valign="top">
          <div id="container">
            <h1 class="type"><a href="javascript:void(0)" > 管理员管理导航 </a></h1>
            <div class="content">
              <ul class="menuitem">
                <li>
                  <a href="/jygl/public/right.jsp"  target="main"> 首页 </a>
                </li>
                <li>
                  <a href="/jygl/userManage?action=list" target="main"> 用户管理 </a>
                </li>
                <li>
                  <a href="/jygl/public/register.jsp" target="main"> 添加学生信息 </a>
                </li>
                <li>
```

```
                <a href="/jygl/studentManage?action=studentlist" target="main">
                管理学生信息
                </a>
              </li>
              <li>
                <a href="/jygl/public/register.jsp"  target="main"> 添加企业信息 </a>
              </li>
              <li>
                <a href="/jygl/companyManage?action=companylist"  target="main">
                管理企业信息
                </a>
              </li>
              <li>
                <a href="/jygl/recruitManage?action=recruitlist"  target="main">
                管理招聘信息
                </a>
              </li>
              <li>
                <a href="/jygl/admin/publishEmployment.jsp" target="main">
                发布就业信息
                </a>
              </li>
              <li>
                  <a href="/jygl/employmentManage?action=list"  target="main">
                  管理就业信息
                  </a>
              </li>
              <li>
               <a href="/jygl/messageManage?action=list" target="main"> 留言管理 </a>
              </li>
            </ul>
          </div>
        </div>
      </td>
    </tr>
  </table>
 </body>
</html>
```

（3）在项目 WebRoot 下的 public 文件夹下新建 right.jsp 文件，代码如下：

```
//right.jsp
<%@ page language="java" import="java.util.*" pageEncoding="utf-8"%>
<!DOCTYPE HTML PUBLIC "-//W3C//DTD HTML 4.01 Transitional//EN">
```

```
<link href="/jygl/css/rightstyle.css" rel="stylesheet" type="text/css" />
<body>
<table width="100%" border="0" cellpadding="0" cellspacing="0">
  <tr>
    <td width="17" valign="top" background="/jygl/images/mail_leftbg.gif">
     <img src="/jygl/images/left-top-right.gif" width="17" height="29" />
    </td>
    <td valign="top" background="/jygl/images/content-bg.gif">
      <table width="100%" height="31" border="0" cellpadding="0" cellspacing="0" class="toptb" >
      <tr>
        <td height="31">
          <div class="txttitle"> 欢迎界面 </div>
        </td>
      </tr>
      </table>
    </td>
    <td width="16" valign="top" background="/jygl/images/mail_rightbg.gif">
      <img src="/jygl/images/nav-right-bg.gif" width="16" height="29" />
    </td>
  </tr>
  <tr>
    <td valign="middle" background="/jygl/images/mail_leftbg.gif"> </td>
    <td valign="top" bgcolor="#F7F8F9">
      <table width="98%" border="0" align="center" cellpadding="0" cellspacing="0">
      <tr>
        <td valign="top"> </td>
        <td valign="top"> </td>
      </tr>
      <tr>
        <td valign="top" width="50%">
          <span class="txtlogo"> 为学堂学生管理系统 V1.0</span>
          <span class="txtright">
            <p>
            在不受地点、时间限制的情况下，通过有线上网或其他上网方式，借助 Internet 这一强大、方便的工具，管理员可以轻松完成毕业生信息、单位信息、留言信息以及发布就业动态信息等系统管理工作。
            </p>
            <p>
            毕业生可以在异地实时更新和维护个人信息、通信信息、求职信息，这样不仅方便了用人单位的远程查询毕业生本人的真实信息，而且也确保了信息的真实有效性。
            </p>
            <p>
            企业可以通过网络更新和维护单位信息，发布招聘信息，及时查看学生投递的简历，为企业招聘英才提供了便利。
            </p>
```

```
        </span>
      </td>
      <td valign="top" >
      <table width="100%" height="350" border="0" cellpadding="0" cellspacing="0" class= "linetable">
        <tr>
          <td width="7%" height="27" background="/jygl/images/news-title-bg.gif">
          <img src="/jygl/images/news-title-bg.gif" width="2" height="27"></td>
          <td width="93%" background="/jygl/images/news-title-bg.gif" class="td1">
            程序说明
          </td>
        </tr>
        <tr>
          <td width="7%" height="300" valign="top" class="td2">
           </td>
          <td width="93%" height="300" valign="top">
            <div class="txtright">
              <p> 一、专业的学校、培训中心建站首选方案！ </p>
              <p> 二、全站一号通，一次注册，终身使用，一个账号，全站通用！ </p>
              <p> 三、分类信息、企业展示（招聘企业）、在线招聘、投递简历、发布职位、
就业信息几大栏目完美整合。
              </p>
              <p> 四、界面设计精美，后台功能强大。</p>
            </div>
          </td>
        </tr>
        <tr>
          <td height="5" colspan="2"> </td>
        </tr>
      </table>
      </td>
    </tr>
    <tr>
      <td height="40" colspan="4">
      <table width="100%" height="1" border="0" cellpadding="0" cellspacing="0" bgcolor=
"#CCCCCC">
        <tr>
          <td></td>
        </tr>
      </table></td>
    </tr>
    <tr>
      <td colspan="2" class="txtright">
            <img src="/jygl/images/icon-mail2.gif" width="16" height="11"> 客户服务邮箱：admin@
163.com<br>
            <img src="/jygl/images/icon-phone.gif" width="17" height="14"> 官方网站：http://www.
hbsi.edu.cn
```

```
            </td>
          </tr>
        </table>
        </td>
        <td background="/jygl/images/mail_rightbg.gif"> </td>
    </tr>
    <tr>
        <td valign="bottom" background="/jygl/images/mail_leftbg.gif">
         <img src="/jygl/images/buttom_left2.gif" width="17" height="17" />
        </td>
        <td background="/jygl/images/buttom_bgs.gif">
         <img src="/jygl/images/buttom_bgs.gif" width="17" height="17">
        </td>
        <td valign="bottom" background="/jygl/images/mail_rightbg.gif">
            <img src="/jygl/images/buttom_right2.gif" width="16" height="17" />
        </td>
    </tr>
  </table>
  </body>
```

（4）在 WebRoot 下的 css 文件夹中新建文件 rightstyle.css，代码如下：

```
//rightstyle.css
body {
        margin-left: 0px;
        margin-top: 0px;
        margin-right: 0px;
        margin-bottom: 0px;
        background-color: #EEF2FB;
}
.txttitle{
        font-size:12px;
        line-height:30px;
        font-weight:bold;
        color:#000000;
        background-image:url(/jygl/images/top_bt.jpg);
        background-repeat:no-repeat;
        display:block;
        text-indent:15px;
        padding-top:5px;
    }
 .txtlogo {
        font-family: 宋体, Arial;
        font-size: 14px;
        font-weight: bold;
        color: #395a7b;
```

```
}
.txtright{
    font-family: 宋体 ,Arial;
    font-size: 12px;
    text-align:left;
    line-height:30px;
    color: #666666;
    text-indent:24px;
}
.td1 {
    font-family: 宋体， Arial;
    font-size: 12px;
    line-height: 25px;
    font-weight: bold;
    color: #333333;
}
.td2{
    background-image:url(/jygl/images/t2bg1.gif);
    background-repeat:repeat-y;
}
```

（5）编写登录后首页面头部内容，在 public 文件夹下新建 top.jsp 文件，代码如下：

```
//top.jsp
<%@ page language="java" import="java.util.*" pageEncoding="utf-8"%>
<%@ page import="com.hbsi.bean.User"  %>
<!DOCTYPE HTML PUBLIC "-//W3C//DTD HTML 4.01 Transitional//EN">
<html>
  <head>
    <title>top</title>
    <style type="text/css">
      .tb{
        background-image:url(/jygl/images/top-right.gif);
        background-repeat:repeat-x;
      }
      .td{
        font-size:12px;
        color:#ffffff;
        height:38px;
        line-height:38px;
      }
    </style>
    <script type="text/javascript">
      function logout(){
        var flag=window.confirm(" 确定退出登录吗？ ");
        if(flag){
```

```
                top.location="exit.jsp";
            }
            return false;
        }
    </script>
</head>
<body>
    <table width="100%" height="64" border="0" cellspacing="0" cellpadding="0" class="tb">
        <tr>
            <td width="61%" height="64">
                <img alt="logo" src="/jygl/images/logo.gif" width="262" height="64">
            </td>
            <td width="39%" height="64" valign="top">
                <table width="100%" border="0" cellspacing="0" cellpadding="0">
                    <tr>
                        <td width="75%" height="38" class="td">
                            <%
                                User u=(User)session.getAttribute("user");
                                if(u.getUsertypes().equals("admin")){
                            %>
                            管理员
                            <%
                                }
                                if(u.getUsertypes().equals("student")){
                            %>
                            学生
                            <%
                                }
                                if(u.getUsertypes().equals("company")){
                                %>
                                公司
                                <% } %>
                                <%=u.getUsername() %> 您好，感谢登录使用！
                        </td>
                        <td>
                            <a href="#" target="_self" onClick="logout()">
                                <img src="/jygl/images/out.gif" width="46" height="20" border="0">
                            </a>
                        </td>
                    </tr>
                </table>
            </td>
        </tr>
    </table>
</body>
</html>
```

（6）编写 exit.jsp 文件

在 public 文件夹下新建 exit.jsp 文件，代码如下：

```
//exit.jsp
<%@ page language="java" import="java.util.*" pageEncoding="utf-8"%>
<!DOCTYPE HTML PUBLIC "-//W3C//DTD HTML 4.01 Transitional//EN">
<html>
  <head>
    <title>exit</title>
  </head>
  <body>
    <%
       session.invalidate();// 取消登录用户的会话
     %>
     <jsp:forward page="login.jsp"></jsp:forward>
  </body>
</html>
```

3. 部署运行项目，测试运行效果

部署项目，启动服务器，在地址栏中输入“http://localhost:8080/jygl/public/login.jsp”，打开登录页面输入管理员用户名和密码，选择管理员用户身份，单击“登录”按钮，登录成功会进入管理员首页面，如图 6-13 所示。

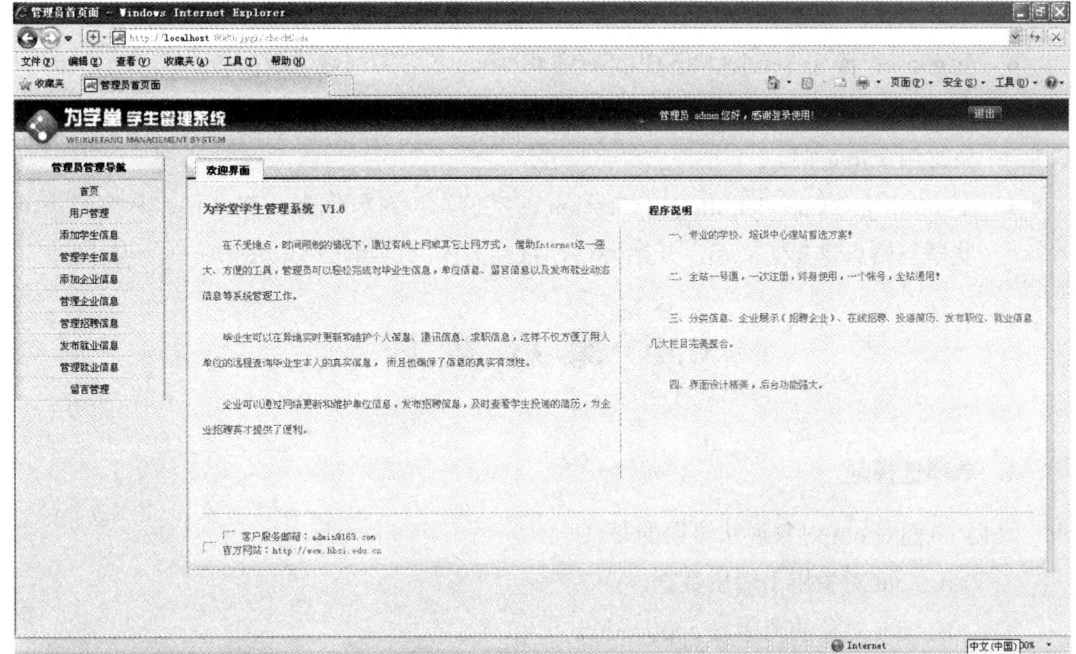

图 6-13　管理员登录首页面

6.3 本章小结

JSP 页面中包含 9 个内置对象，这 9 个内置对象都是 Servlet API 的类或者接口的实例，可以直接使用。这 9 个内置对象依次如下。

- application：javax.servlet.ServletContext 的实例，该实例代表 JSP 所属的 Web 应用本身，可用于 JSP 页面，或者 Servlet 之间交换信息。
- config：javax.servlet.ServletConfig 的实例，该实例代表该 JSP 的配置信息。
- exception：java.lang.Throwable 的实例，该实例代表其他页面中的异常和错误。只有当页面是错误处理页面，即编译指令 page 的 isErrorPage 属性为 true 时，该对象才可以使用。
- out：javax.servlet.jsp.JspWriter 的实例，该实例代表 JSP 页面的输出流，用于输出内容，形成 HTML 页面。
- page：代表该页面本身，也就是 Servlet 中的 this，其类型就是生成的 Servlet。
- pageContext：javax.servlet.jsp.PageContext 的实例，该对象代表该 JSP 页面上下文，使用该对象可以访问页面中的共享数据。
- request：javax.servlet.http.HttpServletRequest 的实例，该对象封装了一次请求，客户端的请求参数都被封装在该对象中。这是一个常用的对象，获取客户端请求参数必须使用该对象。
- response：javax.servlet.http.HttpServletResponse 的实例，代表服务器对客户端的响应。通常，也很少使用该对象直接响应，输出响应使用 out 对象，而 response 对象常用于重定向。
- session：javax.servlet.http.HttpSession 的实例，该对象代表一次会话。从客户端浏览器与站点建立连接起，开始会话，直到关闭浏览器时结束会话。

6.4 课后实训

1. 单项选择题

（1）下面对 out 对象说法错误的是（　　）。

A．out 对象用于输出数据

B．out 对象的范围是 application

C．如果 page 指令选择了 autoflush="true"，那么当出现由于当前的操作题不清

空缓存而造成缓冲区溢出的情况时，这个类的所有 I/O 操作题会自动清空缓冲区的内容

D．out.newLine() 方法用来输出一个换行符

E．out.close() 方法用来关闭输出流

（2）session 对象经常被用来（　　）。

A．在页面上输出数据　　B．抛出运行时的异常

C．在多个程序中保存信息　　D．在多页面请求中保持状态和用户认证

E．以上说法全不正确

（3）下面关于 request 对象说法错误的是（　　）。

A．request 对象是 ServletRequest 的一个实例

B．当客户端请求一个 JSP 网页时，JSP 引擎会将客户端的请求信息包装在这个 request 对象中

C．getParameterName() 方法返回本次请求的参数名字

D．getParameter() 方法返回包含指定参数的单独值的字符串

E．getServerName() 返回接收请求的服务器的主机名和端口号

（4）下列关于 application 对象说法中错误的是（　　）。

A．application 对象用于在多个程序中保存信息

B．application 对象用来在所有用户间共享信息，但不可以在 Web 应用程序运行期间持久地保持数据

C．getAttribute(String name) 方法返回由 name 指定的名字 application 对象的属性的值

D．getAttributeNames() 方法返回所有 application 对象的属性的名字

E．setAttribute(String name,Object object) 方法设置指定名字 name 的 application 对象的属性值 object

（5）通过（　　）可以接收上一页表单提交的信息。

A．session 对象　　B．application 对象

C．config 对象　　D．exception 对象

E．request 对象

（6）在 test.jsp 文件中有如下一行代码：

______.setAttribute("user",user);

要使 user 对象一直存在于会话中，直至终止或被删除为止，横线处应输入（　　）。

A．page　　B．request

C．session　　D．application

（7）下面（　　）不是 JSP 的内置对象。

A．application　　B．session　　C．exception　　D．page

（8）JSP 中可使用一些隐含对象，通过（　　）可以访问 request 中的属性（attribute）。

A．sessionScope　　B．applicationScope　　C．requestScope　　D．param

（9）在 JSP 中有很多内置对象，request 的类型是（　　）。

A．java.lang.Throwable　　B．javax.servlet.jsp.PageContext

C．javax.servlet.http.HttpServletRequest　　D．javax.servlet.http.HttpSession

（10）在 JSP 中有很多内置对象，out 的类型是（　　）。

A．javax.servelet.jsp.JspPage　　B．javax.servlet.ServletConfig

C．javax.servlet.jsp.JspWriter　　D．javax.servlet.ServletContext

（11）JSP 中对象存在的范围从小到大的顺序为（　　）。

A．Page Request Session Application　　B．Page Session Request Application

C．Session Page Request Application　　D．Page Request Application Session

2. 多项选择题

（1）下面关于 session 对象说法中正确的是（　　）。

A．session 对象的类是 HttpSession.HttpSession 由服务器的程序实现

B．session 对象提供 HTTP 服务器和 HTTP 客户端之间的会话

C．session 可以用来存储访问者的一些特定信息

D．session 可以创建访问者信息容器

E．当用户在应用程序的页之间跳转时，存储在 session 对象中的变量会清除

（2）下面关于 pageContext 对象说法中正确的是（　　）。

A．pageContext 对象为 JSP 页面包装页面的上下文

B．pageContext 对象创建和初始化都是由容器来完成的

C．getRequest() 方法返回当前的 request 对象

D．getSession() 方法返回当前页面的 session 对象

E．removeAttribute() 方法用来删除默认页面范围或特定范围之中的已命名对象

（3）以下（　　）对象是 JSP 的隐含对象。

A．Application　　B．Exception　　C．Outer　　D．request

3. 实践题

利用内置对象实现学生和企业用户登录后首页面（right.jsp、top.jsp、exit.jsp 和管理员用户相同，只需编写学生首页面框架文件 stuIndex.jsp 和左导航页面 stuLeft.jsp 以及企业首页面 companyIndex.jsp 和左导航 companyLeft.jsp 文件）。

模块 7　在 JSP 页面中使用 JavaBean

在模块 5 和模块 6 中学习了 JSP 的基础知识和内置对象的使用，在页面中或者 Servlet 中经常要访问数据表中的数据，通常是把表中的一条记录封装为一个对象，每一个字段的值设置为对象的属性值，然后在页面或 Servlet 类中通过访问对象属性来访问数据。通过前面的学习，为了使程序员维护代码方便，通常在 JSP 页面中少用脚本代码，JSP 的动作标记 UseBean 可以在不影响功能的前提下减少 JSP 页面中出现的 Java 代码的数量。本模块详细讲解 JavaBean 的概念和在 JSP 页面中的使用方法。

学习目标

■ 【知识目标】

1. 了解 JavaBean 类的特点
2. 能描述 JavaBean 类的定义和使用方法

■ 【技能目标】

1. 学会 JavaBean 类的定义方法
2. 能熟练使用 JavaBean

7.1　任务——使用 JSP+JavaBean 实现用户注册时用户名检测

7.1.1　任务描述

用户注册时通常需检查用户名是否被注册过，前面的注册是在用户提交所有注册信息后检测的，增加了服务器工作量，应该用户提交完整的注册信息之前只要输入了用户名就先检测用户名是否被注册过，如果没有注册过，则用户名可用，可以继续填写注册信息，否则需要修改用户名直到用户名合法才能注册。

7.1.2　实现任务需要的 JavaBean 技术

Sun 公司为了降低开发人员开发 Java Web 应用的复杂度，以便快速开发出动态的 Web 应用，而提供了 JSP 技术。JSP 技术允许在 HTML 文件中直接插入 Java 代码或者 JSP 标记。这种方式可以提高项目开发的效率，但是也带来了很大的副作用，那就是开发页面的代码迅速膨胀，一个复杂的JSP页面可能包括了大量的HTML代码、Java代码和JSP标记，给后期的维护工作带来了很大的麻烦，而在一个项目中，维护工作在整个项目中所占的时间最长，我们迫切需要新的技术，在不影响程序功能的情况下，减少JSP页面中Java代码的数量，而JavaBean技术就是解决这个问题的方法之一。

JavaBean是一种特殊的Java类，它遵从一定的设计模式，开发工具和其他组件可以根据这种模式来调用JavaBean。Sun最初引入JavaBean是为了扩展GUI程序的开发，事实上，JavaBean目前已经应用到了Java开发的各个方面，其中包括JSP开发。JavaBean在Java Web应用程序开发中主要用来处理业务逻辑。JSP或者Servlet可以调用JavaBean去处理复杂的操作。因此，通过JavaBean可以无限扩充Java程序的功能。

JavaBean具有以下特征：

- 重用性强，JavaBean作为一个独立的功能模块，可以被JSP或者Servlet重复利用。
- 平台独立，由于JavaBean是Java语言开发的，所以可以在支持Java的任何平台下工作，而不需要再编译。
- JavaBean的存在，大大减少了JSP页面中的脚本代码，有利于Web应用程序开发中MVC模式的建立。
- JavaBean类的实例可以在内部、网内或者网络之间进行传输。

1. JavaBean 类的编写

从形式上看，JavaBean与一般的普通Java类没有特别大的区别，但是需要满足3个条件，首先类是公有的访问权限；其次有一个默认的无参的构造方法；最后在类中可以定义若干个私有的属性，但是需要通过公有的getter/setter方法对这些属性进行赋值和取值。满足上述3个条件的类就可以称为JavaBean类，JavaBean类中除了getter/setter方法外也可以包括其他一些方法。

* **注意：** 一个属性如果只有set方法，则该属性是只写的；如果只有get方法，则该属性是只读的；两者都有的属性才是读写的。在Java Web开发中使用的JavaBean的属性一般都是读写类型的。

例题 7-1 编写一个JavaBean类Book.java。

实现步骤：

（1）在MyEclipse中创建一个Web Project，项目名称为BeanDemo。

（2）由于JavaBean在编写上就是一个普通Java类，所有Eclipse和MyEclipse中都没有专门开发JavaBean的向导，因此在MyEclipse中编写JavaBean的方式和开发一般的普通类的过程是一样的。

选择File → New → Class命令，在弹出的New Java Class对话框中，设置Source

folder 为“BeanDemo/src”，包名为“com.hbsi.bean”，类名为“Book”。

（3）在 Book 类中先增加 4 个私有属性，分别为 isbn、name、author 和 sale，然后通过菜单命令“Source → Generate Getters and Setter”增加对应的 getter 和 setter 方法。Book.java 的代码如下：

```
//Book.java
package com.hbsi.bean;
public class Book {
    private String isbn;
    private String name;
    private String author;
    private boolean sale;
    public String getIsbn() {
        return isbn;
    }
    public void setIsbn(String isbn) {
        this.isbn = isbn;
    }
    public String getName() {
        return name;
    }
    public void setName(String name) {
        this.name = name;
    }
    public String getAuthor() {
        return author;
    }
    public void setAuthor(String author) {
        this.author = author;
    }
    public boolean isSale() {
        return sale;
    }
    public void setSale(boolean sale) {
        this.sale = sale;
    }
}
```

＊ 说明：

- 在 Tomcat 服务器中使用 JavaBean，必须将 JavaBean 文件存放在一个包中，否则 JSP 将无法访问到该 JavaBean，因此 JavaBean 的第一条语句必须使用 package 语句。
- JavaBean 有公有的、无参的构造方法。

- 对属性赋值和取值的 getter、setter 方法也必须是公有的，分别以 get 和 set 开头，方法命名上遵循 Java 的命名规范，也就是说 get 和 set 算单独的一个单词，紧跟其后的单词首字母需要大写。由于属性的 setter 方法用于设置属性的值，而不用返回任何结果，所以其返回值类型是 void；但 setter 方法必须接受一个参数，参数类型由属性的类型决定，可以是任意类型。属性的 getter 方法用于返回属性的值，它不接受任何参数，但它要返回一个值，返回值的类型必须与 setter 方法所接受的参数类型一致。
- 在 Book 类中，定义了 4 个私有的属性，isbn、name、author 和 sale 分别代表书籍的 ISBN 号码、书名、作者和是否售出，对应有 getter 和 setter 方法。需要特别说明的是，当属性的类型是 boolean 类型时，getter 方法的 get 可以用 is 代替。
- 部署 Web 应用程序时需要把这个 JavaBean 的字节码文件保存到当前 Web 应用程序的 WEB-INF 的 classes 文件夹下。如果使用 MyEclipse 开发 Web 应用程序，JavaBean 编译以后的字节码文件会自动保存到当前 Web 应用程序的 WEB-INF 的 classes 目录下，不需要人工操作。

Book 类中的 4 个属性是简单属性。所谓简单属性就是非数组类型的属性。除了简单属性外，JavaBean 中还可以定义 Index 属性，即数组类型的属性。Index 属性的 setter 方法有两种重载形式：一个是对整个数组进行赋值；另外一个则是对数组中的每个元素进行赋值。Index 属性的 getter 方法也有两种重载形式：一个用于返回整个数组；另外一个则是用于返回数组中的单个元素。

由于一本书的作者可以有多个，因此将例题中的 Book 类的 author 属性改为数组类型。修改后 Book.java 的代码如下：

```
package com.hbsi.bean;
public class Book {
    private String isbn;
    private String name;
    private String[] authors = new String[] { "none", "none" };
    private boolean sale;

    public String getIsbn() {
        return isbn;
    }
    public void setIsbn(String isbn) {
        this.isbn = isbn;
    }
    public String getName() {
        return name;
    }
```

```
    public void setName(String name) {
        this.name = name;
    }
    public String getAuthors(int index) {
        return authors[index];
    }
    public void setAuthors(int index, String author) {
        authors[index] = author;
    }
    public String[] getAuthors() {
        return authors;
    }
    public void setAuthors(String[] authors) {
        this.authors = authors;
    }
    public boolean isSale() {
        return sale;
    }
    public void setSale(boolean sale) {
        this.sale = sale;
    }
}
```

* **注意：**对于应用在 JSP 中的 JavaBean 的索引属性，一般不会涉及对其中的单个元素进行赋值和读值的情况，因此，在这种 JavaBean 中可以没有对索引属性的单个元素进行赋值和读值的方法。

2. 在 JSP 中使用 JavaBean

从模块 5 中可知在 JSP 中提供了 <jsp:useBean>、<jsp:setProperty>、<jsp:getProperty> 动作元素来实现对 JavaBean 对象的操作，包括创建和查找 JavaBean 的对象、设置 JavaBean 对象的属性、读取 JavaBean 对象的属性。下面详细介绍这几个元素。

1）<jsp:useBean> 元素

<jsp:useBean> 动作元素用于在某个指定的作用范围（如 application、session、request、pageContext）内查找一个指定名称的 JavaBean 对象，如果存在则直接返回该 JavaBean 对象的引用；如果不存在则实例化一个新的 JavaBean 对象，并将它按指定的名称存储在指定的域范围中。这样在 JSP 页面中可以通过类似“JavaBean 对象的名.method”的语句来操作 JavaBean。其具体的语法格式如下：

```
<jsp:useBean id="beanName"  scope="page|request|session|application" class="packageName.
className"/>
```

其中，class 属性用来指定 JavaBean 对象的完整类名（即必须带有包名），JSP 引擎将使用这个类名来创建 JavaBean 的对象或作为查找到的 JavaBean 对象的类型；id 属性用于指定 JavaBean 对象的名称，是 JavaBean 对象的唯一标志；scope 属性用于指定 JavaBean 对象所存储的域范围，其取值只能是 page、request、session 和 application 中的一种，其默认值是 page。scope 属性的 4 种取值的意义和作用将在后面详细介绍。

例如在 JSP 页面中可以使用如下动作标签：

```
<jsp:useBean class="com.hbsi.bean.Book" id="book" scope="page"/>
```

该动作标签和下面的 Java 代码运行效果是完全相同的。

```
<%
    com.hbsi.bean.Book book=null;
    if(pageContext.getAttribute("book")==null){
        book=new com.hbsi.bean.Book();
        pageContext.setAttribute("book",book);
    }else{
        book=pageContext.getAttribute("book");
    }
%>
```

从上面的代码中可以看出，JSP 引擎首先在 <jsp:useBean> 标签的 scope 属性指定的域范围中查找 id 属性指定的 JavaBean 对象，只有该域范围中不存在 id 属性指定的 JavaBean 对象时，JSP 引擎才会根据 class 属性指定的类名去创建新的 JavaBean 对象，并将新建的 JavaBean 对象以 id 属性指定的名称存储到 scope 属性指定的域范围中。

上面的 <jsp:useBean> 标签是按照空元素的方式进行使用的，也可以按照有标签体的元素的格式进行使用。例如：

```
<jsp:useBean …>
    Body
</jsp:useBean>
```

这种带标签体的标签，Body 部分的内容只有在 <jsp:useBean> 标签创建 JavaBean 对象时才执行。换句话说，如果在 <jsp:useBean> 标签的 scope 属性指定的域范围中存在 id 属性所指定的 JavaBean 对象，则标签体 Body 将被忽略；否则，Body 部分的内容将被执行。

例题 7-2 带标签体的 <jsp:useBean> 标签的执行使用。

```
<%@ page language="java" import="java.util.*" pageEncoding="UTF-8"%>
<!DOCTYPE HTML PUBLIC "-//W3C//DTD HTML 4.01 Transitional//EN">
<html>
    <head><title>useBean 标签使用示例 </title></head>
```

```
    <body>
        <jsp:useBean id="book" class="com.hbsi.bean.Book" scope="page">
            标签体的内容在新建 JavaBean 对象时执行。
        </jsp:useBean>
    </body>
</html>
```

部署项目，在地址栏中输入“http://localhost:8080/BeanDemo/useBeanDemo.jsp”，例题运行效果如图 7-1 所示。

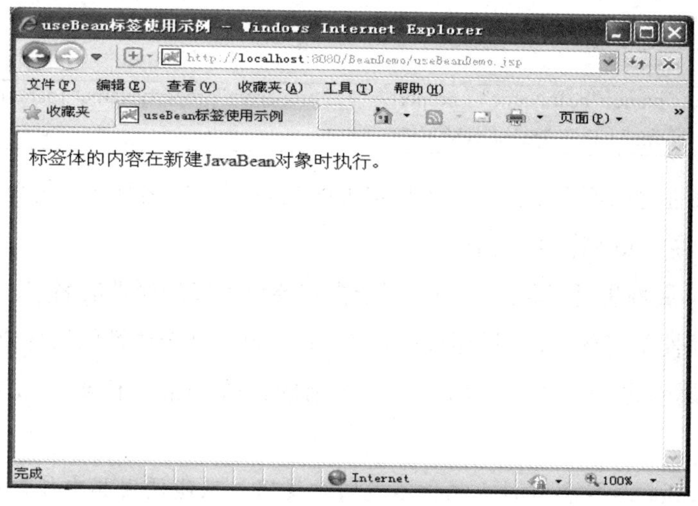

图 7-1　使用带标签体的 useBean 标签

如图 7-1 所示，使用浏览器访问页面，浏览器中显示出了“标签体的内容在新建 JavaBean 对象时执行。”。这时刷新浏览器的访问，浏览器中再次显示出了上述内容。这是因为存储在 page 域范围中的 JavaBean 对象 book 仅对当前 JSP 页面的当前请求的响应过程有效。

修改上面文件，将 <jsp:useBean> 标签的 scope 属性设置为 session，即

```
<jsp:useBean id="book" class="com.hbsi.bean.Book" scope="session">
        标签体的内容在新建 JavaBean 对象时执行。
</jsp:useBean>
```

使用浏览器访问修改过的页面，浏览器中显示出了“标签体的内容在新建 JavaBean 对象时执行。”。刷新浏览器的访问，这时在浏览器中不再显示出上述内容。这是因为在第一次访问页面时，在 session 域范围中不存在名为 book 的 JavaBean 对象，Web 应用将创建该 JavaBean 对象并显示出 <jsp:useBean> 标签体中的内容。当使用同一个浏览器进程再次访问该页面时，由于存储在 session 域范围中的 JavaBean 对象 book 对属于当前会话的所有 JSP 页面的执行过程都有效，所以页面的这次执行过程将不再创建名为 book 的 JavaBean 对象，<jsp:useBean> 标签体中的内容也就不会被执行。

重新打开一个浏览器窗口访问修改过的页面，浏览器中又显示出了“标签体的内容在新建 JavaBean 对象时执行。”。因为新启动的浏览器进程发出的访问和原来的浏览器进程发出的访问不属于同一个会话，新启动的浏览器进程开启了一个新的会话过程，在新启动的浏览器的 session 域范围中还不存在名为 book 的 JavaBean 对象，所以页面将创建该 JavaBean 对象并显示标签体的内容。

2）<jsp:setProperty> 元素

<jsp:setProperty> 动作标签用于设置 JavaBean 对象的属性，等价于调用 JavaBean 对象的 setter 方法。其语法格式如下：

```
<jsp:setProperty name="beanName" { property="*" | property="propertyName" [param="parameterName"]
| property="propertyName" value="propertyValue"}
```

- name 属性是必不可少的，用于指定 JavaBean 对象的名称，其值应与 <jsp:useBean> 动作标签的 id 属性值一致。
- property 属性也是必不可少的，用于指定要设置值的属性的名字。
- value 属性是可选的，用于指定 JavaBean 对象的某个属性的属性值。
- param 属性也是可选的，用于将一个请求参数的值赋值给 JavaBean 对象的某个属性。

* **注意**：value 属性和 param 属性不能同时使用，只能使用其中任意一个。

例题 7-3 使用 <jsp:setProperty> 元素的 value 属性设置 Book 对象的属性值。

```
//setPropertyDemo.jsp
<%@ page language="java" import="java.util.*" pageEncoding="UTF-8"%>
<!DOCTYPE HTML PUBLIC "-//W3C//DTD HTML 4.01 Transitional//EN">
<html>
    <head>
        <title>setProperty 使用示例 </title>
    </head>
    <body>
        <jsp:useBean id="book" class="com.hbsi.bean.Book" />
        <jsp:setProperty property="name" name="book" value=" Web 应用程序开发 " />
        <jsp:setProperty property="sale" name="book" value="true" />
        <%=book.getName()%>:<%=book.isSale() ? " 已销售 " : " 未销售 "%>
    </body>
  </html>
```

启动服务器，在地址栏中输入“http://localhost:8080/BeanDemo/setPropertyDemo.jsp”，页面如图 7-2 所示。

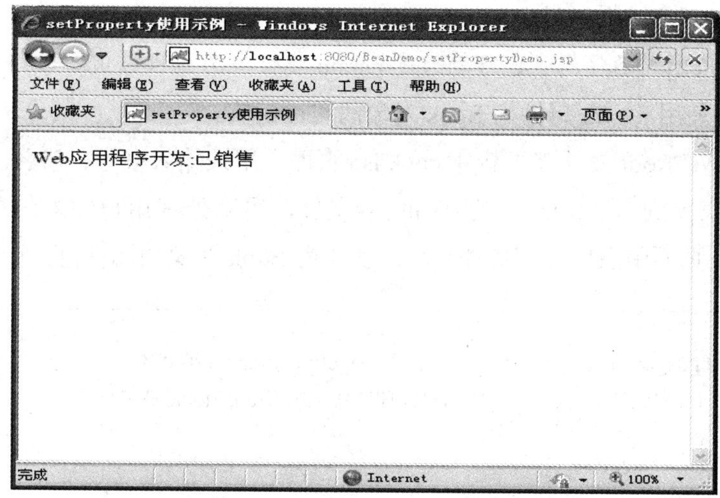

图 7-2　使用 setProperty 元素为 Book 对象属性赋值

＊ 说明：

- <jsp:setProperty name="book" property="name" value=" Web 应用程序开发 "/>

该动作标签的功能是将 JavaBean 对象 book 的 name 属性设置为“Web 应用程序开发”，和下面的 Java 代码是完全等价的：

```
<%
    book.setName("Web 应用程序开发 ");
%>
```

- <jsp:setProperty name="book" property="sale" value="true"/>

其功能是将 JavaBean 对象 book 的 sale 属性设置为“true”，和下面的 Java 代码是完全等价的：

```
<%
    book.setSale(Boolean.valueOf("true"));  // 将字符串转换为 boolean 类型
%>
```

value 属性的设置值可以是一个字符串，也可以是一个表达式。如果是字符串，那么它将被自动转换成所要设置的 JavaBean 属性的类型。例如，可以通过 Boolean.valueOf() 将字符串“true”转换成 Boolean 类型和 boolean 类型，通过 Integer.valueOf() 将字符串“31”转换成 Integer 和 int 类型等。如果 value 属性的值是一个表达式，那么该表达式的结果类型必须与所要设置的 JavaBean 属性的类型一致。例题 7-3 中的第 10 行的 <jsp:setProperty> 标签也可以写成如下形式：

```
<jsp:setProperty property="sale" name="book" value="<%=true %>" />
```

如果 value 属性的设置值中的表达式的结果类型与所要设置的 JavaBean 属性的类型不

一致，则访问该页面时会报错。

<jsp:setProperty> 动作元素也可以通过 param 属性来为属性赋值。

例题 7-4 使用 param 属性为 Book 对象的属性赋值。

在项目的 WebRoot 文件夹下新建 book.jsp 页面，用来输入书号、书名、作者、是否在售信息，提交表单到 WebRoot 下的 result.jsp 文件，用来处理用户输入信息，在 result.jsp 中使用 book.jsp 页面中表单输入控件的输入值作为 Book 对象的属性值。页面代码如下：

```
//book.jsp
<%@ page language="java" import="java.util.*" pageEncoding="utf-8"%>
<!DOCTYPE HTML PUBLIC "-//W3C//DTD HTML 4.01 Transitional//EN">
<html>
    <head>
        <title>book.jsp</title>
    </head>
    <body>
        <form action="result.jsp" method="post">
            <table width="500px" border="1" bgcolor="pink">
                <tr>
                    <td>ISBN:</td>
                    <td><input type="text" name="txtIsbn"/></td>
                </tr>
                <tr>
                    <td> 书名 :</td>
                    <td><input type="text" name="txtName" /></td>
                </tr>
                <tr>
                    <td> 作者 :</td>
                    <td>
                        <input type="text" name="txtAuthors" />
                        <input type="text" name="txtAuthors" />
                    </td>
                </tr>
                <tr>
                    <td> 是否销售 </td>
                    <td>
                        <input type="radio" name="rdSale" value="true" /> 是
                        <input type="radio" name="rdSale" value="false" /> 否
                    </td>
                </tr>
                <tr>
                    <td> </td>
                    <td>
```

```
                    <input type="submit" value=" 提交 " />
                    <input type="reset" value=" 重置 " />
                </td>
            </tr>
        </table>
    </form>
  </body>
</html>
//result.jsp
<%@ page language="java" import="java.util.*" pageEncoding="utf-8"%>
<!DOCTYPE HTML PUBLIC "-//W3C//DTD HTML 4.01 Transitional//EN">
<html>
    <head>
        <title>result.jsp</title>
    </head>
    <body>
        <jsp:useBean id="book" class="com.hbsi.bean.Book" />
        <jsp:setProperty name="book" property="isbn" param="txtIsbn" />
        <jsp:setProperty name="book" property="name" param="txtName" />
        <jsp:setProperty name="book" property="authors" param="txtAuthors" />
        <jsp:setProperty property="sale" name="book" param="rdSale" />
        <%="isbn：" + book.getIsbn()%><br>
        <%=" 书名：" + book.getName()%><br />
        <%
            String[] authors = book.getAuthors();
            String s = "";
            for (int i = 0; i < authors.length; i++) {
                if (!"".equals(authors[i])) {
                    s += authors[i] + " ";
                }
            }
        %>
        <%=" 作者：" + s%><br />
        <%=" 是否销售：" + book.isSale()%><br />
    </body>
</html>
```

启动服务器，在地址栏中输入“http://localhost:8080/BeanDemo/book.jsp”，出现如图 7-3 所示页面。

在 ISBN 文本框中输入“9787302123456”，“书名”文本框中输入“Java Programming”，“作者”文本框中输入“James”和“Patrick”，选中“是”单选按钮，单击“提交”按钮，显示页面如图 7-4 所示。

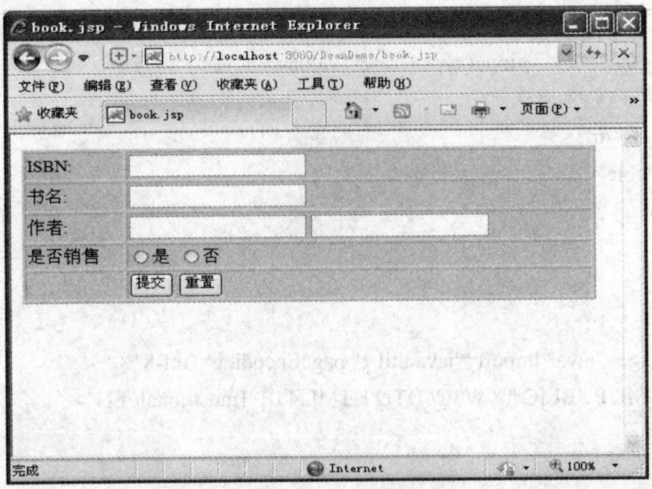

图 7-3　信息输入页面

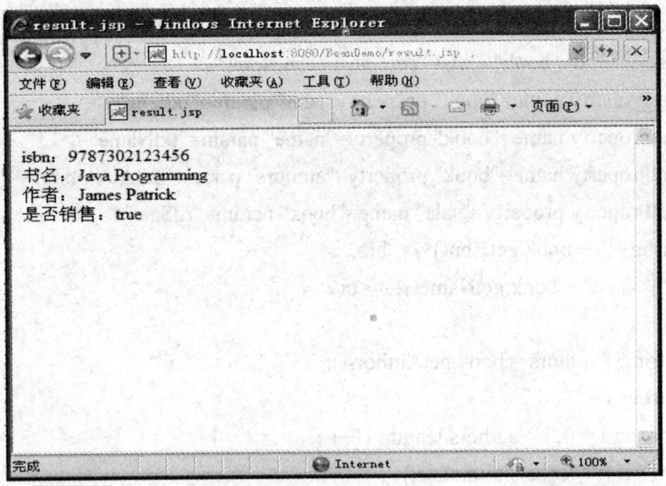

图 7-4　使用 param 获取用户输入值设置为 Book 对象属性值

result.jsp 中第 9 行～第 11 行代码的功能是将请求参数 txtIsbn、txtName 和 txtAuthors 的值赋给 book 对象的 isbn 属性、name 属性和 authors 属性。而 book 对象的 sale 属性是 boolean 类型，请求参数 rdSale 的值是字符串类型，因此第 12 行代码的功能是将请求参数 rdSale 的值（字符串类型）转换成 boolean 类型后赋给 book 对象 sale 属性。这 4 行 <jsp:setProperty> 标签和以下的 Java 代码完全等同。

```
<%
    book.setIsbn(request.getParameter("txtIsbn"));
    book.setName(request.getParameter("txtName"));
    book.setAuthors(request.getParameterValues("txtAuthors"));
    book.setSale(Boolean.valueOf(request.getParameter("rdSale")));
%>
```

实际上，如果表单中的输入元素的名字和 JavaBean 对象中的属性名一致，则 <jsp:setProperty> 可以修改为如下形式：

```
<jsp:setProperty name="book" property="isbn" />
<jsp:setProperty name="book" property="name"/>
<jsp:setProperty name="book" property="authors" />
<jsp:setProperty property="sale" name="book" />
```

这种形式将 JavaBean 对象的某个属性值设置为与该属性同名的请求参数值，它等效于 param 属性的设置值与 property 属性的设置值相同时的情况。

也可采用如下形式的 <jsp:setProperty> 标签：

```
<jsp:setProperty property="*" name="book"/>
```

这种形式用于对 JavaBean 对象中的多个属性进行赋值，property="*"的含义是将 request 对象中请求参数逐一与 JavaBean 对象中的属性进行比较，如果找到同名的属性，则将该参数值赋给该属性。这种情况对 request 对象中请求参数的排列顺序与 JavaBean 对象中的属性的排列顺序没有严格要求，如果在 request 对象中不存在与 JavaBean 对象中某个属性同名的参数，那么 JavaBean 的这个属性将不会被赋值。

<jsp:setProperty> 标签也可以嵌套在 <jsp:useBean> 标签中使用，例如：

```
<jsp:useBean id="book" class="com.hbsi.bean.Book">
    <jsp:setProperty property="*" name="book"/>
</jsp:useBean>
```

由于 <jsp:useBean> 标签中的标签体只有在 <jsp:useBean> 标签创建 JavaBean 对象时才执行，如果 <jsp:useBean> 标签所引用的 JavaBean 对象已经存在，那么该标签的标签体将不被执行，所以这种情况下的 <jsp:setProperty> 标签仅在创建 JavaBean 对象时才执行，只能用于对 JavaBean 对象进行初始化。如果 <jsp:setProperty> 标签在 <jsp:useBean> 标签之后独立使用，那么，不管 <jsp:useBean> 标签是创建新的 JavaBean 对象，还是引用已有的 JavaBean 对象，<jsp:setProperty> 标签都会被执行。

3）<jsp:getProperty> 元素

使用 <jsp:getProperty> 动作标签可以得到 JavaBean 对象的属性值，并将其转换为 java.lang.String 类型输出。其语法格式如下：

```
<jsp:getProperty name="beanName" property="propertyName"/>
```

- name 属性：用于指定 JavaBean 对象的名字，该 JavaBean 对象必须在前面用 <jsp:useBean> 动作标签定义。
- property 属性：用于指定 JavaBean 对象中的属性名。

例题 7-5 将例题 7-4 中 book.jsp 页面表单中的输入元素的名字改为和 JavaBean 对象中的属性名一致，将 result.jsp 页面中读取 JavaBean 对象 book 中各属性的值的脚本程序段修改为 <jsp:getProperty> 标签。

```
// 修改后的 result.jsp
<%@ page language="java" import="java.util.*" pageEncoding="UTF-8"%>
<!DOCTYPE HTML PUBLIC "-//W3C//DTD HTML 4.01 Transitional//EN">
<html>
    <head>
        <title>result.jsp</title>
    </head>
    <body>
        <jsp:useBean id="book" class="com.hbsi.bean.Book">
            <jsp:setProperty property="*" name="book" />
        </jsp:useBean>
        isbn:<jsp:getProperty property="isbn" name="book" /><br />
        姓名 :<jsp:getProperty property="name" name="book" /><br />
        作者 :<jsp:getProperty property="authors" name="book" /><br />
        是否销售 :<jsp:getProperty property="sale" name="book" />
    </body>
</html>
```

重新运行项目，在表单文本框中输入和例题 7-4 同样的内容，结果如图 7-5 所示。

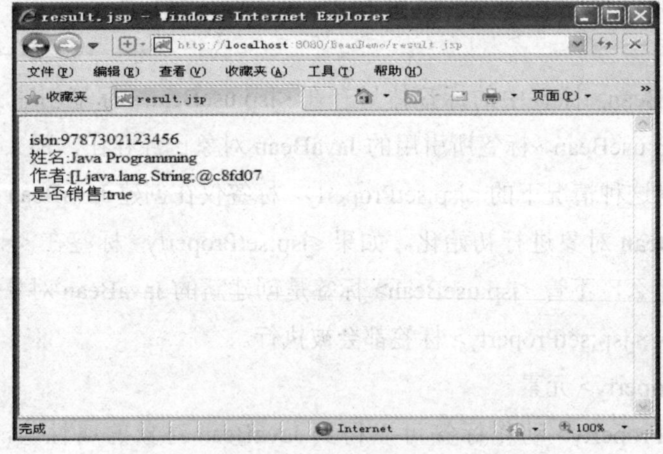

图 7-5 使用 getProperty 标签读取 Bean 属性值

从例题 7-5 运行结果可以得到如下结论：

（1）动作标签 <jsp:getProperty property="authors" name="book" /> 和下面的程序段等价：

```
<%
    String[] strs=book.getAuthors();
```

```
        out.println(strs.toString());
%>
```

因为 book.getAuthors() 方法得到的是字符串数组对象，因此输出的不是字符串数组中每个元素的值。

（2）如果一个 JavaBean 对象的某个属性的值为 null，那么使用 <jsp:getProperty> 标签输出该属性的结果将是一个内容为“null”的字符串。

3. JavaBean 作用域范围

<jsp:useBean> 动作标签中的 scope 属性用于指定 JavaBean 对象所存储的域范围，在 JSP 中规定了 JavaBean 对象可以使用 4 种域范围：page、request、session 和 application，默认的 JavaBean 对象的域范围是 page。

（1）page 作用域

如果 JavaBean 对象的域范围设置为 page，表示将 JavaBean 对象存储在 pageContext 对象中。而存储在 pageContext 对象中的 JavaBean 对象仅可以被当前 JSP 页面的当前请求的响应过程中调用的各个组件访问。例如：

```
<jsp:useBean id="book" scope="page" class="com.hbsi.bean.Book"/>
```

该行代码实际上与下面的 Java 代码是相同的。

```
<%
    com.hbsi.bean.Book book=null;
    if(pageContext.getAttribute("book")==null){
        book=new com.hbsi.bean.Book();
        pageContext.setAttribute("book",book);
    }else{
        book=(Book)pageContext.getAttribute("book");
    }
%>
```

从上面的代码可以看出，如果在 page 范围中找不到 Book 的对象，就会新建一个 Book 对象。

（2）request 作用域

当 JavaBean 对象的域范围被设置成 request，表示将 JavaBean 对象存储在 request 对象中，存储在 request 对象中的 JavaBean 对象可以被属于同一个请求的所有 Servlet 和 JSP 页面访问，并且保证线程安全。例如：

```
<jsp:useBean id="book" scope="request" class="com.hbsi.bean.Book"/>
```

该行代码实际上与下面的 Java 代码是相同的。

```
<%
    com.hbsi.bean.Book book=null;
    if(request.getAttribute("book")==null){
        book=new com.hbsi.bean.Book();
        request.setAttribute("book",book);
    }else{
        book=(Book)request.getAttribute("book");
    }
%>
```

在任何执行相同请求的 JSP 文件中都可以使用指定 JavaBean，直到页面执行完毕向客户端发出响应或转到另一个页面为止。

（3）session 作用域

当 JavaBean 对象的域范围被设置成 session，表示将 JavaBean 对象存储在 session 对象中，存储在 session 对象中的 JavaBean 对象可以被属于同一个会话的所有 Servlet 和 JSP 页面访问。例如：

```
<jsp:useBean id="book" scope="session" class="com.hbsi.bean.Book"/>
```

该行代码实际上与下面的 Java 代码是相同的。

```
<%
    com.hbsi.bean.Book book=null;
    if(session.getAttribute("book")==null){
        book=new com.hbsi.bean.Book();
        session.setAttribute("book",book);
    }else{
        book=(Book)session.getAttribute("book");
    }
%>
```

从创建指定 JavaBean 开始，能在任何使用相同 session 的 JSP 文件中使用指定 JavaBean，该 JavaBean 存在于整个 session 生命周期中。

（4）application 作用域

当 JavaBean 使用 application 域范围时，表示将 JavaBean 对象存储在 ServletContext 对象中，存储在 ServletContext 对象中的 JavaBean 对象可以被同一个 Web 应用程序中的所有 Servlet 和 JSP 页面访问，不同用户在不同 JSP 页面、Servlet 中都可以使用该 JavaBean 对象。例如：

```
<jsp:useBean id="book" scope="application" class="com.hbsi.bean.Book"/>
```

该行代码实际上与下面的 Java 代码是相同的。

```
<%
    com.hbsi.bean.Book book=null;
    if(application.getAttribute("book")==null){
        book=new com.hbsi.bean.Book();
        application.setAttribute("book",book);
    }else{
        book=(Book)application.getAttribute("book");
    }
%>
```

从创建指定 JavaBean 开始，能在任何使用相同 application 的 JSP 文件中使用指定 JavaBean，该 JavaBean 存在于整个 application 生命周期中，直到服务器重新启动。

7.1.3　任务实现

1. 修改注册页面

```
//register.jsp
<%@ page language="java" import="java.util.*" pageEncoding="utf-8"%>
<!DOCTYPE HTML PUBLIC "-//W3C//DTD HTML 4.01 Transitional//EN">
<html>
  <head>
    <title> 用户注册页面 </title>
    <style type="text/css">
      body{
        background-color:#EDEDED;
      }
      table{
        margin:30px; auto;
      }
      .regtitle{
        font-family: 楷体 _gb2312;
        font-size: 16px; line-height: 40px; color: #333333;
      }
      .regtxtbt{
        font-family: 楷体 ,Arial;
        font-size:16px; color:#000000; height:38px;
        line-height:38px;
      }
      .regtxt{
        font-family: 宋体 ,Arial;
        font-size:12px;
        color:#000000;
```

```
        line-height:25px;
        text-align:right;
    }
    #usernamemessage{
        font-size:12px;
        line-height:25px;
        color:#FF0000;
    }
    #pwdmessage{
        font-size:12px;
        line-height:25px;
        color:#FF0000;
    }
</style>
<script type="text/javascript">
    function checkUser(){
        var name=document.form1.username.value;
        var flag=document.form1.uflag.value;
        if((name==null)||(name.length==0)){
            document.getElementById("usernamemessage").innerHTML=" 用户名不能为空 ";
            return false;
        }else if(flag=="no"){
            document.forms["form1"].method ="post";
            document.forms["form1"].username.value=name;
            document.forms["form1"].action ="checkUser.jsp";
            document.forms["form1"].submit();
        }else{
            return true;
        }
    }
    function checkPassword(){
        var password=document.form1.password.value;
        if((password==null)||(password.length==0)){
            document.getElementById("pwdmessage").innerHTML=" 密码不能为空 ";
            return false;
        }else{
            return true;
        }
    }
    function submitForm(){
        return (checkUser())&&(checkPassword());
    }
</script>
</head>
<body>
```

```
<form name="form1" action="/jygl/doregister" method="post" onSubmit="return submitForm();">
<table width="500" border="0"  cellpadding="0" cellspacing="0" align="center">
  <tr height="40" valign="top">
     <td></td>
     <td><span class="regtitle"> 为学堂学生管理系统 </span></td>
</tr>
<tr>
     <td width="20%" height="38" align="right">
        <span class="regtxt"> 用户名： </span>
     </td>
     <td colspan="1">
       <%
          String flag="no";
          Object uflag=request.getAttribute("userflag");
          if(uflag!=null){
              flag=String.valueOf(uflag);
          }
       %>
       <input type="hidden" name="uflag" value="<%=flag%>">
       <%
          String uname="";
          Object username=request.getAttribute("uname");
          if(username!=null){
              uname=String.valueOf(username);
          }
       %>
       <input type="text" name="username" size="20" value="<%=uname%>" onblur="checkUser()">
        <%
          Object msgObj=request.getAttribute("usermessage");
          String msg="";
          if(msgObj!=null){
               msg=String.valueOf(msgObj);
          }
          %>
          <span id="usernamemessage"><%=msg%></span>
       </td>
    </tr>
    <tr>
       <td width="20%" height="38" align="right">
            <span class="regtxt"> 密码： </span>
       </td>
       <td colspan="2">
         <input type="password" name="password" size="20" onblur="checkPassword();">
         <img alt="1" src="/jygl/images/luck.gif" width="19" height="18">
```

```
            <span id="pwdmessage"></span>
          </td>
        </tr>
        <tr>
          <td width="20%" height="38" align="right">
            <span class="regtxt"> 用户身份：</span>
          </td>
          <td colspan="2">
            <input type="radio" name="usertypes" value="student">
            <span class="regtxt"> 学生 </span>   
            <input type="radio" name="usertypes" value="company">
            <span class="regtxt"> 企业 </span>   
            <input type="radio" name="usertypes" value="admin">
            <span class="regtxt"> 管理员 </span>   
          </td>
        </tr>
        <tr>
          <td width="20%" height="38"> </td>
          <td colspan="2">
            <input type="submit" value=" 注册 ">   
            <input type="button" value=" 取消 ">
          </td>
        </tr>
      </table>
    </form>
  </body>
</html>
```

2. 编写 checkUser.jsp 页面文件

在 public 文件夹下新建 checkUser.jsp 文件，代码如下：

```
//checkUser.jsp
<%@ page language="java" import="java.util.*" pageEncoding="utf-8"%>
<%@ page import="com.hbsi.dao.UserDao,com.hbsi.dao.service.UserDaoImpl" %>
<!DOCTYPE HTML PUBLIC "-//W3C//DTD HTML 4.01 Transitional//EN">
<html>
  <head>
    <title> 用户名检测 </title>
  </head>
  <body>
    <jsp:useBean id="user" class="com.hbsi.bean.User"></jsp:useBean>
    <jsp:setProperty name="user" property="username" param="username"/>
    <%
          UserDao ud=new UserDaoImpl();
```

```
            boolean flag=ud.checkUsername(user.getUsername());
            //定义用户名有效性 uservalid，如果 uservalid 为 true，说明用户可以注册
            String uservalidate="no";
            request.setAttribute("uname",user.getUsername());
            if(flag){
                request.setAttribute("usermessage"," 用户名已经被注册，请重新输入 ");
            }else{
                request.setAttribute("usermessage"," 该用户名有效，可以注册 ");
                uservalidate="ok";
            }
            request.setAttribute("userflag",uservalidate);
        %>
        <jsp:forward page="register.jsp"></jsp:forward>
    </body>
</html>
```

3. 修改 RegisterServlet 文件，删除检测用户名代码

```
//RegisterServlet.java
package com.hbsi.controller;
import java.io.IOException;
import javax.servlet.RequestDispatcher;
import javax.servlet.ServletException;
import javax.servlet.http.HttpServlet;
import javax.servlet.http.HttpServletRequest;
import javax.servlet.http.HttpServletResponse;
import com.hbsi.bean.User;
import com.hbsi.dao.UserDao;
import com.hbsi.dao.service.UserDaoImpl;
public class RegisterServlet extends HttpServlet {
    public void doPost(HttpServletRequest request, HttpServletResponse response)
            throws ServletException, IOException {
        //定义 User 对象，属性值初始化为默认值
        User user=new User();
        //获取用户提供的输入值
        String username=request.getParameter("username");
        String password=request.getParameter("password");
        String usertypes=request.getParameter("usertypes");
        //使用输入值设置对象 user 的属性值
        user.setUsername(username);
        user.setPassword(password);
        user.setUsertypes(usertypes);
        //创建 UserDao 对象
        UserDao ud=new UserDaoImpl();
        //把注册信息写到数据库中，返回添加的记录映射的 User 对象
```

```
            user=ud.addUser(user);
            if(user.getUsertypes().equals("admin")){// 注册用户是管理员
              request.setAttribute("errorMsg", " 管理员用户注册成功，请联系管理员激活账号 ");
              // 转回登录页面
              this.gotoPage("public/login.jsp", request, response);
            }
            // 如果注册用户是学生
            if(user.getUsertypes().equals("student")){
                // 封装注册学生用户信息（学生 id）到 request 中
                request.setAttribute("sid",user.getId());
                // 转到 studentresume.jsp 页面
                this.gotoPage("stu/studentInfo.jsp", request, response);
            }
            // 如果注册用户是企业
            if(user.getUsertypes().equals("company")){
                request.setAttribute("cid", user.getId());
                this.gotoPage("company/companyInfo.jsp", request,response);
            }
        }
        private void gotoPage(String url,HttpServletRequest request, HttpServletResponse response)
                throws ServletException, IOException{
            RequestDispatcher dispatcher=request.getRequestDispatcher(url);
            dispatcher.forward(request, response);
        }
    }
```

4. 部署运行项目

在注册页面中输入用户名 admin，光标离开“用户名”文本框，运行结果如图 7-6 所示。

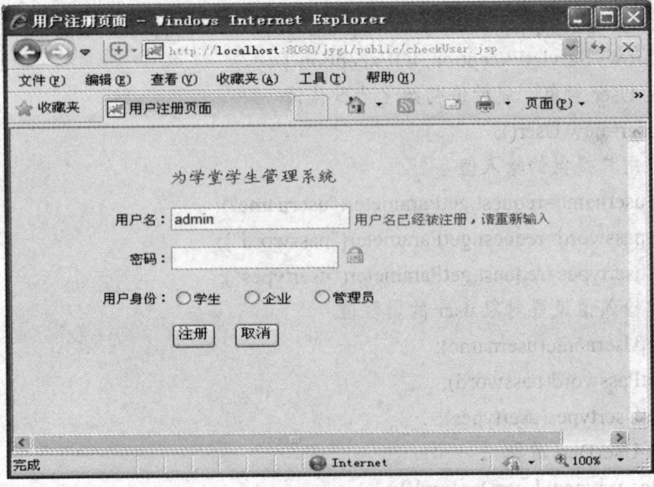

图 7-6 注册用户名检测

如果“用户名”文本框后显示红色的“用户名已经被注册，请重新输入”信息提示，继续输入密码，提交表单不能成功提交，因为经检测用户名已经被注册过，是不能再次注册的。如果修改输入用户名为 administrator，光标离开“用户名”文本框，显示提示信息，如图 7-7 所示，提示该用户名没有注册过，是有效用户名，可以继续输入注册信息，进行注册信息提交。

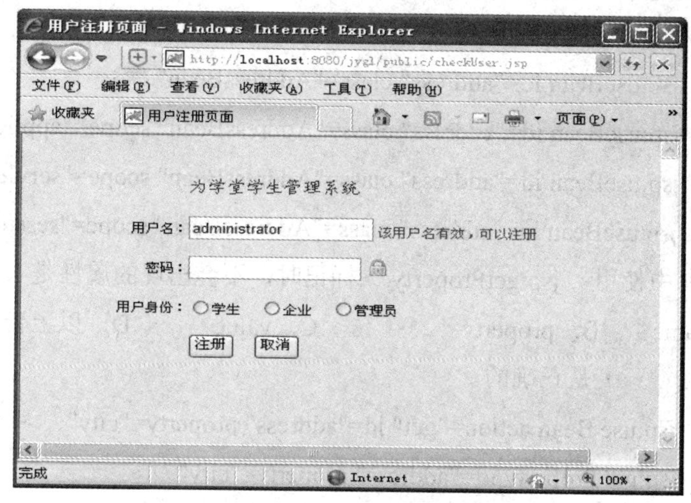

图 7-7　注册用户名检测通过

7.2　本 章 小 结

本模块详细介绍了如何在 JSP 页面中使用 JavaBean。使用 JavaBean 可以将 Web 应用程序的业务逻辑和表示逻辑分离，并成为独立可重复使用的模板，进一步实现代码的重用以及方便程序的维护。

7.3　课 后 实 训

1. 单项选择题

（1）关于 JavaBean 正确的说法是（　　）。

A．Java 文件与 Bean 所定义的类名可以不同，但一定要注意区分字母的大小写

B．在 JSP 文件中引用 Bean，其实就是用语句

C．被引用的 Bean 文件的文件名后缀为 .java

D．Bean 文件放在任何目录下都可以被引用

（2）在 JSP 中调用 JavaBean 时不会用到的标记是（　　）。

A．<javabean></javabean>

B．<jsp:useBean> </jsp:useBean>

C．<jsp:setProperty></jsp:setProperty>

D．<jsp:getProperty></jsp:getProperty>

（3）下面（　　）声明的 bean 在 ServletContext 范围内有效。

A．< jsp:useBean id="address" class="AddressBean" / >

B．< jsp:useBean id="address" class="AddressBean" scope="application" / >

C．< jsp:useBean id="address" class="AddressBean" scope="servlet" / >

D．< jsp:useBean id="address" class="AddressBean" scope="session" / >

（4）在 JSP 中使用< jsp:getProperty >标记时，不会出现的属性是（　　）。

A．name　　B．property　　C．value　　D．以上皆不会出现

（5）下面（　　）是正确的。

A．< jsp:use Bean action="get" id="address" property="city" / >

B．< jsp:get Property id="address" property="city" / >

C．< jsp:get Property name="address" property="city" / >

D．< jsp:get Property bean="address" property="*" / >

（6）为说明包含 bean 构件，把（　　）语句加入到 JSP 页面。

A．< jsp : useBean id="bnkacc" class="BankAccount" >

B．< jsp : useBean name="bnkacc" class="BankAccount" >

C．< jsp : useBean name="bnkacc" value="BankAccount" >

D．< jsp : useBean beanName="bnkacc" value="BankAccount" >

2. 多项选择题

（1）下面关于 jsp:setProperty 说法中正确的是（　　）。

A．jsp:setProperty 用来设置已经实例化的 Bean 对象的属性

B．name 属性表示要设置属性的是哪个 Bean

C．property 属性表示要设置哪个属性

D．value 属性用来指定 Bean 属性的值，且该属性必须存在

E．param 指定用哪个请求参数作为 Bean 属性的值

（2）如果想在页面中使用一个 JavaBean 可以使用（　　）指令。

A．<%@ include file="fileName" %>

B．<%@ page import=""%>

C．<jsp:forward></jsp:forward>

D．<jsp:useBean></jsp:useBean>

E．以上选项全都正确

（3）对于 JavaBean 的属性，下面（　　）说法是正确的。

A．JavaBean 的属性可以在开发工具中设置

B．JavaBean 可以提供 public 类型的属性

C．如果需要访问和修改 JavaBean 的属性，只能通过 get/set 方法

D．如果一个属性只提供了 get 方法，那么它是只读的

3. 实践题

使用 JavaBean 实现网站访问计数器。

模块 8　使用 EL 表达式

在模块 7 中，详细讲解了 JavaBean 技术，通过使用 JavaBean 技术，可以将一些程序代码放入 JavaBean 中，并配合 <jsp:useBean>、<jsp:setProperty> 与 <jsp:getProperty> 等动作标签的使用来减少 JSP 页面中 Java 代码的数量。但是 JSP 页面中仍然存在一些 Java 代码，为了让 JSP 页面中的 Java 代码基本消失，在 JSP 2.0 版本推出时，引入了一项新的技术，JSP Expression Language（JSP 表达式语言，JSP EL）。JSP EL 为存取变量、表达式运算和读取内置对象等内容提供了新的操作方式。JSP EL 最初是在标准标签库 JSTL 1.0 规范中定义的，从 JSTL 1.1 开始，SUN 公司将 EL 表达式语言从 JSTL 规范中分离出来，成为 JSP 2.0 规范中单独的一部分，并增加了很多新的特性。

学习目标

■ 【知识目标】

1. 掌握 EL 表达式的基本语法
2. 掌握 EL 表达式的隐式对象

■ 【技能目标】

在 JSP 页面中能正确使用 EL 表达式

8.1　任务——用 EL 表达式实现学生查看个人基本信息

8.1.1　任务描述

使用 EL 表达式实现学生登录后查看个人的基本信息。

8.1.2　实现任务所需的 EL 技术

EL 表达式的出现让 Web 应用的显示层发生了大的变革，它可以非常方便地访问 JSP 页面相关的数据，并且支持基本的算术、关系和逻辑运算，从而达到简化 JSP 开发的目的。

1. EL 表达式的语法格式

EL 表达式语言是一种简单的数据访问语言，基本的语法格式为“${expression}”。

EL 表达式必须以“${”开始，以“}”结束，其中间的 expression 部分就是表达式的具体内容。当 JSP 引擎在解析 JSP 页面的过程中遇到“${expression}”这样的字符序列时，JSP 引擎就会调用 EL 引擎来解释执行花括号中的表达式。EL 表达式可以出现在 JSP 自定义标签和标准标签的属性值中，其计算结果将作为标签的属性值或属性值的一部分；EL 表达式也可以出现在模板元素中，其输出结果将插入到当前的输出流中；但是 EL 表达式不可在脚本元素中使用。

例题 8-1　在 ELDemo 项目中，创建 eldemo1 的 JSP 页面。

```
<%@ page language="java" import="java.util.*" pageEncoding="UTF-8"%>
<!DOCTYPE HTML PUBLIC "-//W3C//DTD HTML 4.01 Transitional//EN">
<html>
    <head>
        <title> 使用了 EL 表达式的 JSP 页面 </title>
    </head>
    <body>
        <%
            session.setAttribute("nickname", "Tom");
        %>
        <h3>EL 表达式 \${100*3} 的值为：${100*3}   </h3>
        <h3>
            EL 表达式读取 session 作用域中的属性 \${nickname}：${nickname}
        </h3>
    </body>
</html>
```

启动 Tomcat，在地址栏中输入“http://localhost:8080/ELDemo/eldemo1.jsp”，运行结果如图 8-1 所示。

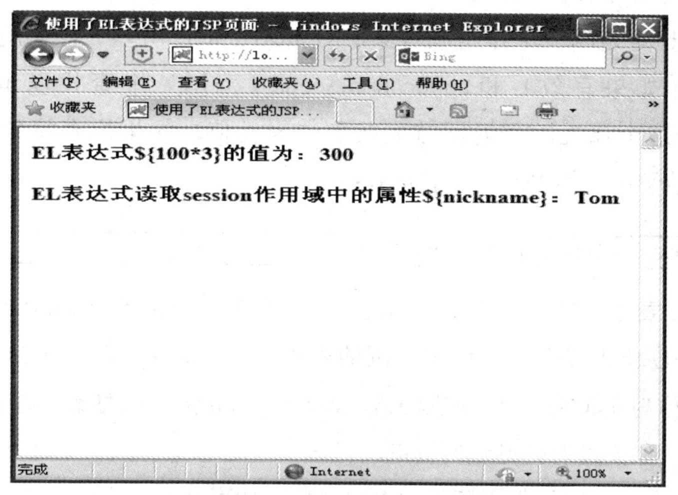

图 8-1　例题 8-1 的运行结果

* **说明：**

- 在 EL 表达式中定义了自己的运算符，它的运算符和 Java 语言一样，提供了逻辑运算、算术运算和关系运算等功能。在上面的 JSP 页面中第 11 行输出算术表达式 100*3 的结果。
- 在 session 对象中设定属性 nickname 的值为“Tom”，通过 EL 表达式读取 session 对象中名为 nickname 的属性值。
- ${} 不允许嵌套，例如，${10>${total}} 是错误的用法，会抛出异常。

2. EL 表达式中的常量

EL 表达式中的常量又称字面量，它们是不能改变的数据，有以下几种类型的常量。

- 整型常量：与 Java 中的十进制的整型常量相同。它的取值范围是 Java 语言中定义的常量 Long.MIN_VALUE 到 Long.MAX_VALUE 之间。
- 浮点型常量：用整数部分加小数部分表示，也可以用指数形式表示，例如，−12.345 和 1.2345e-6 都是合法的浮点型常量。它的取值范围是 Java 语言中定义的常量 Double.MIN_VALUE 到 Double.MAX_VALUE 之间。
- 字符串常量：用单引号或双引号括起来的 0 个或多个字符。
- 布尔常量：只有两个值，即 true 和 false。
- Null 常量：用于表示变量引用的对象为空，它只有一个值，用 null 表示。

在上面的例题中，EL 表达式 ${100*3} 中的 100、3 都是整型常量。

3. EL 表达式中的变量

EL 表达式存取变量数据的方法很简单，例如，前面例题中的 ${nickName}，它的意思是取出某一作用域对象中名称为 nickName 的属性的值。

因为并没有指定是哪一个作用域对象中的 nickName，所以 EL 引擎会依次在 page、request、session（如果有效）和 application Scope（范围）中查找以 nickName 为名的属性，如果找到这个属性，则返回首先找到的属性值，如果没有找到，则返回 null。${nickName} 等效于如下的 JSP 脚本表达式：

```
<%= pageContext.findAttribute("nickName")%>
```

也可以在 EL 表达式中指定变量的作用范围，例如，${sessionScope.nickName}，其中 sessionScope 是 EL 表达式中表示作用范围的内置对象，该 EL 表达式的意思是取 session 作用域对象中名称为 nickName 的属性的值，如果 session 作用域对象中有 nickName 属性，则返回该属性值；如果没有，则返回 null。

EL 表达式中有 4 个表示作用范围的内置对象，如表 8-1 所示。

表 8-1　作用范围在 EL 中的名称对照表

JSP 中的内置对象名称	EL 表达式中的名称
page	pageScope
request	requestScope
session	sessionScope
application	applicationScope

4. EL 运算符

在 EL 表达式中可以使用 EL 中定义的运算符，当 EL 引擎遇到这些运算符时，它就执行相应的运算。EL 表达式中的运算符及其功能如表 8-2 所示。

表 8-2　EL 表达式中的运算符

运算符类型	运　算　符	功　　能	说　　明
算术运算符	+	执行加法操作，${-4+2} 的值为 -2	算术运算符用于对整数和浮点数执行算术运算。其中，“-”既可以用作减号，也可以用作负号；“/”和“div”在进行除法运算时，商为小数
	-	执行减法操作，${3.5-2.7} 的值为 0.8	
	*	执行乘法操作，${2*5} 的值为 10	
	/ 或 div	执行除法操作，${7/2} 的值为 3.5	
	% 或 mod	执行取余操作，${10%4} 的值为 2	
关系运算符	==（eq）	判断运算符两边是否相等，相等返回 true，否则返回 false。${5 eq 5.0} 或 ${5==5.0} 的结果为 true	关系运算符用于大小关系的比较，运算的结果都是布尔类型的。每个括号中的关系运算符与它前面的运算符是等效的。注意：（1）为了避免与 JSP 页面的标签产生冲突，对于后 4 种关系运算符，EL 表达式中通常使用括号内的形式。例如，使用 lt 代替 < 运算符（2）当 EL 表达式中使用括号中的运算符时，如果运算符后面是数字，在运算符和数字之间至少要有一个空格，例如 ${1lt 2}，但后面有其他符号时则可以不留空格。例如 ${1lt(1+2)}
	!=（ne）	判断运算符两边是否不相等，不相等返回 true，否则返回 false。${“abc" ne “abc"} 或 ${“abc" != “abc"} 的结果为 false	
	<（lt）	判断运算符左边是否小于右边，如果小于返回 true，否则返回 false。${1<2} 或 ${1 lt 2} 的结果为 true	
	>（gt）	判断运算符左边是否大于右边，如果大于返回 true，否则返回 false。${“abc"> "aaa"} 或者 ${“abc" gt “aaa"} 的结果为 true	
	<=（le）	判断运算符左边是否小于或等于右边，如果小于或等于返回 true，否则返回 false。${“abc"<="aaa"} 或者 ${“abc" le “aaa"} 的结果为 false	
	>=（ge）	判断运算符左边是否大于或等于右边，如果大于或等于返回 true，否则返回 false。${3>=3} 或者 ${3 ge 3} 的结果为 true	
逻辑运算符	&& 或 and	逻辑与运算符，如果运算符两边均为 true，则返回 true，否则返回 false。${true and true} 的结果为 true	逻辑运算符用于对结果为布尔类型的表达式进行运算，运算的结果为布尔类型

续表

<table>
<tr><th>运算符类型</th><th>运 算 符</th><th>功 能</th><th>说 明</th></tr>
<tr><td rowspan="2">逻辑运算符</td><td>|| 或 or</td><td>逻辑或运算符，如果运算符两边均为 false，则返回 false，否则返回 true。${true or false} 的结果为 true</td><td rowspan="2">逻辑运算符用于对结果为布尔类型的表达式进行运算，运算的结果为布尔类型</td></tr>
<tr><td>! 或 not</td><td>逻辑非运算符，如果运算结果为 true，则返回 false，否则返回 true。${not true} 的结果为 false</td></tr>
<tr><td>empty 运算符</td><td>empty</td><td>empty 作为前缀，用于判定一个值是否为 null 或者空，如果为 null 或空，则返回 true，否则返回 false</td><td>单目运算符，只需一个操作数，它的操作数可以是变量或表达式。例如，${empty A} 检查操作数 A 是否为 null 或空</td></tr>
<tr><td>条件运算符</td><td>? :</td><td>${a ? b : c} 如果条件 a 为 true，则表达式的值为 b，否则为 c。${(1==2) ? 3 : 4} 的结果为 4</td><td></td></tr>
<tr><td>圆括号运算符</td><td>()</td><td>用于改变其他运算符的优先级别。例如，${a*b-c}，按运算符的优先级别，先计算 a*b，再将计算的结果与 c 相减；如果 EL 表达式改成 ${a*(b-c)}，则先计算 b-c，再将计算的结果与 a 相乘</td><td></td></tr>
<tr><td>方括号运算符</td><td>[]</td><td rowspan="2">用于访问 JSP 页面中的 JavaBean 对象的属性和 Map、List、array 等集合对象中的数据</td><td rowspan="2"></td></tr>
<tr><td>点运算符</td><td>.</td></tr>
</table>

例题 8-2 在 ELDemo 项目中，创建 eldemo2 的 JSP 页面。

```
<%@ page language="java" import="java.util.*" pageEncoding="UTF-8"%>
<!DOCTYPE HTML PUBLIC "-//W3C//DTD HTML 4.01 Transitional//EN">
<html>
    <head>
        <title>EL 表达式中运算符的使用 </title>
    </head>
    <body>
        <table width="500" border="1">
            <tr>
                <th> 运算符 </th>
                <th>EL 表达式 </th>
                <th> 运算结果 </th>
            </tr>
            <tr>
                <td> 算术运算 </td>
                <td>\${2+3*4-5+(8/2)+5%3}</td>
                <td>${2+3*4-5+(8/2)+5%3}</td>
```

```
            </tr>
            <tr>
                <td> 关系运算 </td>
                <td>\${5==4}</td>
                <td>${5==4}</td>
            </tr>
            <tr>
                <td> 逻辑运算 </td>
                <td>\${4>3&&5<10}</td>
                <td>${4 gt 3 && 5 lt 10}</td>
            </tr>
            <tr>
                <td> 条件运算 </td>
                <td>\${userName==null?"abc":userName}</td>
                <td>${userName==null?"abc":userName}</td>
            </tr>
            <tr>
                <td> 判空运算 </td>
                <td>\${empty userName}</td>
                <td>${empty userName}</td>
            </tr>
        </table>
    </body>
</html>
```

启动 Tomcat，在地址栏中输入“http://localhost:8080/ELDemo/eldemo2.jsp”，运行结果如图 8-2 所示。

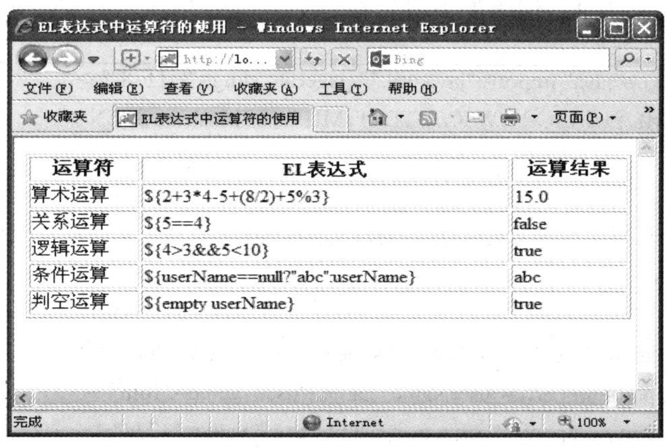

图 8-2　例题 8-2 的运行结果

5. 方括号运算符和点运算符

在 JSP 页面中经常需要访问 JavaBean 对象的属性和 Map、List、Set 等集合对象中的数据，[] 运算符和点运算符（.）就是 EL 表达式中专门用来访问这些数据的运算符，它们使访问这些数据的操作变得非常简单、方便。

1）点运算符的使用

在 JSP 页面中通过 EL 表达式的点运算符访问 JavaBean 对象中的属性。

例题 8-3 在 ELDemo 项目中，创建一个 User 类，通过 eldemo3.jsp 页面访问此 JavaBean 对象。

```
//User.java
package com.hbsi.beans;
public class User {
    private String userName;
    private String password;
    public String getUserName() {
        return userName;
    }
    public void setUserName(String userName) {
        this.userName = userName;
    }
    public String getPassword() {
        return password;
    }
    public void setPassword(String password) {
        this.password = password;
    }
}
```

创建 eldemo3.jsp 页面，代码如下：

```
<%@ page language="java" import="java.util.*" pageEncoding="UTF-8"%>
<!DOCTYPE HTML PUBLIC "-//W3C//DTD HTML 4.01 Transitional//EN">
<html>
    <head>
        <title> 使用 EL 表达式访问 JavaBean 对象 </title>
    </head>
    <body>
      <jsp:useBean id="user" class="com.hbsi.beans.User" scope="page" />
      <jsp:setProperty property="userName" name="user" value="Tom" />
      <jsp:setProperty property="password" name="user" value="1234" />
      <!-- 读取 JSP 页面中 JavaBean 对象的属性值 -->
      用户名：<b>${user.userName}</b><br/>
      密  码：<i>${user["password"]}</i>
    </body>
</html>
```

在 EL 表达式中，可以使用“.”运算符获取 JavaBean 对象的属性值，例如上面代码的 ${user.userName}；也可以使用 [] 运算符来读取值，例如 ${user[“password”]}。

2）[] 运算符的使用

例题 8-4　在项目 ELDemo 中创建 eldemo4.jsp，使用 [] 运算符进行访问。

```
<%@ page language="java" import="java.util.*" pageEncoding="UTF-8"%>
<!DOCTYPE HTML PUBLIC "-//W3C//DTD HTML 4.01 Transitional//EN">
<html>
    <head>
        <title>[] 运算符的使用 </title>
    </head>
    <body>
        <jsp:useBean id="a" class="com.hbsi.beans.User" />
        <jsp:setProperty property="userName" name="a" value="SuperMan" />
        <jsp:setProperty property="password" name="a" value="1234" />
        <%
            pageContext.setAttribute("b", "userName");
            pageContext.setAttribute("c", "password");
        %>
        EL 表达式 \${a[b] } 的值为：${a[b] }      <br />
        EL 表达式 \${a[c] } 的值为：${a[c] }      <br />
    </body>
</html>
```

* **说明**：${a[b]} 中，b 没有用单引号或双引号括起来，则 b 不是字符串常量，EL 引擎将把这个 b 当作一个 EL 变量来看待，EL 引擎会先取变量 b 的值（${b}）并将其转换为 String 类型，即得到字符串“userName”，然后再访问 a 对象中名称为“userName”的属性值。这时如果将 EL 表达式修改为 ${a[“b”]}，则含义和 ${a[b]} 就不同了。${a[“b”]} 表示访问 JavaBean 对象 a 中名称为 b 的属性的属性值，但是在 a 对象中没有名称为 b 的属性，所以会发生错误。

3）两种运算符的比较

习惯上，访问变量和内置对象的属性时使用点运算符作为简单的写法，但实际上，[] 运算符的应用更广泛些。

（1）这两个运算符都可以访问各个作用域中属性对象中的属性和内置对象的属性，在这种情况下，它们的效果相同，可以互换使用。例如，表达式 ${user.userName} 和 ${user["userName"]} 是等效的，都是用于访问存储在某个作用域中的 user 对象的 userName 属性，表达式 ${user.userName} 使用的是点运算符，表达式 ${user["userName"]} 使用的是 [] 运算符。它等效于如下 JSP 脚本程序段：

```
<%
        User user1=(User)pageContext.findAttribute("user");
```

```
        if(user1!=null){
            out.println(user1.getUserName());
        }
    %>
```

（2）[] 运算符还可以访问有序集合（即实现了 java.util.List 接口的集合）或数组中的指定索引位置的某个元素，例如表达式 ${users[0]} 用于访问集合或数组对象 users 中的第一个元素。在这种情况下，EL 表达式中只能使用 [] 运算符，而不能使用点运算符。

（3）[] 运算符和点运算符可以结合使用。例如，表达式 ${users[0].userName} 可以访问集合或数组中的第一个元素对象的 userName 属性。

下面通过例题测试使用 [] 和 . 运算符访问集合对象中元素的属性。

例题 8-5 在 ELDemo 项目中，新建一个 JSP 页面 eldemo5.jsp，在该 JSP 页面中增加脚本程序段，在 pageContext 作用域对象中设计集合属性 users，使用 EL 表达式访问该集合属性中元素的属性值。

```
<%@ page language="java" import="java.util.*" pageEncoding="UTF-8"%>
<%@ page import="com.hbsi.beans.*" %>
<!DOCTYPE HTML PUBLIC "-//W3C//DTD HTML 4.01 Transitional//EN">
<html>
    <head>
        <title> 点运算符和 [] 运算符的使用 </title>
    </head>
    <body>
        <%
            LinkedList<User> users = new LinkedList<User>();
            User user1 = new User();
            user1.setUserName("Tom");
            user1.setPassword("1234");
            users.add(user1);
            User user2 = new User();
            user2.setUserName("Jerry");
            user2.setPassword("1111");
            users.add(user2);
            pageContext.setAttribute("users", users);
        %>
        ${users[0].userName }:${users[0].password }    <br />
        ${users[0]["userName"] }:${users[0]["password"] }    <br />
        ${users[1].userName }:${users[1].password }    <br />
        ${users[1]["userName"] }:${users[1]["password"] }    <br/>
    </body>
</html>
```

＊ **说明：**[] 运算符中还可以使用表达式，如果表达式 ${a[b]} 中的 b 不是一个字符串常量，那么 EL 引擎将把这个 b 当作一个 EL 变量或表达式来看待，表达式 ${a[b]} 的值按如下规则进行计算。

- 如果表达式 ${a} 的值为 null，则表达式 ${a[b]} 返回 null。
- 如果表达式 ${b} 的值为 null，则表达式 ${a[b]} 返回 null。
- 如果 ${a} 的值是一个 java.util.Map 对象，${b} 的值是 Map 对象的关键字，则表达式 ${a[b]} 返回 ${a} 对象中关键字 ${b} 的值；如果 ${a} 对象中不存在关键字 ${b}，则表达式 ${a[b]} 返回 null。
- 如果 ${a} 的值是一个 List 或 array 对象，则根据 EL 表达式的转换规则将 ${b} 的值转换为整数，表达式 ${a[b]} 返回 List 或 array 对象指定索引位置的值。如果 ${b} 的值不能转换为整数，则表达式 ${a[b]} 发生错误；如果转换成功，但 ${b} 的值小于 0 或者大于等于对应的 List 或 array 对象的最大下标，则表达式 ${a[b]} 返回 null；如果 List 或 array 对象为空，则 ${a[b]} 产生错误。
- 如果 ${a} 的值是一个 JavaBean 对象，则将 ${b} 的值转换为 String 类型作为对象 ${a} 的属性，如果 JavaBean 对象有 ${b} 这个属性，则表达式 ${a[b]} 就返回这个属性的值，否则表达式 ${a[b]} 发生错误。

6. JSP EL 内置对象

在模块 6 中已经介绍了 JSP 中的 9 个内置对象，在 EL 表达式中，为了更简便地读取各种属性的数值，定义了 11 个内置对象供开发人员使用，使用这些内置对象可以很方便地读取到 Cookie、HTTP 请求消息头字段、请求参数、Web 应用程序的初始化参数等信息。

（1）与作用范围相关的 EL 内置对象

与作用范围相关的 EL 内置对象有 pageScope、requestScope、sessionScope 和 application Scope。利用它们可以读取使用 JSP 内置对象 pageContext、request、session 以及 application 的 setAttribute() 方法设定的属性的值。例如，要取得 JSP 内置对象 session 中存储的一个 username 属性的值，可以使用下面的方法：

```
session.getAttribute("username");
```

而在 EL 中则使用下面的方法：

```
${sessionScope.username}
```

＊ **注意：**在 EL 表达式中也可以不使用这些内置对象来指定查找域，而是直接使用这些域中的属性名称。例如，表达式 ${userName}，则按照 pageScope、requestScope、sessionScope 和 applicationScope 的先后顺序查找 userName 属性，直到找到为止。

（2）与输入有关的 EL 内置对象

与输入有关的 EL 内置对象有 param 和 paramValues，使用它们可以获取客户端访问 JSP 页面时传递的请求参数的值。因为 HTTP 协议允许一个请求参数名出现多次，即一个请求参数可能会有多个值，所以 EL 表达式提供了 param 和 paramValues 这两个内置对象分别获取请求参数的单个值和所有值。

param 内置对象返回一个请求参数的单个值，如果同一个请求参数有多个值，则返回第一个参数值。例如，${param.userName} 和 <%=request.getParameter("userName") %> 等价。paramValues 内置对象用于返回一个请求参数的所有值，返回结果为该参数的所有值组成的字符串数组。例如，访问 JSP 页面时传递了两个名称都为“userId”的参数，参数值分别为“u123”和“u345”，那么 EL 表达式 ${paramValues.userId} 的返回值是一个字符串数组，它与 request.getParameterValues("userId") 是等价的。字符串数组中的第一个元素为“u123”，可以用表达式 ${paramValues.userId[0]} 来获得，第二个对象为“u345”，可以用表达式 ${paramValues.userId[1]} 来获得。

（3）代表 HTTP 请求消息头集合的内置对象

内置对象 header 和 headerValues 用于获取客户端访问 JSP 页面时传递的请求头字段的值。因为 HTTP 协议允许一些请求头字段可以出现多次，即一个请求头字段可能会有多个值，所以，EL 表达式提供了 header 和 headerValues 这两个内置对象来分别获取请求头字段的单个值和所有值。

Header 内置对象返回一个请求头字段的单个值，如果同一个请求头字段有多个值，则返回第一个值。例如，${header["User-Agent"]} 可以获得 User-Agent 请求头字段的值。而 headerValues 内置对象用于返回一个请求头字段的所有值，返回结果为该请求头字段的所有值组成的字符串数组。

（4）cookie 内置对象

内置对象 cookie 是一个代表所有 Cookie 信息的 Map 对象，其中 Map 对象中的各个元素的关键字分别为各个 Cookie 的名称，值则分别为对应的 Cookie 对象。使用 cookie 内置对象可以访问某个 Cookie 名称对应的 Cookie 对象，这些 Cookie 对象是通过调用 HttpServletRequest.getCookies() 方法得到的。

例题 8-6 ELDemo 项目中，新建一个 JSP 页面 eldemo6.jsp，EL 表达式访问 cookie 内置对象。

```
<%@ page language="java" import="java.util.*" pageEncoding="UTF-8"%>
<!DOCTYPE HTML PUBLIC "-//W3C//DTD HTML 4.01 Transitional//EN">
<html>
    <head>
        <title>Cookie 对象的使用 </title>
    </head>
```

```
    <body>
        <% response.addCookie(new Cookie("userCountry", "China"));    %>
        输出名称为 userCountry 的 Cookie 对象的信息：${cookie.userCountry}<br/>
        输出名称为 userCountry 的 Cookie 对象的名称和值：
        ${cookie.userCountry.name}=${cookie.userCountry.value }
    </body>
</html>
```

启动 Tomcat，在地址栏中输入“http://localhost:8080/ELDemo/eldemo6.jsp”，第一次访问该 JSP 页面的运行结果如图 8-3 所示，接着刷新访问这个 JSP 页面的运行结果如图 8-4 所示。

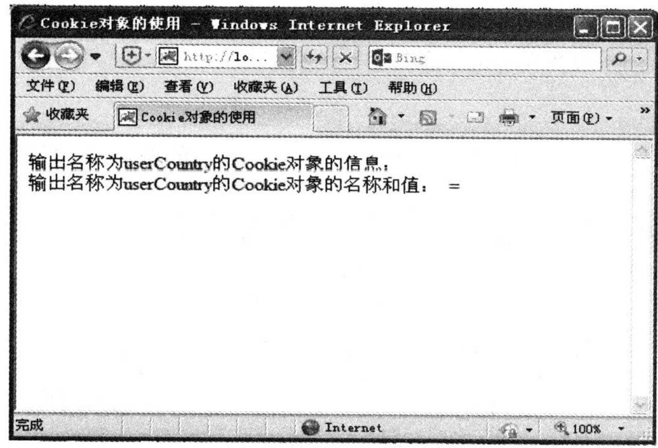

图 8-3 第一次访问 eldemo6.jsp 页面的运行结果

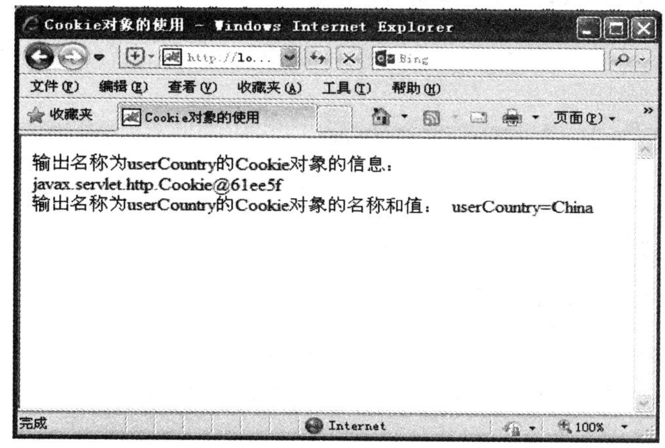

图 8-4 刷新访问 eldemo6.jsp 页面的运行结果

＊ **说明**：浏览器在第一次访问 example8-6.jsp 页面前，还没有接收过名称为 userCountry 的 Cookie 对象，它不会向 Web 服务器回传名称为 userCountry 的 Cookie 对象，所以在图 8-3 中无法获得名称为 userCountry 的 Cookie 信息。当浏览器访问过该页面后，它接收到了名称为 userCountry 的 Cookie 信息，当再次刷新访问该页面时，浏览器将向 Web 服

务器回传名称为 userCountry 的 Cookie 信息，所以在图 8-4 中获得了名称为 userCountry 的 Cookie 对象。

7. initParam 内置对象

内置对象 initParam 是一个代表 Web 应用程序中的所有初始化参数的 Map 对象，每个初始化参数的值是 ServletContext.getInitParameter(String name) 方法返回的字符串。Web 应用程序的初始化参数可以在 web.xml 文件中指定，例如在 web.xml 文件中的 <web-app> 根元素的下面加入如下内容：

```
<context-param>
        <param-name>encoding</param-name>
        <param-value>utf-8</param-value>
</context-param>
```

在 JSP 页面中使用 EL 表达式 ${initParam.encoding} 的返回值为字符串“utf-8”。

8. pageContext 内置对象

EL 表达式中的 pageContext 内置对象对应于 JSP 页面中的 pageContext 对象，EL 表达式可以通过 pageContext 内置对象访问其他 JSP 内置对象。

例题 8-7 在 ELDemo 项目中，新建一个 JSP 页面 eldemo7.jsp，通过 pageContext 内置对象访问其他内置对象。

```
<%@ page language="java" import="java.util.*" pageEncoding="UTF-8"%>
<!DOCTYPE HTML PUBLIC "-//W3C//DTD HTML 4.01 Transitional//EN">
<html>
    <head>
        <title>pageContext 内置对象使用 </title>
    </head>
    <body>
        请求 URI 为：${pageContext.request.requestURI }   <BR />
        Content-Type 响应消息头为：${pageContext.response.contentType }
        <br />
        服务器信息为：${pageContext.servletContext.serverInfo }<br />
        Servlet 注册名为：${pageContext.servletConfig.servletName }
    </body>
    </html>
```

启动 Tomcat，在地址栏中输入“http://localhost:8080/ELDemo/eldemo7.jsp”，运行结果如图 8-5 所示。

在该 JSP 页面中通过 pageContext 内置对象来访问 request、response、servletContext 和 ServletConfig 等对象。

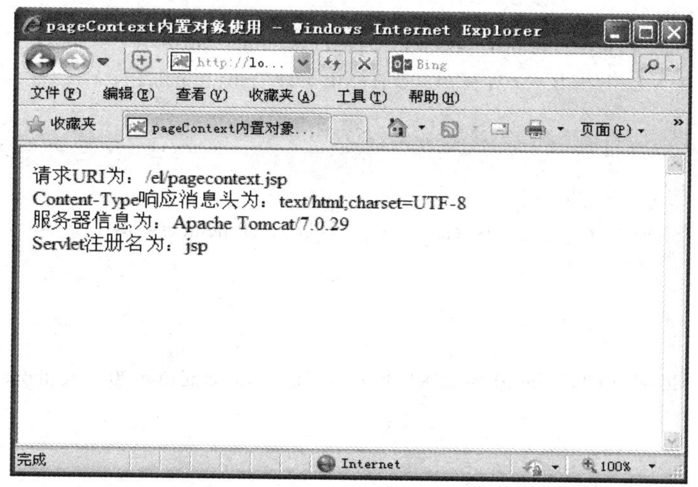

图 8-5　eldemo7.jsp 页面的运行结果

9. 设定 JSP 不使用 JSP EL

在 JSP 2.0 中默认是启用 EL 表达式的，如果在 JSP 页面中使用了与 EL 相冲突的其他技术，可以使用 page 指令元素的 isELIgnored 属性来禁用 EL 表达式。语法如下：

```
<%@ page isELIgnored="true|false" %>
```

- true：表示忽略对 EL 表达式进行计算。
- false：表示计算 EL 表达式的值，默认值为 false。

也可修改 web.xml 来决定当前的 Web 应用是否忽略 EL 表达式。

```
<jsp-config>
    <jsp-property-group>
        <url-pattern>*.jsp</url-pattern>
        <el-ignored>true</el-ignored>
    </jsp-property-group>
</jsp-config>
```

web.xml 文件中的 <el-ignored> 标记用来预设所有 JSP 页面是否使用 EL 表达式，如果 web.xml 和 page 指令都进行了设定，page 指令的设定优先级要高。

8.1.3　任务实现

使用 EL 表达式实现学生登录后查看个人的基本信息。

1. 编写学生首页面左导航菜单页面

打开 stu 文件夹下的 stuleft.jsp 页面文件，编辑文件，代码如下：

```
<%@ page language="java" import="java.util.*" pageEncoding="utf-8"%>
<!DOCTYPE HTML PUBLIC "-//W3C//DTD HTML 4.01 Transitional//EN">
<html>
  <head>
    <title> 导航菜单 </title>
    <link rel="stylesheet"  type="text/css"  href="/jygl/css/leftmenu.css" />
  </head>

  <body>
    <table width="100%"  height="238"  border="0"  cellpadding="0"  cellspacing="0"  bgcolor=
    "#EEF2FB">
     <tr>
       <td width="182"  valign="top">
         <div id="container">
           <h1 class="type">
             <a href="javascript:void(0)"> 学生管理导航 </a>
           </h1>
           <div class="content">
             <ul class="menuitem">
               <li>
                   <a href="/jygl/public/right.jsp" target="main"> 学生首页 </a>
               </li>
               <li>
                  <a href="/jygl/studentManage?action=show" target="main"> 查看个人基本信息 </a>
               </li>
               <li>
                <a href="/jygl/resumeManage?action=create" target="main"> 制作简历 </a>
               </li>
               <li>
                  <a href="/jygl/resumeManage?action=edit" target="main"> 修改简历 </a>
               </li>
               <li>
                  <a href="/jygl/recruitManage?action=recruitlist" target="main"> 查看招聘信息 </a>
               </li>
               <li>
                     <a href="/jygl/employmentManage?action=list" target="main"> 查看就业信息 </a>
               </li>
               <li>
                   <a href="/jygl/public/message.jsp" target="main"> 给管理员留言 </a>
               </li>
               <li>
             <a href="/jygl/messageManage?action=list" target="main"> 查看管理员回复 </a>
              </li>
```

```
            <li>
                <a href="/jygl/public/updatePassword.jsp" target="main"> 修改密码 </a>
            </li>
          </ul>
        </div>

        </div>
      </td>
    </tr>
  </table>
</body>
</html>
```

2. 编写 leftmenu.css 样式表文件

在 WebRoot 下的 css 文件夹中新建样式表文件 leftmenu.css，代码参考模块 6 的任务 6.2。

3. 改写 StudentDao.java 接口和实现类 StudentDaoImpl.java

（1）改写 StudentDao.java 接口，在接口中添加查询学生基本信息的方法，代码如下：

```
package com.hbsi.dao;
import com.hbsi.bean.DoPage;
import com.hbsi.bean.Student;
public interface StudentDao {
    ......
    // 定义方法查询学生基本信息
    Student lookStudent(int sid);
    ......
}
```

（2）改写 StudentDaoImpl.java 类实现接口中方法，代码如下：

```
package com.hbsi.dao.service;
import java.sql.Connection;
import java.sql.PreparedStatement;
import java.sql.ResultSet;
import java.sql.SQLException;
import java.util.ArrayList;
import java.util.List;
import com.hbsi.bean.DoPage;
import com.hbsi.bean.Resume;
import com.hbsi.bean.Student;
import com.hbsi.dao.StudentDao;
import com.hbsi.db.ConnectionFactory;
```

```
import com.hbsi.db.DBClose;
public class StudentDaoImpl implements StudentDao {
    Connection con=null;
    PreparedStatement pstat=null;
    ResultSet rs=null;
    //定义方法查询学生基本信息
    public Student lookStudent(int sid){
        //创建和数据库的连接
          con=ConnectionFactory.getConnection();
        //定义一个用来查询用户名、密码、用户类型是否存在的 sql 语句
          String sql="select * from student where sid="+sid;
          //定义一个 Student 对象，属性初始化为默认值
          Student student=new Student();
          try {
            //创建预编译的 PreparedStatement 对象
            pstat=con.prepareStatement(sql);
            //执行查询，返回结果集
            rs=pstat.executeQuery();
            //如果结果集不为空，从结果集提取数据，设置为 student 对象属性值，封装 student
对象
            if(rs.next()){
                //用字段名作参数取出字段 sid 的值，设置 student 对象属性 sid 的值
                student.setSid(rs.getInt("sid"));
                //用字段名作参数取出字段 sname 的值，设置 student 对象属性 sname 的值
                student.setSname(rs.getString("sname"));
                //依次把查询出的字段值封装为对象 student 的属性值
                student.setGender(rs.getString("gender"));
                student.setIdnumber(rs.getString("idnumber"));
                student.setSchool(rs.getString("school"));
                student.setDepartment(rs.getString("department"));
                student.setMajor(rs.getString("major"));
                student.setEducation(rs.getString("education"));
                student.setEntrancedate(rs.getString("entrancedate"));
                student.setNativeplace(rs.getString("nativeplace"));
            }
          } catch (SQLException e) {
            e.printStackTrace();
          } finally{
              DBClose.close(rs, pstat, con);
          }
          return student;
    }
}
```

4. 改写 StudentManageServlet 类文件

打开 com.hbsi.controller 包中的 StudentManageServlet.java 类文件，在 doPost() 方法中添加代码实现学生基本信息显示，代码如下：

```
package com.hbsi.controller;
import java.io.IOException;
import java.io.PrintWriter;
import javax.servlet.RequestDispatcher;
import javax.servlet.ServletException;
import javax.servlet.http.HttpServlet;
import javax.servlet.http.HttpServletRequest;
import javax.servlet.http.HttpServletResponse;
import javax.servlet.http.HttpSession;
import com.hbsi.bean.DoPage;
import com.hbsi.bean.Student;
import com.hbsi.bean.User;
import com.hbsi.dao.StudentDao;
import com.hbsi.dao.service.StudentDaoImpl;
public class StudentManageServlet extends HttpServlet {
    protected void doGet(HttpServletRequest request, HttpServletResponse response)
            throws ServletException, IOException {
        this.doPost(request, response);
    }

    public void doPost(HttpServletRequest request, HttpServletResponse response)
            throws ServletException, IOException {
        String action=request.getParameter("action");
        StudentDao sd=new StudentDaoImpl();
          ……
        if(action.equals("show")){
            HttpSession session=request.getSession();
            User user=(User)session.getAttribute("user");
            int sid=0;
            if("student".equals(user.getUsertypes())){
                sid=user.getId();
            }else{
                //获取请求参数 sid 的值
                String sidStr=request.getParameter("sid");
                try {
                    sid=Integer.parseInt(sidStr);
                } catch (NumberFormatException e) {
                    e.printStackTrace();
                }
```

```
            }
            //调用方法，查询学生基本信息
            Student student=sd.lookStudent(sid);
            //封装 student 对象为请求属性 student，转到修改学生信息页面
            request.setAttribute("student", student);
            this.gotoPage("stu/showStudent.jsp", request, response);
        }
    }
    private void gotoPage(String url,HttpServletRequest request, HttpServletResponse response)
            throws ServletException, IOException {
        RequestDispatcher dispatcher=request.getRequestDispatcher(url);
        dispatcher.forward(request, response);
    }
}
```

5. 编写查看学生个人基本信息的页面文件

在 stu 文件夹下新建 showStudent.jsp 文件，代码如下：

```
<%@ page language="java" import="java.util.*" pageEncoding="utf-8"%>
<html>
    <head>
        <title> 学生基本信息 </title>
        <link href="/jygl/css/stucss.css" rel="stylesheet" type="text/css">
    </head>
<body>
    <table class="regtable" width="500" align="center" border="0"
        cellpadding="5" cellspacing="1">
        <caption class="txt"> 学生个人基本信息 </caption>
          <tr>
              <td></td>
          </tr>
          <tr>
           <td valign="top" width="500" bgcolor="#f9f9f9" height="350">
             <table width="500" align="center" border="0" cellpadding="0" cellspacing="0">
             <tr>
                 <td colspan="2" class="tdinfo" height="25">
                     <span style="font-weight:bold;"> 学生基本信息 </span>
                 </td>
                <td colspan="2"> </td>
               </tr>
               <tr>
                 <td align="right" height="30" width="130"> 姓名：</td>
                 <td width="370" align="left">
```

```
            <input type="text" name="sname" value="${student.sname}" size="30"/>
        </td>
    </tr>
    <tr>
        <td align="right" height="30"> 性别：</td>
        <td width="370">
            <input type="text" name="gender" value="${student.gender}" size="20" />
        </td>
</tr>
<tr>
    <td align="right" height="30" width="130"> 身份证号：</td>
    <td width="370">
            <input type="text" name="idnumber" value="${student.idnumber}" size="50" />
</td>
</tr>
<tr>
    <td align="right" height="30"> 学校：</td>
    <td>
            <input type="text" name="school" value="${student.school}" size="50" />
    </td>
</tr>
<tr>
    <td align="right" height="30"> 院系：</td>
    <td>
            <input type="text" name="department" value="${student.department}" size="50" />
    </td>
</tr>
<tr>
    <td align="right" height="30"> 专业：</td>
    <td>
    <input type="text" name="major" value="${student.major}" size="50" /></td>
</tr>
<tr>
    <td align="right" height="30"> 学历：</td>
    <td width="370">
            <input type="text" name="education" value="${student.education}" size="20" />
    </td>
</tr>
<tr>
    <td align="right" height="30"> 入学时间：</td>
    <td>
            <input type="text" name="entrancedate" value="${student.entrancedate}" >
    </td>
```

```
            </tr>
            <tr>
                <td align="right" height="30" width="130"> 籍贯： </td>
                <td width="370">
                    <input type="text" name="nativeplace" value="${student.nativeplace}" size="50" />
                </td>
            </tr>
            <tr>
                <td colspan="2"> </td>
            </tr>
        </table>
    </body>
</html>
```

6. 部署运行项目

使用学生用户登录，单击导航菜单的查看个人基本信息，查看运行结果。

8.2 本章小结

本章介绍了 EL 表达式的基本语法格式、常量、变量、EL 中的运算符以及如何使用 [] 和 . 运算符读取 JavaBean 对象的属性以及集合对象中的元素。在 EL 表达式中，为了更简便地读取各种属性的数值，也定义了 11 个内置对象供开发人员使用，在本章详细介绍了这 11 个内置对象的使用。

8.3 课后实训

1. 单项选择题

（1）JavaEE 中，JSP 表达式语言的语法是（　　）。

A．{EL expression}　　B．${EL expression}

C．@{EL expression}　　D．&{EL expression}

（2）JavaEE 中，JSP EL 表达式 ${user.loginName} 的执行效果等同于以下（　　）选项。

A．<%=user.getLoginName()%>　　B．<%user.getLoginName();%>

C．<%=user.loginName%>　　D．<%user.loginName;%>

2. 实践题

使用 EL 表达式实现企业用户登录后信息修改。

模块 9　自定义 JSP 标签的使用

在进行 Web 程序开发时，经常需要在 JSP 页面中处理复杂的业务逻辑，这就需要使用 Java 代码，这样在 JSP 页面中既有 HTML 代码，又有 Java 代码，给程序的后期维护带来了很大的难度，同时降低了程序的可重用性。为了解决这个问题，可以使用自定义 JSP 标签。自定义标签主要作用就是移除 JSP 页面中的 Java 代码，将复杂、重复的代码封装起来。

学习目标

■　【知识目标】

掌握自定义标签的开发步骤

■　【技能目标】

在 JSP 页面中能正确使用自定义标签完成相应的功能

9.1　任务——学会使用自定义 JSP 标签

9.1.1　任务描述

自定义 JSP 标签就是程序员自己定义的一种 JSP 标签，这种标签把要完成的功能封装到一个单独的 Java 类中，并通过一个 XML 文件来描述它的使用。当页面需要完成相应的功能时，就可以在页面中插入这个标签。 一个自定义标签可以代表多条 Java 语句，开发者只需要在 JSP 页面中像使用其他 HTML 标签一样使用即可。通过自定义标签，可以将 Java 代码从 HTML 中分离出来，便于页面维护，同时提高了可重用性，提高软件开发效率。该任务中通过自定义标签的使用来实现用户的特定功能，熟悉自定义标签的实现机制。

9.1.2　实现任务所需的自定义标签的技术

1. 自定义标签的执行过程

当 JSP 页面被 JSP 引擎（Web 容器）翻译成 Servlet 时，JSP 引擎遇到自定义标签，将在 Servlet 中实例化自定义标签的标签处理类，把对自定义标签的使用转换成对“标签处理类”的调用。当这个 JSP 页面被执行时，JSP 引擎就会调用这个“标签处理类”对象，并执行其内部定义的相应操作方法，从而完成相应的功能。

自定义标签是把原来编写在 JSP 页面的 Java 代码单独封装成一个 Java 类，当调用自定义标签时，其实就是调用相应的"标签处理类"来完成工作。

2. 自定义标签的开发流程

要使用自定义标签就要创建标签处理类与标签库描述文件（TLD）。标签处理类定义标签的行为。标签库描述文件（TLD）是包含自定义标签的描述性的 XML 文件。一般来说，自定义标签的开发流程包括以下几个步骤：

（1）编写一个 Java 类来完成标签的功能，此类称为标签处理类（Tag Handle Class）。

（2）编写一个 XML 文件来描述标签库中每个标签属性的详细信息，此 XML 文件称为标签库描述文件（Tag Library Descriptor File，TLD）。

（3）在 Web.xml 文件中声明 TLD 文件的位置。在 JSP 1.2 以上规范中此步骤可以省略。

（4）在 JSP 页面中使用 taglib 指令导入和使用自定义标签。

下面以一个简单的实例来演示自定义标签开发的全过程。

例题 9-1 使用自定义标签输出系统时间。

（1）编写标签处理类

创建 Web 项目 customtag，在 src 下新建一个 Java 类，即标签处理类 ViewTag.java，所在包名为 com.hbsi.web.tags，此类一般需要实现 javax.servlet.jsp.tagext.Tag 接口，并覆盖其中的 doStartTag() 方法。为了简化 Tag 接口实现类的编程工作，在 JSP API 中提供了一个 Tag 接口的实现类 TagSupport，标签处理类只需要继承 TagSupport 类，然后根据需要覆盖其中的方法即可。下面为标签处理类 ViewDateTimeTag.java 代码：

```
//ViewDateTimeTag.java
package com.hbsi.web.tags;
import java.io.IOException;
import java.text.SimpleDateFormat;
import java.util.Date;
import javax.servlet.http.HttpServletRequest;
import javax.servlet.jsp.JspException;
import javax.servlet.jsp.JspWriter;
import javax.servlet.jsp.tagext.TagSupport;
public class ViewDateTimeTag extends TagSupport{
    public int doStartTag() throws JspException {
            HttpServletRequest request = (HttpServletRequest) this.pageContext.getRequest();
            JspWriter out = this.pageContext.getOut();
            String datetime = new SimpleDateFormat("yyyy-MM-dd hh:mm:ss").format(new Date());
            try {
                out.write(datetime);
```

```
            } catch (IOException e) {
                throw new RuntimeException(e);
            }
            return super.doStartTag();
        }
}
```

（2）编写标签库描述文件

在项目的 Web-INF 目录中新建一个 TLD 文件 mytag.tld，对标签处理器类进行描述。TLD 文件采用 XML 格式，通常以“.tld”为文件扩展名。

```
//mytag.tld
<?xml version="1.0" encoding="UTF-8"?>
<!DOCTYPE taglib PUBLIC "-//Sun Microsystems, Inc.//DTD JSP Tag Library 1.2//EN"
                        "http://java.sun.com/dtd/Web-jsptaglibrary_1_2.dtd">
<taglib>
    <tlib-version>1.0</tlib-version>
    <jsp-version>1.2</jsp-version>
    <short-name>hbsi</short-name>
    <uri>http://www.hbsi.com</uri>
  <tag>
    <name>viewDateTime</name>
    <tag-class>com.hbsi.web.tags.ViewDateTimeTag</tag-class>
    <body-content>empty</body-content>
  </tag>
</taglib>
```

（3）使用自定义标签

在 JSP 页面中导入并使用上面开发的标签 index.jsp。

```
<%@ page language="java" import="java.util.*" pageEncoding="UTF-8"%>
<%@taglib uri="http://www.hbsi.com" prefix="hbsi" %>
<!DOCTYPE HTML PUBLIC "-//W3C//DTD HTML 4.01 Transitional//EN">
<html>
 <head>
        <title> 自定义标签使用 </title>
 </head>
<body>
        系统时间：<hbsi:viewDateTime/><br>
 </body>
</html>
```

（4）部署并运行项目

启动 Tomcat，在地址栏中输入“http://localhost:8080/ customtag/index.jsp”，运行结果

如图 9-1 所示。

图 9-1　自定义标签 <hbsi:viewDateTime> 的使用

3. 实现自定义 JSP 标签的 Java API

JSP 规范中定义了多个用于开发自定义标签的接口和类，这些接口和类在 javax.servlet.jsp.tagext 包中，大致可以分为两组，如图 9-2 所示。

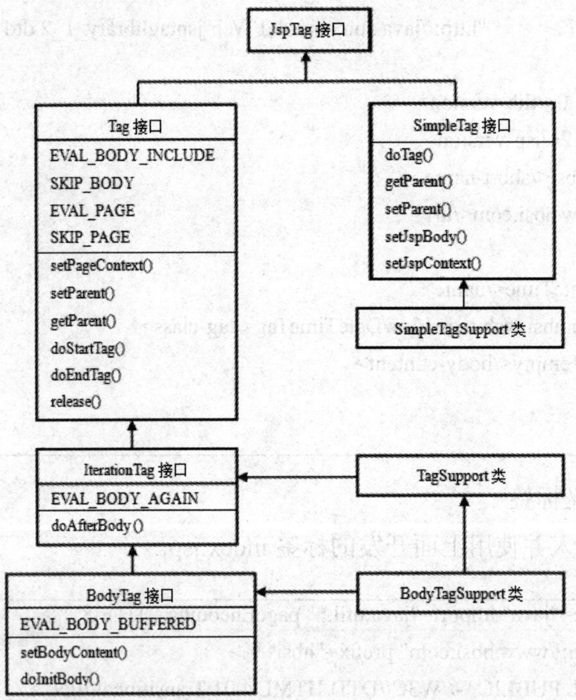

图 9-2　javax.servlet.jsp.tagext 包中接口和类

1）JspTag 接口

JspTag 接口是 JSP 2.0 中新定义的一个接口，作为所有自定义标签的父接口，没有任何属性和方法。JspTag 接口有 Tag 和 SimpleTag 两个直接子接口，JSP 2.0 以前只有 Tag 接口，所以把实现 Tag 接口的自定义标签称为传统标签的开发，把实现 SimpleTag 接口的自定义标签叫做简单标签的开发。

2）Tag 接口

Tag 接口是所有传统标签的父接口，其中定义了两个重要方法（doStartTag() 和

doEndTag()）和 4 个常量（EVAL_BODY_INCLUDE、SKIP_BODY、EVAL_PAGE 和 SKIP_PAGE），它们的作用将在后面介绍。

3）IterationTag 接口

IterationTag 接口继承了 Tag 接口，并在 Tag 接口的基础上增加了一个 doAfterBody() 方法和一个 EVAL_BODY_AGAIN 常量。实现此接口的标签除了可以完成 Tag 接口的所有功能外，还增加了控制重复执行标签主体的方法。

在 JSP API 中提供了一个 IterationTag 接口的实现类 TagSupport，用户可以直接继承这个类来简化开发工作。

4）BodyTag 接口

BodyTag 接口继承了 IterationTag 接口，并在 IterationTag 接口的基础上增加了两个方法（setBodyContent() 和 doInitBody()）和一个 EVAL_BODY_BUFFERED 常量。实现此接口的标签除了可以完成 IterationTag 接口的所有功能外，还有访问和操作标签体内容的方法，即可以对标签体内容进行修改。

在 JSP API 中提供了一个 BodyTag 接口的实现类 BodyTagSupport，用户可以直接继承这个类来简化开发工作。

5）SimpleTag 接口

SimpleTag 接口是 JSP 2.0 中新增的一个标签接口。由于传统标签中使用 3 个标签接口来完成不同的功能，比较繁琐，不利于标签技术的推广。因此，Sun 公司在 JSP 2.0 中定义了一个更为简单、便于编写和调试的 SimpleTag 接口。SimpleTag 接口只定义了一个用于处理标签逻辑的 doTag() 方法。

在 JSP API 中提供了一个 SimpleTag 接口的实现类 SimpleTagSupport，在进行简单标签开发时，用户可以直接继承这个类来简化开发工作。

4. 标签库描述文件

标签库描述文件（Tag Library Descriptor）简称 TLD 文件，其扩展名通常为 .tld。TLD 文件遵循 XML 语法规范，其中的元素用于描述自定义标签。

1）XML 文件

TLD 文件采用 XML 格式，用于指定所使用的 XML 版本、文件内容的字符集编码和这个文档所遵循的模式文档。如下为 TLD 文件的文件头内容：

```
<?xml version="1.0" encoding="UTF-8"?>
<!DOCTYPE taglib PUBLIC "-//Sun Microsystems, Inc.//DTD JSP Tag Library 1.2//EN"
            "http://java.sun.com/dtd/Web-jsptaglibrary_1_2.dtd">
```

在编写 TLD 文件时，只需找到一个现成的 TLD 文件，复制其文件头到自己的 TLD 文件中即可。

2）TLD 文件的元素组成

TLD 文件的根元素是 <tablib> 元素。用于指定标签库的相关信息，它包含多个子元素。下面对主要的子元素进行介绍。

（1）<description>：标签库的文本描述。

（2）<tlib-version>：指定标签库的版本。

（3）<jsp-version>：指定 jsp 的版本。

（4）<short-name>：为标签定义简短的名字，在 taglib 指令中可作为首选的前缀名使用。

（5）<uri>：定义一个 URI，用于唯一的标识此标签库。

（6）<tag>：用于指定自定义标签的相关信息。<tag> 元素又包含多个子元素，说明如下。

- <description>：为自定义标签提供一个文本描述。
- <display-name>：为标签指定一个简短的名字。
- <name>：指定标签的名字。
- <tag-class>：指定标签处理器类的完整路径。
- <body-content>：指定标签体的格式。有以下 4 个取值。
  - ✦ empty：标识标签没有标签体。
  - ✦ scriptless：表示标签体可以包含 EL 表达式和 JSP 动作元素，但不能包含 JSP 的脚本元素。
  - ✦ JSP：表示标签体可以包含 JSP 代码。
  - ✦ tagdependent：表示标签体有标签本身去解析处理。

（7）<attribute>：用于设置标签的属性。该标签有多个子标签，具体见表 9-3。

5. 使用 TagSupport 类开发自定义传统标签

1）TagSupport 类的生命周期

TagSupport 类的生命周期的各个阶段的具体执行过程如下：

（1）JSP 引擎在遇到自定义标签时，首先创建标签处理类的实例对象，然后按照 JSP 规范定义的通信规则依次调用它的方法。

（2）JSP 引擎实例化标签处理器后，首先调用 setPageContext() 方法将 JSP 页面的 pageContext 对象传递给标签处理器，标签处理器可以通过这个 pageContext 对象与 JSP 页面进行通信。

（3）setPageContext() 方法执行完后，Web 容器接着调用的 setParent() 方法将当前标签的父标签传递给当前标签处理器，如果当前标签没有父标签，则传递给 setParent() 方法的参数值为 null。

（4）调用了 setPageContext() 方法和 setParent() 方法之后，Web 容器执行到自定义标签的开始标记时，就会调用标签处理器的 doStartTag() 方法。然后根据此方法的返回值决定后续动作，如果返回 SKIP_BODY 常量，表示要求 Web 容器忽略此标签主体的内容；如果返回 EVAL_BODY_INCLUDE 常量，表示要求 Web 容器执行标签主体内容，并将结果包括在响应中，然后再运行 doAfterBody() 方法。

（5）如果 doAfterBody() 方法返回 EVAL_BODY_AGAIN 常量，表示要求 Web 容器再次执行标签主体的内容；如果返回 SKIP_BODY 常量，Web 容器将运行 doEndTag() 方法。

（6）Web 容器执行完自定义标签的标签体后，就会接着去执行自定义标签的结束标记，此时，Web 容器会去调用标签处理器的 doEndTag() 方法。如果返回 SKIP_PAGE 常量，Web 容器忽略自定义标签后面的 JSP 内容；如果返回 EVAL_PAGE 常量，Web 容器会运行自定义标签以后的 JSP 内容。

（7）通常 Web 容器执行完自定义标签后，标签处理器会驻留在内存中，为其他请求服务器，直至停止 Web 应用时，Web 容器才会调用 release() 方法。

2）TagSupport 类的方法

TagSupport 类的生命周期中需要关注的几个方法如表 9-1 所示。

表 9-1　TagSupport 类的生命周期中的几个方法

方 法 名	描　　述	返回值说明
setPageContext()	实例化标签处理器后，会调用这个方法	将代表 JSP 页面的 pageContent 对象传递给标签处理器
setParent()	在调用了 setPageContext() 方法后，会调用这个方法	将当前标签的父标签对应的标签处理器对象传递给当前标签处理器，如果没有父标签，传递给 setParent() 方法的参数为 null
doStartTag()	容器在遇到开始标签时会调用这个方法	• SKIP_BODY：忽略标签主体内容，这是默认值 • EVAL_BODY_INCLUDE：要求 Web 容器执行标签主体内容，并将结果包括在响应中
doAfterBody()	如果标签有主体内容，容器在执行完标签主体后，会调用这个方法	• SKIP_BODY：要求 Web 容器忽略主体，进入下一步工作，这是默认值 • EVAL_BODY_AGAIN：要求 Web 容器再次执行标签主体的内容
doEndTag()	容器遇到结束标签时会调用这个方法	• EVAL_PAGE：Web 容器会运行自定义标签以后的 JSP 内容 • SKIP_PAGE：Web 容器忽略自定义标签后面的 JSP 内容
release()	容器通过这个方法来释放标签处理对象所占用的系统资源	无返回值

6. 使用 BodyTagSupport 类开发自定义传统标签

在实际应用中，有时需要对标签体的执行结果进行修改后再输出，实现 BodyTag 接口或继承 BodyTagSupport 类的标签可以获得标签体的执行结果并对它进行修改后输出。

1）BodyTagSupport 类的生命周期

BodyTagSupport 类的生命周期的各个阶段的具体执行过程如下：

（1）前 3 个阶段同 TagSupport 类的生命周期的（1）、（2）和（3）。

（2）调用了 setPageContext() 方法和 setParent() 方法之后，Web 容器执行到自定义标签的开始标记时，就会调用标签处理器的 doStartTag() 方法。然后根据此方法的返回值决定后续动作，与 TagSupport 不同的是在原有 doStartTag() 返回值的基础上增加了返回常量 EVAL_BODY_BUFFERED，这个返回值将导致 Web 容器调用 setBodyContent() 和 doInitBody() 方法，并将标签体内容写入到通过 setBodyContent() 方法传递进来的那个 BodyContent 流对象中，这样标签处理器就可以控制标签体内容的输出；然后再运行 doAfterBody() 方法。

（3）余下的阶段同 TagSupport 的（5）、（6）和（7）。

2）BodyTagSupport 类的方法

BodyTagSupport 类的生命周期中需要关注的几个方法如表 9-2 所示。

表 9-2　BodyTagSupport 类的生命周期中的几个方法

方 法 名	描　述	返回值说明
setPageContext()	实例化标签处理器后，会调用这个方法	将代表 JSP 页面的 pageContent 对象传递给标签处理器
setParent()	在调用了 setPageContext() 方法后，会调用这个方法	将当前标签的父标签对应的标签处理器对象传递给当前标签处理器，如果没有父标签，传递给 setParent() 方法的参数为 null
doStartTag()	容器在遇到开始标签时会调用这个方法	• SKIP_BODY：忽略标签主体内容 • EVAL_BODY_INCLUDE：要求 Web 容器执行标签主体内容，并将结果包括在响应中 • EVAL_BODY_BUFFERED：Web 容器会将标签主体的处理结果建立一个 BodyContent 对象，这是默认返回值
setBodyContent()	用于将 JSP 引擎创建的 BodyContent 对象传递给标签处理器	无返回值
doInitBody()	在 setBodyContent() 方法之后被调用，用于初始化 BodyContent 对象	无返回值
doAfterBody()	如果标签有主体内容，容器在执行完标签主体后，会调用这个方法	• SKIP_BODY：要求 Web 容器忽略主体，进入下一步工作，这是默认值 • EVAL_BODY_AGAIN：要求 Web 容器再次执行标签主体的内容
doEndTag()	容器遇到结束标签时会调用这个方法	• EVAL_PAGE：Web 容器会运行自定义标签以后的 JSP 内容 • SKIP_PAGE：Web 容器忽略自定义标签后面的 JSP 内容
release()	容器通过这个方法来释放标签处理对象所占用的系统资源	无返回值

7. 使用 SimpleTagSupport 类开发自定义简单标签

由于传统标签使用 3 个标签接口来完成不同的功能，比较繁琐，不利于标签技术的推广，Sun 公司为降低标签技术的开发难度，在 JSP 2.0 中定义了一个 SimpleTag 接口和它的一个实现类 SimpleTagSupport 来简化传统标签的开发方式，这种方式被称为简单标签开发。

在进行自定义简单标签的开发时，标签处理器类通常是继承实现了 SimpleTag 接口的 SimpleTagSupport 类来实现。

1）SimpleTagSupport 类的生命周期

SimpleTagSupport 类的生命周期各个阶段的具体执行过程如下：

（1）当 Web 容器遇到自定义标签时，Web 容器会调用标签处理器类的默认构造方法建立一个标签处理器对象。

（2）Web 容器调用标签处理器对象的 setJspContext() 方法，将代表 JSP 页面的 pageContext 对象传递给标签处理器对象。

（3）Web 容器调用标签处理器对象的 setParent() 方法，将父标签处理器对象传递给这个标签处理器对象。注意，只有在标签存在父标签的情况下，Web 容器才会调用这个方法。

（4）如果调用标签时设置了属性，容器将调用每个属性对应的 setter 方法把属性值传递给标签处理器对象。如果标签的属性值是 EL 表达式或脚本表达式，则 Web 容器首先计算表达式的值，然后把值传递给标签处理器对象。

（5）如果简单标签有标签体，容器将调用 setJspBody 方法把代表标签体的 JspFragment 对象传递进来。

（6）Web 容器调用标签处理器的 doTag() 方法，开发人员在方法体内通过操作 JspFragment 对象，就可以实现是否执行、迭代、修改标签体的目的。

2）JspFragment 类

javax.servlet.jsp.tagext.JspFragment 类是在 JSP 2.0 中定义的，它的实例对象代表 JSP 页面中的一段符合 JSP 语法规范的 JSP 片段，这段 JSP 片段中不能包含 JSP 脚本元素。

Web 容器在处理简单标签的标签体时，会把标签体内容用一个 JspFragment 对象表示，并调用标签处理器对象的 setJspBody() 方法把 JspFragment 对象传递给标签处理器对象。JspFragment 类中只定义了两个方法，如下所示。

（1）getJspContext() 方法：用于返回代表调用页面的 JspContext 对象。

（2）invoke(java.io.Writer out) 方法：用于执行 JspFragment 对象所代表的 JSP 代码片段。参数 out 用于指定将 JspFragment 对象的执行结果写入到哪个输出流对象中，如果传递给参数 out 的值为 null，则将执行结果写入到 JspContext.getOut 方法返回的输出流对象中。

invoke() 方法可以说是 JspFragment 最重要的方法，利用这个方法可以控制是否执行和输出标签体的内容、是否迭代执行标签体的内容或对标签体的执行结果进行修改后再输出。

例如，在标签处理器中如果没有调用 JspFragment 的 invoke() 方法，其结果就相当于忽略标签体内容；在标签处理器中重复调用 JspFragment 的 invoke() 方法，则标签体内容将会被重复执行；若想在标签处理器中修改标签体内容，只需在调用 invoke() 方法时指定一个可取出结果数据的输出流对象（例如 StringWriter），让标签体的执行结果输出到该输出流对象中，然后从该输出流对象中取出数据进行修改后再输出到目标设备，即可达到修改标签体的目的。

8. 为自定义 JSP 标签添加属性

自定义标签可以定义一个或多个属性，这样，在 JSP 页面中应用自定义标签时就可以设置这些属性的值。通过这些属性为标签处理器传递参数信息，从而提高标签的灵活性和复用性。

要想让一个自定义标签具有属性，通常需要完成以下两个步骤：

1）在标签处理器中编写每个属性对应的 setter 方法

为自定义标签定义属性时，每个属性都必须按照 JavaBean 的属性命名方式，在标签处理器中定义属性名对应的 setter 方法，用来接收 JSP 页面调用自定义标签时传递进来的属性值。例如，属性 count，在标签处理器类中就要定义相应的 setCount(int i) 方法。

在标签处理器中定义相应的 setter 方法后，JSP 引擎在解析执行开始标签前，也就是调用 doStartTag() 方法前，会调用 setter 属性方法，为标签设置属性。

2）在 TLD 文件中描述标签的属性

在标签处理器中编写每个属性对应的 setter 方法后，要在 TLD 文件中添加 <attribute> 元素对每个属性进行描述。<tag> 元素的 <attribute> 子元素用于描述自定义标签的一个属性，自定义标签所具有的每个属性都要对应一个 <attribute> 元素。

```
<tag>
    <name>tagname</name>
    <tag-class>tagClass</tag-class>
    <body-content>bodyType</body-content>
    <attribute>
            <description>description</description>
            <name>attributename</name>
            <required>true</required>
            <rtexprvalue>true</rtexprvalue>
            <type>ObjectType</type>
    </attribute>
    <attribute>
        ......
    </attribute>
</tag>
```

attribute 元素中的各个子元素的含义如表 9-3 所示。

表 9-3　attribute 元素中的各个子元素的含义

元　素　名	是否必须指定	描　　述
description	否	指定属性的描述信息
name	是	指定属性的名称。属性名称是大小写敏感的，并且不能以 jsp、_jsp、java 和 sun 开头
required	否	指定在 JSP 页面中调用自定义标签时是否必须设置这个属性。其取值包括 true 和 false，默认值为 false。true 表示必须设置
rtexprvalue	否	rtexprvalue 是 runtime expression value（运行时表达式）的英文简写，指定属性值是否可以在 JSP 运行时动态产生。默认值为 false，表示只能为该属性指定静态文本值，例如 "123"；true 表示可以为该属性指定一个 JSP 动态元素，动态元素的结果作为属性值，例如 JSP 表达式 <%=value %>
type	否	指定属性值的 Java 类型

9. 打包自定义标签库

自定义的标签库在 Web 应用程序中有两种应用：一种是直接添加到 Web 应用程序结构中；另一种应用是把它打成 jar 包，在需要使用的 Web 应用程序中以第三方类库的形式添加到类路径中。第一种应用是比较直接简单的应用方式，大多数自定义标签都是这么使用的。但如果开放的自定义标签具有较高的可重用性，那么使用第二种方式把它打成jar包，需要使用时引入。

把自定义的标签打到一个 jar 包中，就是要把标签处理类的字节码文件和标签库描述文件按照一定的存放方式添加到一个 jar 包中。具体步骤如下：

（1）组织 jar 包结构，把标签处理类字节码和标签库描述文件按如下所示的结构组织，如图 9-3 所示。

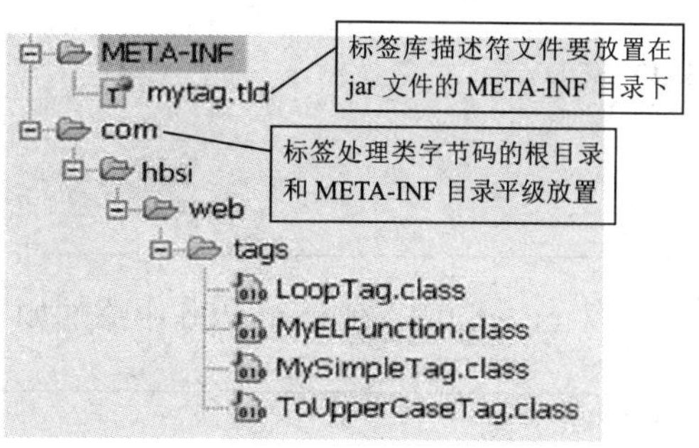

图 9-3　组织 jar 包结构

（2）使用 jar 命令来创建 jar 文件。

```
jar cvf mytaglib.jar META-INF com
```

完成这两个步骤之后，一个自定义标签库 jar 包就打好了，可以把它添加到任何想使用这个标签库的 Web 应用程序的 Web-INF/lib 目录下使用。

9.1.3 任务实现

1. 用 TagSupport 类开发自定义传统标签

通过自定义标签控制标签体内容是否执行。

例题 9-2 设计一个自定义标签，如果用户已经登录，则显示标签体内容；否则，不显示标签体内容。

（1）在 Web 项目 custometag 的 com.hbsi.web.tags 包下创建一个标签处理器类 DisplayUserInfo.java，代码如下：

```
//DisplayUserInfo.java
package com.hbsi.web.tags;
import javax.servlet.http.HttpSession;
import javax.servlet.jsp.JspException;
import javax.servlet.jsp.tagext.Tag;
import javax.servlet.jsp.tagext.TagSupport;
public class DisplayUserInfo extends TagSupport{
@Override
public int doStartTag() throws JspException {
    HttpSession session = pageContext.getSession();
    String username = (String) session.getAttribute("user");
    if(username!=null){
        return Tag.EVAL_BODY_INCLUDE;
    }else{
        return Tag.SKIP_BODY;
    }
}
}
```

（2）打开标签描述文件 mytag.tld，在 mytag.tld 中添加如下标签的描述信息。

```
<?xml version="1.0" encoding="UTF-8" ?>
......
 <tag>
    <name> displayUserInfo </name>
    <tag-class> com.hbsi.web.tags.DisplayUserInfo </tag-class>
    <body-content>JSP</body-content>
  </tag>
</taglib>
```

（3）在 test.jsp 页面中使用自定义标签。

在 JSP 页面中导入并使用上面开发的标签。

```
<%@ page language="java" import="java.util.*" pageEncoding="UTF-8"%>
<%@taglib uri="http://www.hbsi.com" prefix="hbsi" %>
<!DOCTYPE HTML PUBLIC "-//W3C//DTD HTML 4.01 Transitional//EN">
<html>
 <head>
   <title> 自定义标签使用 </title>
 </head>
 <body>
        <% String user = request.getParameter("username");
     if(user!=null){
         session.setAttribute("user",user);
        }
     %>
   <hbsi:displayUserInfo> 欢迎 ${user} 访问本站！ </hbsi:displayUserInfo><br>
 </body>
</html>
```

（4）部署运行项目。

启动 Tomcat，在地址栏中输入“http://localhost:8080/customtag/test.jsp?username=zhangsan”，运行结果如图 9-4 所示。

图 9-4　例题 9-2 的运行结果

2. 用 BodyTagSupport 类开发自定义传统标签

通过自定义标签修改 JSP 页面内容输出。

例题 9-3　设计一个自定义标签，将标签体的内容转为大写后输出。

（1）创建一个标签处理器类 MyModifyTag.java，代码如下：

```
//MyModifyTag.java
package com.hbsi.web.tags;
import java.io.IOException;
import javax.servlet.jsp.JspException;
import javax.servlet.jsp.JspWriter;
import javax.servlet.jsp.tagext.BodyContent;
```

```
import javax.servlet.jsp.tagext.BodyTagSupport;
public class MyModifyTag extends BodyTagSupport{
@Override
    public int doStartTag() throws JspException {
        return this.EVAL_BODY_BUFFERED;
    }
    @Override
    public int doEndTag() throws JspException {
        BodyContent bc = this.getBodyContent();
        String c = bc.getString();
        c = c.toUpperCase();
        JspWriter out = this.pageContext.getOut();
        try {
            out.write(c);
        } catch (IOException e) {
            throw new RuntimeException(e);
        }
        return this.EVAL_PAGE;
    }
}
```

（2）打开标签描述文件 mytag.tld, 可以在上面的 mytag.tld 中添加如下标签的描述信息。

```
<?xml version="1.0" encoding="UTF-8" ?>
......
  <tag>
    <name> myModifyTag </name>
    <tag-class> com.hbsi.web.tags.MyModifyTag </tag-class>
    <body-content>JSP</body-content>
  </tag>
</taglib>
```

（3）在 test2.jsp 页面中使用自定义标签，在 JSP 页面中导入并使用上面开发的标签。

```
<%@ page language="java" import="java.util.*" pageEncoding="UTF-8"%>
<%@taglib uri="http://www.hbsi.com" prefix="hbsi" %>
<!DOCTYPE HTML PUBLIC "-//W3C//DTD HTML 4.01 Transitional//EN">
<html>
  <head>
    <title> 自定义标签使用 </title>
  </head>
  <body>
    <hbsi:myModifyTag>welcome to our site</hbsi:myModifyTag>
  </body>
</html>
```

（4）部署运行项目。

启动 Tomcat，在地址栏中输入“http://localhost:8080/customtag/test2.jsp”，运行结果如图 9-5 所示。

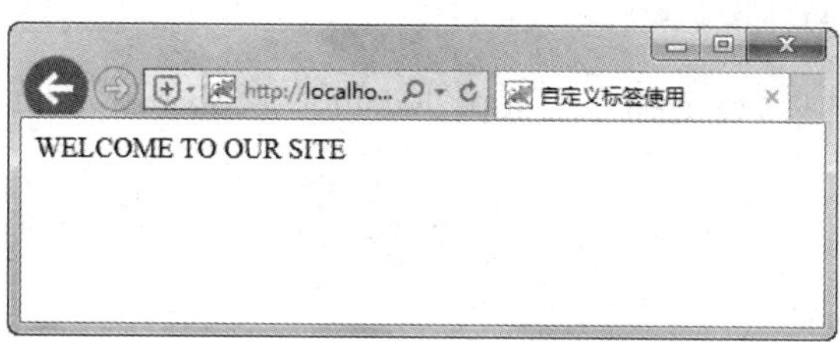

图 9-5　例题 9-3 的运行结果

3. 用 SimpleTagSupport 类开发自定义简单标签

例题 9-4　简单标签的开发

（1）创建一个标签处理器类 SimpleDemo.java，代码如下：

```
//SimpleDemo.java
package com.hbsi.web.tags;
import java.io.IOException;
import javax.servlet.jsp.JspException;
import javax.servlet.jsp.tagext.JspFragment;
import javax.servlet.jsp.tagext.SimpleTagSupport;
public class SimpleDemo extends SimpleTagSupport {
    @Override
    public void doTag() throws JspException, IOException {
        JspFragment jf = this.getJspBody();

        for(int i=0;i<5;i++){
            jf.invoke(null);
        }
    }
}
```

（2）打开标签描述文件 mytag.tld，在 mytag.tld 中添加如下标签的描述信息。

```
<?xml version="1.0" encoding="UTF-8" ?>
  ......
    <tag>
      <name>demo</name>
    <tag-class> com.hbsi.web.tags.SimpleDemo</tag-class>
    <body-content>scriptless</body-content>
    </tag>
      </taglib>
```

（3）在 test2.jsp 中添加如下代码，使用自定义标签。

```
<hbsi:demo> 欢迎登录 <br></hbsi:demo>
```

（4）部署运行项目。

启动 Tomcat，在地址栏中输入“http://localhost:8080/customtag/test2.jsp”，运行结果如图 9-6 所示。

图 9-6　例题 9-4 的运行结果

4. 自定义标签处理程序获取属性并使用

例题 9-5　在前面简单标签的基础上修改，为标签添加一个表示循环输出次数的属性。

（1）修改标签处理器类 SimpleDemo.java，代码如下：

```
//SimpleDemo.java
package com.hbsi.web.tags;
import java.io.IOException;
import javax.servlet.jsp.JspException;
import javax.servlet.jsp.tagext.JspFragment;
import javax.servlet.jsp.tagext.SimpleTagSupport;
public class SimpleDemo extends SimpleTagSupport {
    private int counts;
    public void setCounts(int counts) {
        this.counts = counts;
    }
    @Override
    public void doTag() throws JspException, IOException {
        JspFragment jf = this.getJspBody();
        for(int i=0;i<counts;i++){
            jf.invoke(null);
        }
    }
}
```

（2）在标签库描述文件中修改此标签的声明。

```
<?xml version="1.0" encoding="UTF-8" ?>
  ......
    <tag>
        <name>demo</name>
    <tag-class> com.hbsi.web.tags.SimpleDemo</tag-class>
    <body-content>scriptless</body-content>
    <attribute>
      <name>counts</name>
      <required>true</required>
      <rtexprvalue>true</rtexprvalue>
    </attribute>
    </tag>
    </taglib>
```

（3）使用自定义标签，修改 test2.jsp 页面中的 demo 标签。

```
<hbsi:demo counts="3"> 欢迎登录 <br></hbsi:demo>
```

（4）部署运行项目。

启动 Tomcat，在地址栏中输入“http://localhost:8080/customtag/test2.jsp”，运行结果如图 9-7 所示。

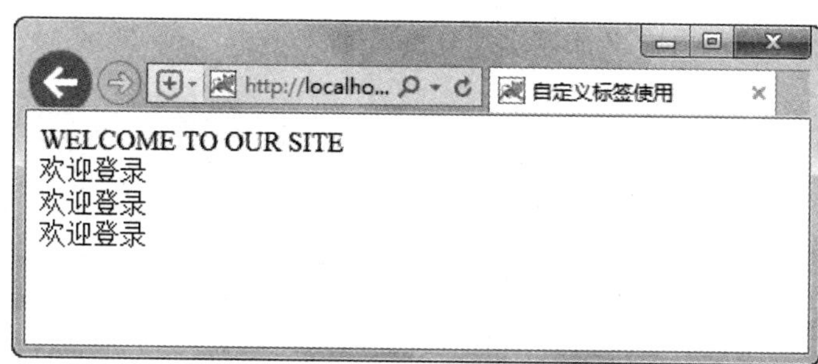

图 9-7　例题 9-5 的运行结果

9.2　本 章 小 结

本模块介绍了自定义 JSP 标签的执行过程、开发流程、实现自定义标签的 API。重点介绍了开发自定义标签的 TagSupport 类、BodyTagSupport 类和 SimpleTagSupport 类。为了提高标签的灵活性介绍了如何为自定义标签添加属性。

通过自定义标签，可以分离程序逻辑和表示逻辑，将 Java 代码从 HTML 中分离出来，便于页面维护，同时提高了可重用性，提高了软件开发效率。在开发自定义标签时，如何灵活运用简单标签，如何给标签添加属性提高标签的灵活性和复用性。

9.3 课后实训

1. 单项选择题

（1）在 J2EE 中，标签库中文件（*.tld）存放在（　　）目录下。

A．WEB—INF　　B．WEB—INF/tags

C．WEB—INF/classes　　D．WEB—INF/lib

（2）以下（　　）方法不是 TagSupport 类的方法。

A．doPost()　　B．doStartTag()

C．doEndTag()　　D．doAfterBody()

（3）自定义标签中，如果要声明标签参数为必需的，则需要进行（　　）配置。

A．<required>true</required>　　B．<rtexprvalue>true</rtexprvalue>

C．<required>false</required>　　D．<rtexprvalue>false</rtexprvalue>

2. 实践题

根据所学内容，使用自定义标签实现分页。

模块 10　使用 JSP 标准标签库

JSP 标准标签库（JSP Standard Tag Library，JSTL）是一组标准格式的定制标记，以实现 Web 应用程序中常见的通用功能。这些功能包括迭代和条件判断、数据管理格式化、XML 操作以及数据库访问。通过使用 JSTL 标记来避免在 JSP 页面中使用脚本元素。

学习目标

■ 【知识目标】

1. 掌握 JSTL 的核心标签库
2. 了解 JSTL 的国际化 / 格式化标签库

■ 【技能目标】

掌握 JSTL 的应用，在 JSP 页面中能正确使用 JSTL，简化代码

10.1　任务 1——使用核心标签库的通用标签实现学生密码修改

10.1.1　任务描述

利用 JSTL 核心标签库的通用标签实现学生密码修改。

10.1.2　实现任务所需的标准标签

1. JSTL 标准标签库

JSTL 全名是“JSP Standard Tag Library”，即 JSP 标准标签库，是一组形如 HTML 的标签。它主要提供给 Java Web 开发人员一个标准通用的标签库，由 apache Jakarta 组织负责维护。作为开源的标准技术，它一直在不断地完善。目前最新版本为 JSTL 1.2。Web 程序开发人员可以利用 JSTL 和 EL 开发 Web 程序，取代直接在页面上嵌入 Java 程序（Scripting）的传统做法，来提高程序的可读性、维护性和方便性。

在开发中常用的 JSTL 标签分为如下 5 种，如表 10-1 所示。

表 10-1　JSTL 标签库

标签库功能描述	标签库的 URI	建 议 前 缀
核心标签库	http://java.sun.com/jsp/jstl/core	c
XML 标签库	http://java.sun.com/jsp/jstl/xml	x
国际化 / 格式化标签库	http://java.sun.com/jsp/jstl/fmt	fmt
数据库标签库	http://java.sun.com/jsp/jstl/sql	sql
EL 自定义函数	http://java.sun.com/jsp/jstl/functions	fn

2. 如何使用 JSTL

在 JSP 文件中要使用 JSTL 标签库可按如下步骤：

（1）首先获取 JSTL 的 jar 包。如果使用的是 MyEclipse 开发工具，那么就已经自带了相关的包。当创建 Web 项目时，会让选择 JSTL 的版本，如图 10-1 所示。如果没有使用集成开发工具，就需要进入 Apache 网站下载相关的 jar 包。JSTL 1.2 版本需要 JSTL1.2.jar（不同的 JSTL 版本，jar 包有所不同）。将 JSTL 的 jar 包复制到 Web 项目的 WebRoot\WEB-INF\lib 文件夹下即可。

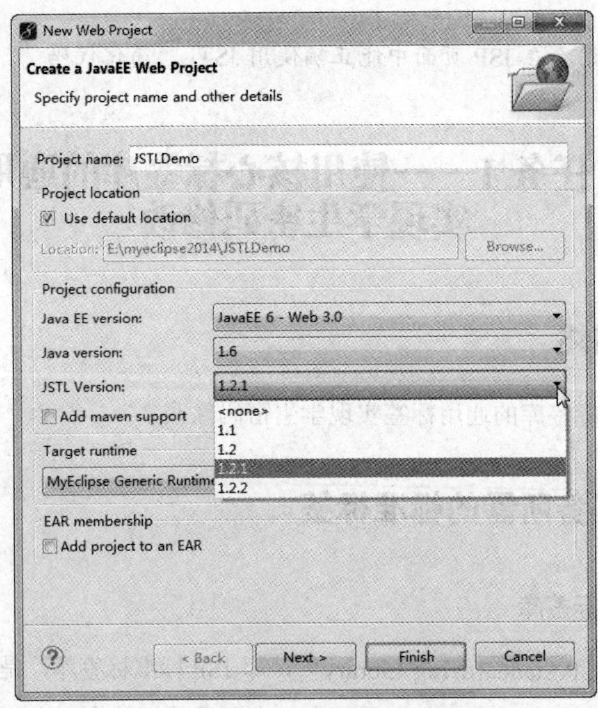

图 10-1　MyEclipse 中添加 JSTL 包界面

（2）在 JSP 页面中使用 taglib 指令导入所要使用的 JSTL 标签库。taglib 指令的语法如下：

```
<%@ taglib prefix="tagPrefix " uri="taglibURI" %>
```

其中，prefix 属性可以自己随意指定，但最好是采用表 10-1 中的建议前缀。uri 属性必须为相应标签库的 TLD 文件中的 <uri> 元素的值。

例题 10-1　在 Web 项目 JSTLDemo 中编写测试文件 test.jsp。

```
<%@ page language="java" import="java.util.*" pageEncoding="utf-8"%>
<%@ taglib uri="http://java.sun.com/jsp/jstl/core" prefix="c" %>
<c:out value="welcome!" />
```

* **说明：**<c:out> 标签用于向浏览器输出文本内容，<c:out> 属于 JSTL 的核心标签库中的标签，所以，使用 taglib 指令导入 JSTL 的核心标签库。

启动 Tomcat，在地址栏中输入“http://localhost:8080/JSTLDemo/test.jsp”，如果浏览器中显示出了“welcome!”，说明 JSTL 安装成功。

3. JSTL 核心标签库的通用标签

JSTL 核心标签库包含了一组用于实现 Web 应用中的常用操作的标签，JSP 规范为核心标签库建议的前缀名为 c。主要包括通用标签、条件标签、迭代标签和 URL 标签等。

- 通用标签主要包括 <c:out>、<c:set>、<c:remove> 和 <c:catch>。
- 条件标签包括 <c:if>、<c:choose>、<c:when> 和 <c:otherwise>。
- 迭代标签包括 <c:forEach> 和 <c:forTokens>。
- 与 URL 操作相关的标签包括 <c:import>、<c:url>、<c:redirect> 和 <c:param> 等。

下面先介绍通用标签的使用。

（1）<c:out> 标签

<c:out> 标签通常用于输出一段文本内容到客户端浏览器。其功能类似于 JSP 表达式 <%= %>，或者 EL 表达式 ${}。

语法 1：不含标签体的情况

```
<c:out value="value" [escapeXml="{true|false}"] [default="defaultValue"] />
```

语法 2：含有标签体的情况

```
<c:out value="value" [escapeXml="{true|false}"] > default value </c:out>
```

<c:out> 标签的属性如表 10-2 所示。

表 10-2　<c:out> 标签的属性

属性名	描述	是否支持 EL	属性类型
value	指定要输出的内容	true	Object
escapeXml	指定是否将 >、<、&、'、" 等特殊字符进行 HTML 编码转换后再进行输出。默认值为 true	true	Boolean
default	指定如果 value 属性的值为 null 时所输出的默认值	true	Object

例题 10-2　<c:out> 标签的使用，在 Web 项目 JSTLDemo 中编写 c_out.jsp。

```
<%@ page language="java" import="java.util.*" pageEncoding="utf-8"%>
<%@ taglib uri="http://java.sun.com/jsp/jstl/core" prefix="c"%>
<!DOCTYPE HTML PUBLIC "-//W3C//DTD HTML 4.01 Transitional//EN">
<html>
    <head>
        <title>c_out 标签的使用 </title>
    </head>
    <body>
        输出字符串:
        <c:out value="HelloWorld" />
        <br> 无标签体时输出 value:
        <c:out value="test" default="123456" />
        <br /> 如果 value 值为 null，输出 default 值:
        <c:out value="${name}" default=" 这个属性不存在 " />
        <br /> 如果 value 值为 null，无默认值，则输出空:
        <c:out value="${name}" />
        <br />
        <hr />
        有标签体时，如果 value 值不为空，就输出 value 值:
        <c:out value="test"> 123456</c:out>
        <br />
        <hr />
        escapeXml 属性值为 true 时:
        <c:out value="${null}" escapeXml="true">
            <B> 河北软件学院 </B>
        </c:out>
        <hr />
        escapeXml 属性值为 false 时:
        <c:out value="${null}" escapeXml="false">
            <B> 河北软件学院 </B>
        </c:out>
    </body>
</html>
```

启动 Tomcat，在地址栏中输入“http://localhost:8080/JSTLDemo/c_out.jsp”，运行结果如图 10-2 所示。

（2）<c:set> 标签

<c:set> 标签用于把某一个对象存在指定的域范围内，或设置 Web 域中的 java.util.Map 类型对象或 JavaBean 类型对象的属性。

语法 1：使用 value 属性设置指定域中的某个属性的值

```
<c:set value="value" var="varName"  [scope="{page|request|session|application}"] />
```

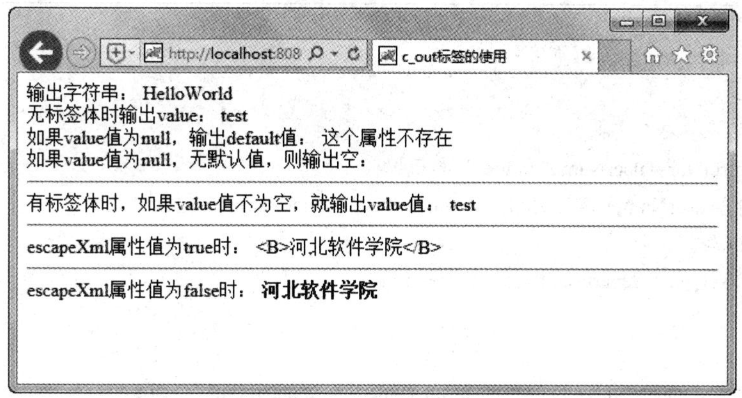

图 10-2　c_out.jsp 的运行结果

语法 2：在标签体中设置指定域中的某个属性的值

```
<c:set var="varName" [scope="{page|request|session|application}"]>
        body content
</c:set>
```

语法 3：使用 value 属性设置 Web 域中的一个属性对象的某个属性

```
<c:set value="value" target="target" property="propertyName" />
```

语法 4：在标签体中设置 Web 域中的一个属性对象的某个属性

```
<c:set target="target" property="propertyName">
        body content
</c:set>
```

<c:set> 标签的属性如表 10-3 所示。

表 10-3　<c:set> 标签的属性

属 性 名	描　　述	是否支持 EL	属 性 类 型
value	指定属性值	true	Object
var	指定要设置的 Web 域属性的名称	false	String
scope	指定属性所在的 Web 域	false	String
target	指定要设置属性的对象，这个对象必须是 JavaBean 对象或 java.util.Map 对象	true	Object
property	指定将要为 targer 对象设置的属性名称	true	String

例题 10-3　<c:set> 标签的使用，在 Web 项目 JSTLDemo 中编写 c_set.jsp。

```
<%@ page language="java" import="java.util.*,com.hbsi.bean.*" pageEncoding="utf-8"%>
<%@ taglib uri="http://java.sun.com/jsp/jstl/core" prefix="c"%>
<!DOCTYPE HTML PUBLIC "-//W3C//DTD HTML 4.01 Transitional//EN">
<html>
```

```
        <head>
            <title>c_set 标签的使用 </title>
        </head>
        <body>
            <c:set var="userName" value=" 张三 "/>
            输出 userNamer 属性的值 : <c:out value="${userName}" /><br />
            <hr />
            <c:set var="department" scope="session">
                软件
            </c:set>
            输出 department 属性的值 : <c:out value="${department}" /><br/>
            <hr/>
            <jsp:useBean id="user" class="com.hbsi.bean.UserBean" />
            输出 UserBean 对象的 userName 属性值 :
            <c:set value="abc" target="${user}" property="userName" />
            <c:out value="${user.userName}" /><br /><hr />
            输出 UserBean 对象的 password 属性值 :
            <c:set target="${user}" property="password">
                1234
            </c:set>
            <c:out value="${user.password}" /><br />
    <hr/>
            输出 Map 对象 name 属性的值:
            <%
                Map map = new HashMap();
                request.setAttribute("map",map);
             %>
            <c:set value="zhangsan" target="${map}" property="name" />
            <c:out value="${map.name}"/>
        </body>
    </html>
```

启动 Tomcat，在地址栏中输入“http://localhost:8080/JSTLDemo/c_set.jsp”，运行结果如图 10-3 所示。

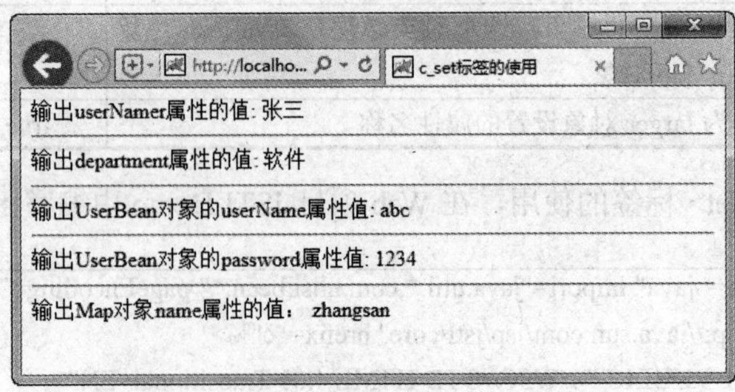

图 10-3　c_set.jsp 的运行结果

（3）<c:remove> 标签

<c:remove> 标签用于删除各种 Web 域中的属性，其语法格式如下：

```
<c:remove var="varName" [scope="{page|request|session|application}"] />
```

＊ 说明：var 属性用于指定要删除的属性的名称，scope 属性用于指定 var 属性所属的范围。如果没有指定 scope 属性，<c:remove> 标签就调用 PageContext.removeAttribute (varName) 方法，否则就调用 PageContext.removeAttribute(varName, scope) 方法。

例题 10-4　<c:romove> 标签的使用，在 Web 项目 JSTLDemo 中编写 c_remove.jsp。

```
<%@ page language="java" import="java.util.*" pageEncoding="utf-8"%>
<%@ taglib uri="http://java.sun.com/jsp/jstl/core" prefix="c"%>
<!DOCTYPE HTML PUBLIC "-//W3C//DTD HTML 4.01 Transitional//EN">
<html>
  <head>
    <title>c_remove 标签的使用 </title>
  </head>
  <body>
    <c:set value="zhangsan" var="username" scope="request" />
    Username 的值为 :<c:out value="${username}" /><br />
    <c:remove var="username" scope="request" />
    在使用 remove 标签之后，变量的值为：<br />
    username:<c:out value="${username}" /><br />
  </body>
</html>
```

启动 Tomcat，在地址栏中输入“http://localhost:8080/JSTLDemo/c_remove.jsp”，运行结果如图 10-4 所示。

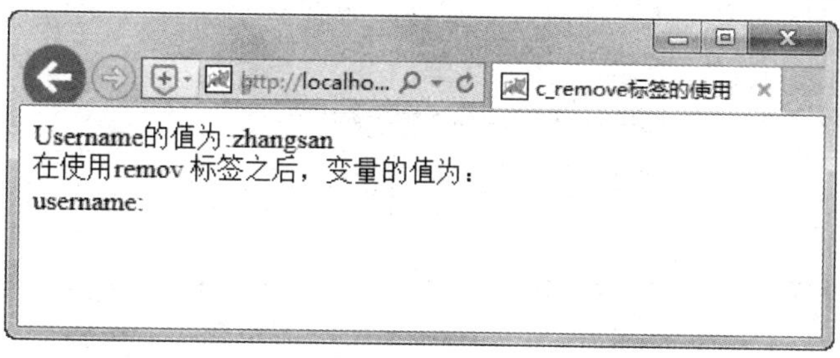

图 10-4　c_remove.jsp 的运行结果

（4）<c:catch> 标签

<c:catch> 标签用于捕获嵌套在标签体内的内容抛出的异常，并将异常信息保存到变量中，其语法格式如下：

```
<c:catch [var="varName"]>nested actions </c:catch>
```

＊ **说明：** var 属性用于保存<c:catch>标签捕获的异常对象，其值是一个静态的字符串。如果没有指定 var 属性，则<c:catch>标签仅捕获异常，不在 page 域保存异常对象。如果<c:catch>标签体中的内容没有抛出异常，<c:catch>标签将从 page 域中删除 var 指定的属性。

例题 10-5 <c:catch>标签的使用，在 Web 项目 JSTLDemo 中编写 c_catch.jsp。

```
<%@ page language="java" import="java.util.*" pageEncoding="utf-8"%>
<%@ taglib uri="http://java.sun.com/jsp/jstl/core" prefix="c"%>
<!DOCTYPE HTML PUBLIC "-//W3C//DTD HTML 4.01 Transitional//EN">
<html>
  <head>
    <title>c_catch 标签的使用 </title>
  </head>
  <body>
        <c:catch var="exception">
        <%
            String [] names = new String[3];
            out.println(names[3]);
        %>
        </c:catch>
        异常：<c:out value="${exception}" /><br />
        异常 exception.getMessage：<c:out value="${ exception.message}" /><br />
        异常 exception.getStackTrace：<c:out value="${ exception.stackTrace}" />
  </body>
</html>
```

启动 Tomcat，在地址栏中输入“http://localhost:8080/JSTLDemo/c_catch.jsp”，运行结果如图 10-5 所示。

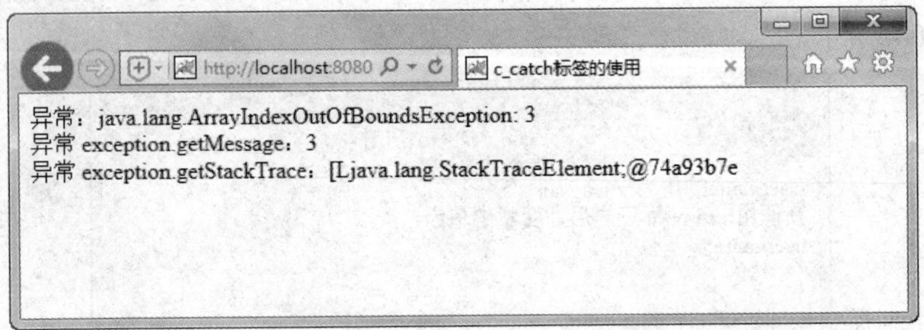

图 10-5 c_catch.jsp 的运行结果

10.1.3 任务实现

1. 检查学生左导航页面的修改密码菜单超链接路径

在前面模块 8 中实现学生登录后查看个人基本信息任务时，已经实现了页面的左导航菜单，检查菜单的链接路径是否为：

```
<a href="/jygl/public/updatePassword.jsp" target="main"> 修改密码 </a>
```

2. 编写 updatepassword.jsp 文件

在 Web 项目 jygl 的 WebRoot 文件夹下的 public 文件夹下新建 JSP 文件 updatepassword.jsp，代码如下：

```
<%@ page language="java" import="java.util.*" pageEncoding="utf-8"%>
<%@ taglib prefix="c" uri="http://java.sun.com/jsp/jstl/core" %>
<!DOCTYPE HTML PUBLIC "-//W3C//DTD HTML 4.01 Transitional//EN">
<html>
  <head>
    <title> 修改密码 </title>
    <style type="text/css">
      body{
        font-size:12px;
      }
      .tb{
        width:350px;
        height:161px;
        margin-left:50px;
        margin-top:50px;
        border-style:1px solid #99CCFF;
      }
    </style>
    <script type="text/javascript">
    function check() {
        var oldpwd=document.getElementById("old").value;
        var hidpwd=document.getElementById("hidold").value;
        var newpwd=document.getElementById("password").value;
        if(oldpwd!=hidpwd){
              alert(" 旧密码不正确，请重新输入 ");
              return false;
         } else if ((newpwd=="")||(newpwd.length==0)){
            alert(" 请输入密码 ");
            return false;
        }else{
          return true;
        }
      }
</script>
  </head>
```

```
<body bgcolor="eff2fb">
    <form method="post" action="/jygl/userManage" onsubmit="return check()">
        <table class="tb">
            <tr>
                <td> 用户名：</td>
                <td> <c:out value="${user.username }"></c:out></td>
            </tr>
            <tr>
                <td> 旧密码：</td>
                <td>
                    <input type="hidden" name="hidold" value="${user.password }" id="hidold">
                    <input type="password" name="old" id="old" >
                </td>
            </tr>
            <tr>
                <td> 新密码：</td>
                <td>
                    <input type="password" name="password" id="password">
                    <input type="hidden" name="action" value="update">
                </td>
            </tr>
            <tr >
                <td colspan="2" align="center">
                    <input type="submit" value=" 修改 " >
                        <input type="reset" value=" 重置 " >
                </td>
            </tr>
        </table>
    </form>
</body>
</html>
```

3. 检查模块 4 的任务 4.3 的接口 UserDao 和实现类 UserDaoImpl 中的修改密码方法

在模块 4 的任务 4.3 的接口 UserDao 中定义了修改密码方法“boolean updatePwd(User user);”，在实现类 UserDaoImpl 中实现了该方法。

4. 编写实现密码修改的 Servlet 类 UserManageServlet.java

在 Web 项目 jygl 的 src 文件夹下的 com.hbsi.controller 包中，新建 Servlet 类 UserManage Servlet.java，代码如下：

```
package com.hbsi.controller;

import java.io.IOException;
import javax.servlet.RequestDispatcher;
import javax.servlet.ServletException;
import javax.servlet.http.HttpServlet;
import javax.servlet.http.HttpServletRequest;
import javax.servlet.http.HttpServletResponse;
import javax.servlet.http.HttpSession;
import com.hbsi.bean.User;
import com.hbsi.dao.service.UserDaoImpl;

public class UserManageServlet extends HttpServlet {
    public void doGet(HttpServletRequest request, HttpServletResponse response)
            throws ServletException, IOException {
        this.doPost(request, response);
    }

    public void doPost(HttpServletRequest request, HttpServletResponse response)
            throws ServletException, IOException {
        //提取隐藏控件 action 的值，判断提交的是哪个表单
        String action=request.getParameter("action");
        if (action.equals("update")) {
            User user=new User();
            int id=0;
            try {
                id=Integer.parseInt(request.getParameter("id"));
            } catch (NumberFormatException e) {
                e.printStackTrace();
            }
            user.setId(id);
            user.setPassword(request.getParameter("password"));
            //把已经更新密码属性为新值的对象属性写到数据库中
            UserDaoImpl ud=new UserDaoImpl(u);
            boolean flag=ud.updatePwd(user);
            if(flag){
                //从 HttpSession 中取出封装的 user 属性值，即当前登录的用户
                HttpSession session=request.getSession();
                User loginUser=(User)session.getAttribute("user");
                System.out.println(loginUser.getUsername()+loginUser.getUsertypes());
                //如果是管理员修改用户密码
                if(loginUser.getUsertypes().equals("admin")){
                    this.gotoPage("userManage?action=list", request, response);
```

```
                    }else{
                        this.gotoPage("public/success.jsp", request, response);
                    }
                }else{
                    this.gotoPage("public/error.jsp", request, response);
                }
            }
        }
    // 定义方法用来请求转发到某个url
    private void gotoPage(String url,HttpServletRequest request, HttpServletResponse response) throws
    ServletException, IOException {
        RequestDispatcher dispatcher=request.getRequestDispatcher(url);
        dispatcher.forward(request, response);
    }
}
```

5. 编写 success.jsp 文件和 error.jsp 文件

（1）在 WebRoot/public 文件夹下，新建 success.jsp 文件，代码如下：

```
<%@ page language="java" import="java.util.*" pageEncoding="utf-8"%>
<!DOCTYPE HTML PUBLIC "-//W3C//DTD HTML 4.01 Transitional//EN">
<html>
  <head>
    <title>My JSP 'success.jsp' starting page</title>
  </head>
  <body>
    <h1> 操作成功！ </h1>
  </body>
</html>
```

（2）在 WebRoot/public 文件夹下，新建 error.jsp 文件，代码如下：

```
<%@ page language="java" import="java.util.*" pageEncoding="utf-8"%>
<!DOCTYPE HTML PUBLIC "-//W3C//DTD HTML 4.01 Transitional//EN">
<html>
  <head>

    <title>My JSP 'error.jsp' starting page</title>
  </head>
  <body>
    <h1> 操作失败 !</h1>
  </body>
</html>
```

6. 在配置文件中配置 UserManageServlet

打开 WebRoot/WEB-INF 文件夹下的 web.xml，添加 UserManageServlet 配置信息，代码如下：

```
<?xml version="1.0" encoding="UTF-8"?>
<web-app version="2.5"
    xmlns="http://java.sun.com/xml/ns/javaee"
    xmlns:xsi="http://www.w3.org/2001/XMLSchema-instance"
    xsi:schemaLocation="http://java.sun.com/xml/ns/javaee
    http://java.sun.com/xml/ns/javaee/web-app_2_5.xsd">
    ……
    <servlet>
        <servlet-name>UserManageServlet</servlet-name>
        <servlet-class>com.hbsi.controller.UserManageServlet</servlet-class>
    </servlet>
    ……
    <servlet-mapping>
        <servlet-name>UserManageServlet</servlet-name>
        <url-pattern>/userManage</url-pattern>
    </servlet-mapping>
    ……
</web-app>
```

7. 部署运行项目

用学生用户登录，修改学生密码，运行界面如图 10-6 所示。

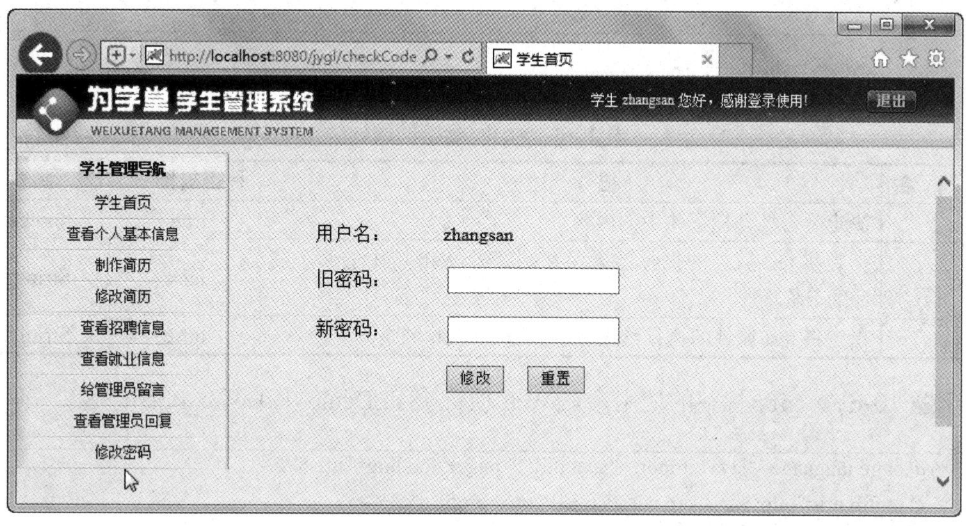

图 10-6　学生用户修改密码

10.2 任务 2——使用 JSTL 条件和迭代标签实现管理学生信息

10.2.1 任务描述

使用 JSTL 核心标签库的条件标签和迭代标签实现管理员登录管理学生信息。

10.2.2 实现任务所需的条件标签和迭代标签

1. 条件标签

条件标签包括 <c:if>、<c:choose>、<c:when> 和 <c:otherwise>。下面分别介绍各标签的使用。

1）<c:if> 标签

<c:if> 标签用来作条件判断，相当于 if-then 的条件表达式，如果条件表达式的结果为真，就执行标签体部分的内容。

语法 1：不含标签体

```
<c:if test="testCondition" var="varName" [scope="{page|request|session|application}"] />
```

语法 2：有标签体

```
<c:if test="testCondition" [var="varName"] [scope="{page|request|session|application}"]>
    body content
</c:if>
```

<c:if> 标签的属性如表 10-4 所示。

表 10-4 <c:if> 标签的属性

属 性 名	描 述	是否支持 EL	属 性 类 型
test	决定是否处理标签体中的内容	true	boolean
var	指定将 test 属性的执行结果保存到某个 Web 域中的某个属性的名称	false	String
scope	指定将 test 属性的执行结果保存到哪个 Web 域中	false	String

例题 10-6 <c:if> 标签的使用，在 Web 项目 JSTLDemo 中编写 c_if.jsp。

```
<%@ page language="java" import="java.util.*" pageEncoding="utf-8"%>
<%@ taglib uri="http://java.sun.com/jsp/jstl/core" prefix="c"%>
<!DOCTYPE HTML PUBLIC "-//W3C//DTD HTML 4.01 Transitional//EN">
<html>
```

```
    <head>
      <title>c_if 标签的使用 </title>
    </head>
    <body>
            <c:set value="zhangsan" var="userName" />
            <c:if test="${userName != null}">
                欢迎您!
            </c:if>
    </body>
</html>
```

启动 Tomcat，在地址栏中输入“http://localhost:8080/JSTLDemo/c_if.jsp”，运行结果如图 10-7 所示。

图 10-7　c_if.jsp 的运行结果

2）<c:choose> 标签

<c:choose> 标签必须与 <c:when> 和 <c:otherwise> 标签一起使用。使用 <c:choose>、<c:when> 和 <c:otherwise> 3 个标签，可以构造类似 if-else 的复杂条件判断结构。

＊ 说明：

（1）<c:choose> 标签没有属性，它的标签体中不能有其他内容，要么是空，要么只能包含 <c:when> 和 <c:otherwise> 标签。

（2）<c:when> 标签只有一个 test 属性，该属性的值为布尔类型。如果 test 属性的值为 true，就执行这个 <c:when> 标签体的内容。<c:when> 标签体的内容可以是任意的 JSP 代码。

（3）<c:otherwise> 标签没有属性，它必须作为 <c:choose> 标签的最后分支出现。

例题 10-7　<c:choose> 标签的使用，在 Web 项目 JSTLDemo 中编写 c_choose.jsp。

```
<%@ page language="java" import="java.util.*" pageEncoding="utf-8"%>
<%@ taglib uri="http://java.sun.com/jsp/jstl/core" prefix="c"%>
<!DOCTYPE HTML PUBLIC "-//W3C//DTD HTML 4.01 Transitional//EN">
<html>
  <head>
    <title>c_choose 标签的使用 </title>
  </head>
  <body>
        <c:set value="35" var="age"/>
```

```
        <c:choose>
            <c:when test="${age>60}">
                老年人
            </c:when>
            <c:when test="${age>40}">
                中年人
            </c:when>
            <c:when test="${age>20}">
                青年人
            </c:when>
            <c:otherwise>
                小孩
            </c:otherwise>
        </c:choose>
    </body>
</html>
```

启动 Tomcat，在地址栏中输入“http://localhost:8080/JSTLDemo/c_choose.jsp”，运行结果如图 10-8 所示。

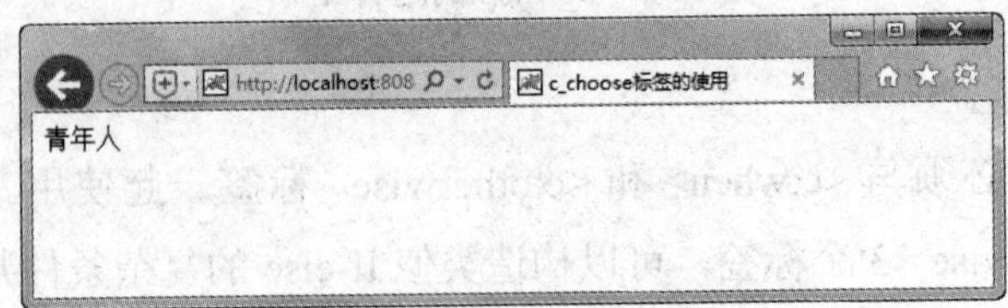

图 10-8　c_choose.jsp 的运行结果

2. 迭代标签

迭代标签包括 <c:forEach> 和 <c:forTokens>。

（1）<c:forEach> 标签

<c:forEach> 标签用于对一个集合对象中的元素进行循环迭代操作，或者按指定的次数重复执行标签体中的内容。

语法 1：对集合对象迭代

```
<c:forEach [var="varName"] items="collection" [varStatus="varStatusName"]
        [begin="begin"] [end="end"] [step="step"]>
    body content
</c:forEach>
```

语法 2：迭代固定的次数

```
<c:forEach [var="varName"][varStatus="varStatusName"]
        begin="begin" end="end" [step="step"]>
```

```
        body content
    </c:forEach>
```

</c:forEach> 标签的属性如表 10-5 所示。

表 10-5　<c:forEach> 标签的属性

属　性　名	描　　述	是否支持 EL	属 性 类 型
var	将当前迭代到的元素保存到 page 这个 Web 域中的属性名称	false	String
items	将要迭代的集合对象	true	任何支持的类型
varStatus	将代表当前迭代状态信息的对象保存到 page 这个 Web 域中的属性名称	false	String
begin	如果指定 items 属性，就从集合中的第 begin 个元素开始进行迭代，begin 的索引值从 0 开始编号；如果没有指定 items 属性，就从 begin 指定的值开始迭代，直到 end 值时结束迭代	true	int
end	参看 begin 属性的描述	true	int
step	指定迭代的步长，即迭代因子的迭代增量，默认值为 1	true	int

* **说明**：items 属性的值的数据类型包括任意类型的数组、java.util.Collection、java.util.Iterator、java.util.Enumeration、java.util.Map 和 String。

例题 10-8　<c:forEach> 标签的使用，对集合对象中的元素进行迭代操作，在 Web 项目 JSTLDemo 中编写 c_forEach1.jsp。

```
<%@ page language="java" import="java.util.*,com.hbsi.bean.*" pageEncoding="utf-8"%>
<%@ taglib uri="http://java.sun.com/jsp/jstl/core" prefix="c"%>
<!DOCTYPE HTML PUBLIC "-//W3C//DTD HTML 4.01 Transitional//EN">
<html>
  <head>
    <title>c_forEach 标签的使用，对集合进行迭代 </title>
  </head>
  <body>
        <%
            ArrayList users = new ArrayList();
            for(int i=0; i<5; i++)
            {
                UserBean user = new UserBean();
                user.setUserName(" 用户 " + i);
                user.setPassword(" 密码 " + i);
                users.add(user);
            }
```

```
            session.setAttribute("users", users);
        %>
        <table border="1" align="center">
            <tr><td> 用户名 </td><td> 密码 </td></tr>
            <c:forEach var="user" items="${users}">
                <tr>
                    <td>${user.userName}</td><td>${user.password}</td>
                </tr>
            </c:forEach>
        </table>
    </body>
</html>
```

启动 Tomcat，在地址栏中输入“http://localhost:8080/JSTLDemo/c_forEach1.jsp”，运行结果如图 10-9 所示。

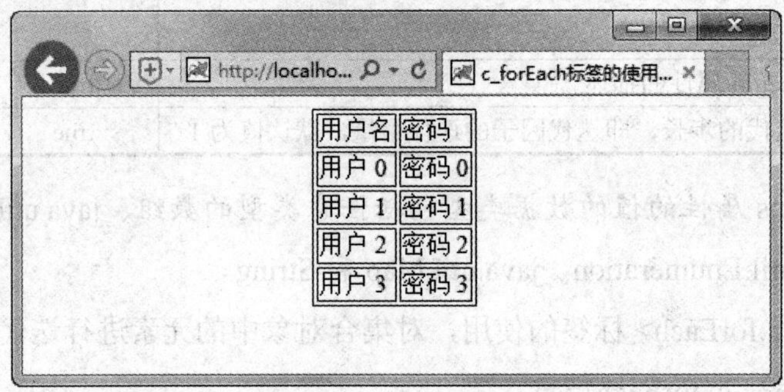

图 10-9　c_forEach1.jsp 的运行结果

例题 10-9　<c:forEach> 标签的使用，迭代指定的次数，在 Web 项目 JSTLDemo 中编写 c_forEach2.jsp。

```
<%@ page language="java" import="java.util.*" pageEncoding="utf-8"%>
<%@ taglib uri="http://java.sun.com/jsp/jstl/core" prefix="c"%>
<!DOCTYPE HTML PUBLIC "-//W3C//DTD HTML 4.01 Transitional//EN">
<html>
    <head>
        <title>c_forEach 标签的使用，迭代固定次数 </title>
    </head>
    <body>
            输出 0 到 10 的偶数：
            <c:forEach var="i" begin="0" end="10" step="2">
                ${i}
            </c:forEach><br /><hr />
            输出 0 到 5 之间的数字：
            <c:forEach var="i" begin="0" end="5">
                ${i}
```

```
            </c:forEach><br /><hr />
            Hello World 输出 5 次：<br/>
            <c:forEach begin="1" end="5">
                Hello World<br>
            </c:forEach>
    </body>
</html>
```

启动 Tomcat，在地址栏中输入“http://localhost:8080/JSTLDemo/c_forEach2.jsp”，运行结果如图 10-10 所示。

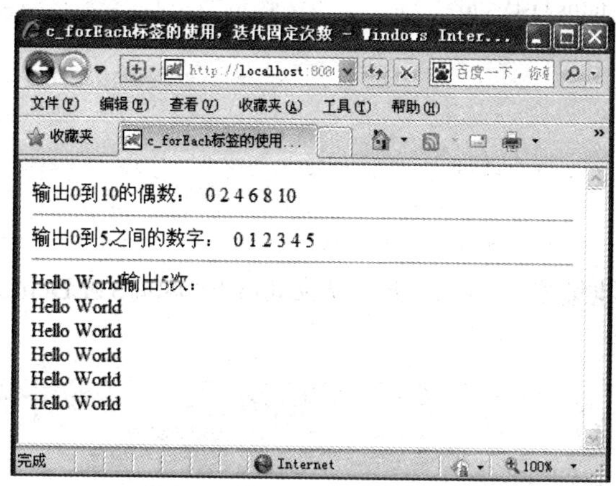

图 10-10　c_forEach2.jsp 的运行结果

不管是迭代集合对象，还是迭代指定的次数，在迭代时都可以获得当前的迭代状态信息。<c:forEach> 标签可以将当前迭代状态信息的对象保存到 varStatus 属性指定的对象，并保存在 page 域中。

例题 10-10　<c:forEach> 标签的使用，获取迭代状态信息，在 Web 项目 JSTLDemo 中编写 c_forEach3.jsp。

```
<%@ page language="java" import="java.util.*" pageEncoding="utf-8"%>
<%@ taglib uri="http://java.sun.com/jsp/jstl/core" prefix="c"%>
<!DOCTYPE HTML PUBLIC "-//W3C//DTD HTML 4.01 Transitional//EN">
<html>
  <head>
    <title>c_forEach 标签的使用，获取迭代状态信息 </title>
  </head>
  <body>
        输出 0 到 10 的偶数：<br/>
    <table border="1" align="center">
        <tr>
            <td> 值 </td>
            <td> 迭代 count</td>
            <td> 迭代 index</td>
```

```
                <td> 迭代 first</td>
                <td> 迭代 last</td>
            </tr>
            <c:forEach var="i" varStatus="status" begin="0" end="10" step="2">
            <tr>
                <td>${i}</td>
                <td>${status.count}</td>
                <td>${status.index}</td>
                <td>${status.first}</td>
                <td>${status.last}</td>
            </tr>
            </c:forEach>
        </table>
    </body>
</html>
```

启动 Tomcat，在地址栏中输入“http://localhost:8080/JSTLDemo/c_forEach3.jsp”，运行结果如图 10-11 所示。

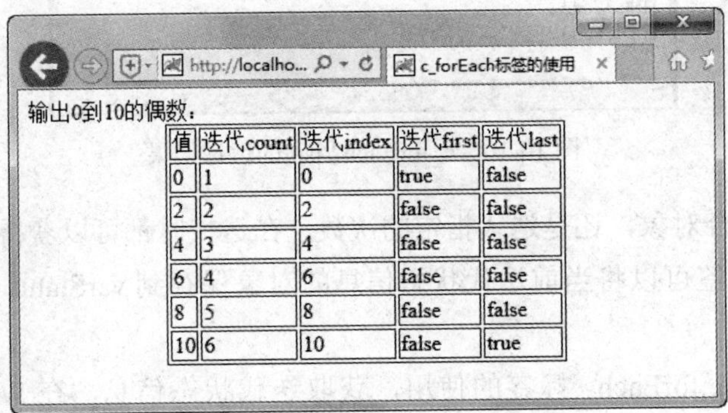

图 10-11　c_forEach3.jsp 的运行结果

（2）<c:forTokens> 标签

<c:forTokens> 标签的作用是用分隔符将字符串分隔为一个个子串，然后迭代它们。<c:forTokens> 标签的语法格式如下：

```
<c:forTokens items="stringOfTokens" delims="delimiters"
            [var="varName"]
            [varStatus="varStatusName"]
            [begin="begin"] [end="end"] [step="step"]>
    body content
</c:forTokens>
```

<c:forTokens> 标签的属性如表 10-6 所示。

表 10-6　<c:forTokens> 标签的属性

属 性 名	描　述	是否支持 EL	属 性 类 型
var	指定将当前迭代出的子字符串保存到 page 这个 Web 域中的属性名称	false	String
items	将要迭代的字符串	true	String
delims	指定一个或多个分隔符	true	String
varStatus	指定将代表当前迭代状态信息的对象保存到 page 这个 Web 域中的属性名称，代表当前迭代的状态信息的对象的类型为 javax.servlet.jsp.jstl.core.LoopTagStatus，从 JSTL 规范中可以查看这个类的详细信息	false	String
begin	指定从第 begin 个子字符串开始进行迭代，begin 的索引值从 0 开始编号	true	int
end	指定迭代到第 begin 个子字符串，begin 的索引值从 0 开始编号	true	int
step	指定迭代的步长，即每次迭代后的迭代因子增量	true	int

例题 10-11　<c:forTokens> 标签的使用，在 Web 项目 JSTLDemo 中编写 c_forTokens.jsp。

```
<%@ page language="java" import="java.util.*" pageEncoding="utf-8"%>
<%@ taglib uri="http://java.sun.com/jsp/jstl/core" prefix="c"%>
<!DOCTYPE HTML PUBLIC "-//W3C//DTD HTML 4.01 Transitional//EN">
<html>
  <head>
    <title>c_forTokens 标签的使用 </title>
  </head>
  <body>
        使用 ":" 作为分隔符 <br />
        <c:forTokens var="token" items="aa:bb:cc:dd" delims=":">
            ${token}<br/>
        </c:forTokens><br />
  </body>
</html>
```

启动 Tomcat，在地址栏中输入“http://localhost:8080/JSTLDemo/c_forTokens.jsp”，运行结果如图 10-12 所示。

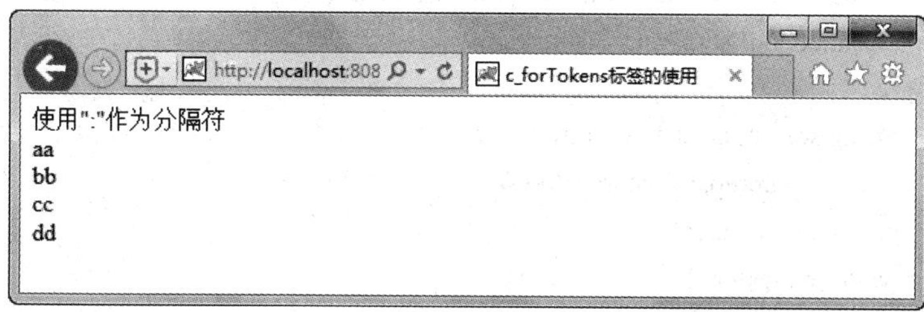

图 10-12　c_forTokens.jsp 的运行结果

10.2.3 任务实现

1. 定义管理员登录后首页面的左导航菜单页面

打开项目 WebRoot 下的 admin 文件夹下的 left.jsp 页面，编辑文件，代码可参照模块 8 的 8.1.3 节。链接路径为：

```
<a href="/jygl/studentManage?action=studentlist" target="main"> 管理学生信息 </a>
```

2. 改写 StudentDao.java 接口和实现类 StudentDaoImpl.java

（1）改写 StudentDao.java 接口，在接口中添加用来查询学生所有信息的方法，代码如下：

```
package com.hbsi.dao;
import com.hbsi.bean.Student;
public interface StudentDao {
    ……
    // 查询所有的学生数据
    public List<Student> doFindAll();
    ……
}
```

（2）改写 StudentDaoImpl.java 类实现接口中的方法，代码如下：

```
package com.hbsi.dao.service;
……
public class StudentDaoImpl implements StudentDao {
    Connection con=null;
    PreparedStatement pstat=null;
    ResultSet rs=null;
    // 查询所有学生的数据
    public List<Student> doFindAll(){
        List<Student> studentlist = new ArrayList<Student>();
        con = ConnectionFactory.getConnection();
        try {
            String sql = "select * from student ";
            pstat = con.prepareStatement(sql);
            rs = pstat.executeQuery();
            while (rs.next()) {
            // 封装 student 对象
            Student student = new Student();
```

```
                student.setSid(rs.getInt("sid"));
                student.setSname(rs.getString("sname"));
                student.setGender(rs.getString("gender"));
                student.setIdnumber(rs.getString("idnumber"));
                student.setSchool(rs.getString("school"));
                student.setDepartment(rs.getString("department"));
                student.setMajor(rs.getString("major"));
                student.setEducation(rs.getString("education"));
                student.setEntrancedate(rs.getString("entrancedate"));
                student.setNativeplace(rs.getString("nativeplace"));
                // 向数据集合中添加元素
                studentlist.add(student);
            }
        } catch (SQLException e) {
                e.printStackTrace();
        } finally {
                DBClose.close(rs, pstat, con);
        }
        return studentlist;
    }
}
```

3. 改写 StudentManageServlet 类文件

打开 com.hbsi.controller 包中的 StudentManageServlet.java 类文件，在 doPost() 方法中添加代码实现学生信息的获取，代码如下：

```
package com.hbsi.controller;

import java.io.IOException;
......
public class StudentManageServlet extends HttpServlet {
    protected void doGet(HttpServletRequest request, HttpServletResponse response)
            throws ServletException, IOException {
        this.doPost(request, response);
    }

    public void doPost(HttpServletRequest request, HttpServletResponse response)
            throws ServletException, IOException {
        String action=request.getParameter("action");
        StudentDao sd=new StudentDaoImpl();
          ......
        if(action.equals("studentlist")){
```

```
            // 从请求参数获取条件查询
            String sql=request.getParameter("sql");
            // 查询所有数据
            List<Student> students = sd.doFindAll();
            request.setAttribute("list", students);
            // 请求转发到 admin/studentList.jsp 页面
            this.gotoPage("admin/studentList.jsp?sql=" + sql, request, response);
        }
    }
    private void gotoPage(String url,HttpServletRequest request, HttpServletResponse response)
            throws ServletException, IOException {
        RequestDispatcher dispatcher=request.getRequestDispatcher(url);
        dispatcher.forward(request, response);
    }
}
```

4. 编写查看学生信息的页面文件

在 admin 文件夹下新建 studentList.jsp 文件，代码如下：

```
<%@ page language="java" import="java.util.*" pageEncoding="utf-8"%>
<%@ taglib uri="http://java.sun.com/jsp/jstl/core" prefix="c" %>
<!DOCTYPE HTML PUBLIC "-//W3C//DTD HTML 4.01 Transitional//EN">
<html>
  <head>
    <title> 学生信息管理 </title>
    <style type="text/css">
       body{
          background-color:#e6e6fa;
       }
       *{
          font-size:12px;
       }

    </style>
  </head>
  <body>
    <form action="/jygl/studentManage" method="post">
       <table width="80%" border="1">
            <tr bgcolor="#DCDCDC">
                 <th width="20%" height="30px"> 姓名 </th>
                 <th width="20%" height="30px"> 性别 </th>
                 <th width="20%" height="30px"> 毕业院校 </th>
                 <th width="20%" height="30px"> 专业 </th>
```

```
            <th width="20%" height="30px"> 操作 </th>
        </tr>
        <c:forEach var="student" items="${list}">
          <tr>
            <td align="center" height="26px">
              <c:out value="${student.sname }"></c:out>
            </td>
            <td align="center" height="26px">
              <c:out value="${student.gender }"></c:out>
            </td>
            <td align="center" height="26px">
              <c:out value="${student.school }"></c:out>
            </td>
            <td align="center" height="26px">
              <c:out value="${student.major }"></c:out>
            </td>
            <td align="center" height="26px">
              <a href="/jygl/studentManage?action=show&sid=${student.sid}"> 查看 </a>|
              <a href="/jygl/studentManage?action=delete&sid=${student.sid}"> 删除 </a>
            </td>
          </tr>
        </c:forEach>

      </table>
    </form>
  </body>
</html>
```

5. 部署运行项目

使用管理员登录，单击导航菜单的管理学生信息，运行结果如图 10-13 所示。

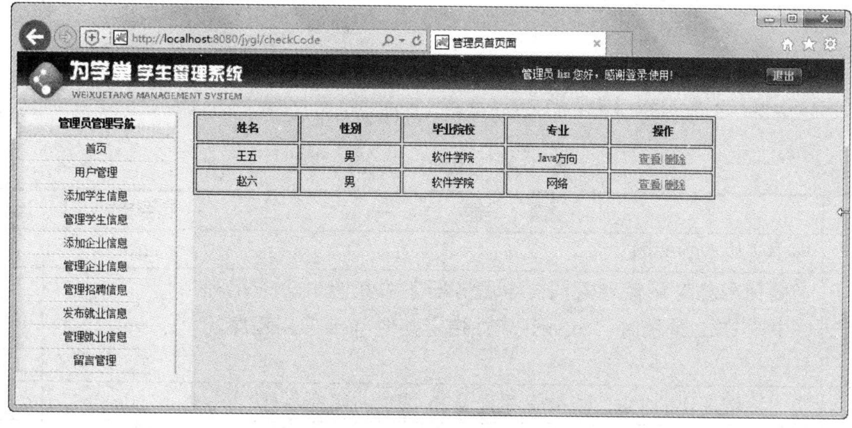

图 10-13 管理学生信息界面

10.3 任务 3——认识 JSTL 的 URL 标签、国际化标签及格式标签

10.3.1 任务描述

除了经常使用的核心标签之外，JSTL 中还包含 URL 标签、国际化标签及格式标签，本次任务是学会这些标签的使用方法。

10.3.2 JSTL 的 URL 标签、国际化标签及格式标签

1. URL 标签

在 JSTL 核心标签库中与 URL 操作相关的标签包括 <c:url>、<c:param>、<c:import> 和 <c:redirect> 等。

（1）<c:url> 标签

<c:url> 标签用于在 JSP 页面中构造一个 URL 地址，其主要目的是实现 URL 重写。URL 重写就是将会话标识 ID 以参数的形式附加在 URL 地址后面。

语法 1：没有标签体

```
<c:url value="value" [context="context"][var="varName"]
        [scope="{page|request|session|application}"] />
```

语法 2：有标签体，在标签体中指定构造的 URL 的参数

```
<c:url value="value" [context="context"] [var="varName"]
        [scope="{page|request|session|application}"]>
    <c:param> 标签
</c:url>
```

<c:url> 标签的属性如表 10-7 所示。

表 10-7 <c:url> 标签的属性

属性名	描述	是否支持 EL	属性类型
value	指定要构造的 URL	true	String
context	当要使用相对路径导入同一个服务器下的其他 Web 应用程序中的 URL 地址时，context 属性指定其他 Web 应用程序的名称	true	String
var	指定将构造出的 URL 结果保存到 Web 域中的属性名称	false	String
scope	指定将构造出的 URL 结果保存到哪个 Web 域中	false	String

例题 10-12　<c:url> 标签的使用，在 Web 项目 JSTLDemo 中编写 c_url.jsp。

```
<%@ page language="java" import="java.util.*" pageEncoding="utf-8"%>
<%@ taglib uri="http://java.sun.com/jsp/jstl/core" prefix="c"%>
<!DOCTYPE HTML PUBLIC "-//W3C//DTD HTML 4.01 Transitional//EN">
<html>
  <head>
    <title>c_url 标签的使用 </title>
  </head>
  <body>
        <a href="<c:url value='/jsp/index.jsp'/>">test1</a>
        <hr />
        <c:url value="/jsp/index.jsp " var="myUrl">
            <c:param name="name" value=" 张三 " />
        </c:url>
        <a href="${myUrl}">test2</a><hr />
  </body>
</html>
```

启动 Tomcat，在地址栏中输入“http://localhost:8080/JSTLDemo/c_url.jsp”，运行结果如图 10-14 所示。查看运行结果的源，结果如图 10-15 所示。

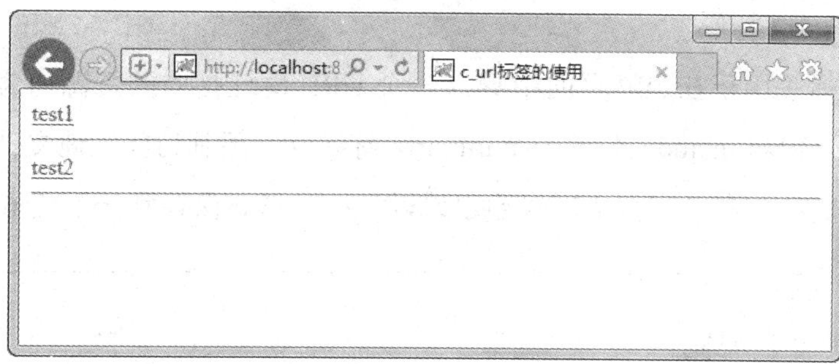

图 10-14　c_url.jsp 的运行结果

http://localhost:8080/JSTLDemo/c_url.jsp - 原始源

文件(F)　编辑(E)　格式(O)

```


<!DOCTYPE HTML PUBLIC "-//W3C//DTD HTML 4.01 Transitional//EN">
<html>
  <head>
    <title>c_url标签的使用</title>
  </head>
  <body>
        <a href="/TSTLDemo/jsp/index.jsp">test1</a>
        <hr />

        <a href="/JSTLDemo/jsp/index.jsp ?name=%e5%bc%a0%e4%b8%89">test2</a><hr />
  </body>
</html>

```

图 10-15　查看 c_url.jsp 运行结果的源

（2）<c:param> 标签

<c:param> 标签可以嵌套在 <c:import>、<c:url> 或 <c:redirect> 标签内，为这些标签所使用的 URL 地址附加参数。<c:param> 标签在为一个 URL 地址附加参数时，将自动对参数值进行 URL 编码，附加到 URL 地址的后面。

语法 1：使用 value 属性指定参数的值

```
<c:param name="name" value="value" />
```

语法 2：在标签体中指定参数的值

```
<c:param name="name">
    parameter value
</c:param>
```

<c:param> 标签的属性如表 10-8 所示。

表 10-8　<c:param> 标签的属性

属 性 名	描　述	是否支持 EL	属 性 类 型
name	参数的名称	true	String
value	参数的值	true	String

（3）<c:import> 标签

<c:import> 标签用于在 JSP 页面中导入一个 URL 地址指向的资源内容，其作用类似于 <jsp:include>，但与 include 不同，<c:import> 标签并不限制访问本地文件。

语法 1：将资源内容以字符串形式输出或以字符串形式保存到一个变量中

```
<c:import url="url"
        [context="context"]
        [var="varName"]
        [scope="{page|request|session|application}"]
        [charEncoding="charEncoding"]>
</c:import>
```

语法 2：将资源内容保存到一个 Reader 对象中

```
<c:import url="url"
        [context="context"]
        varReader="varReaderName"
        [charEncoding="charEncoding"]>
</c:import>
```

<c:import> 标签的属性如表 10-9 所示。

表 10-9　<c:import> 标签的属性

属 性 名	描　　述	是否支持 EL	属 性 类 型
url	指定要导入的资源的 URL 地址	true	String
context	当要使用相对路径导入同一个服务器下的其他 Web 应用程序中的资源时，context 属性指定其他 Web 应用程序的名称	true	String
var	指定将导入的资源内容保存到 Web 域中的属性名称	false	String
scope	指定将导入的资源内容保存到哪个 Web 域中	false	String
charEncoding	将导入的资源内容转换成字符串时所使用的字符集编码	true	String
varReader	指定将导入的资源内容保存到 page 域中的一个 java.io.Reader 对象中，varReader 属性指定了该 Reader 对象在 page 这个 Web 域中的属性名称	false	String

例题 10-13　<c: import > 标签的使用，在 Web 项目 JSTLDemo 中编写 c_import.jsp。

```
<%@ page language="java" import="java.util.*" pageEncoding="utf-8"%>
<%@ taglib uri="http://java.sun.com/jsp/jstl/core" prefix="c"%>
<!DOCTYPE HTML PUBLIC "-//W3C//DTD HTML 4.01 Transitional//EN">
<html>
  <head>
    <title>c_import 标签的使用 </title>
  </head>
  <body>
        <c:import url="http://www.baidu.com" />
  </body>
</html>
```

启动 Tomcat，在地址栏中输入“http://localhost:8080/JSTLDemo/c_import.jsp”，运行结果将打开 www.baidu.com 网页，但地址没变。

（4）<c:redirect> 标签

<c:redirect> 标签用于将当前的访问请求转发或重定向到其他资源，它可以根据 url 属性所指定的地址，执行类似 <jsp:forward> 标签的功能，将访问请求转发到其他资源；或执行 response.sendRedirect() 方法的功能，将访问请求重定向到其他资源。

语法 1：没有标签体

```
<c:redirect url="value" [context="context"] />
```

语法 2：有标签体，在标签体中指定重定向的参数

```
<c:redirect url="value" [context="context"]>
    <c:param>
</c:redirect>
<c:redirect>
```

<c:redirect> 标签的属性如表 10-10 所示。

表 10-10 <c:redirect> 标签的属性

属性名	描述	是否支持 EL	属性类型
url	指定要转发或重定向到的目标资源的 URL 地址	true	String
context	当要使用相对路径重定向到同一个服务器下的其他 Web 应用程序中的资源时，context 属性指定其他 Web 应用程序的名称	true	String

例题 10-14 <c: redirect> 标签的使用，在 Web 项目 JSTLDemo 中编写 c_redirect.jsp。

```
<%@ page language="java" import="java.util.*" pageEncoding="utf-8"%>
<%@ taglib uri="http://java.sun.com/jsp/jstl/core" prefix="c"%>
<!DOCTYPE HTML PUBLIC "-//W3C//DTD HTML 4.01 Transitional//EN">
<html>
  <head>
    <title>c_ redirect 标签的使用 </title>
  </head>
  <body>
        <c:redirect url="http://www.baidu.com" />
  </body>
</html>
```

启动 Tomcat，在地址栏中输入“http://localhost:8080/JSTLDemo/c_redirect.jsp”，运行结果将打开 www.baidu.com 网页，地址变为了转向的资源地址。

2. 国际化标签库

为了向不同国家和地区的用户提供相应的、符合用户自身阅读习惯的页面或数据，就需要使用到软件国际化。“国际化”的英文单词是 internationalization，一般将其缩写为 i18n，i18n 意思是以 i 开头，中间有 18 个字母，并以一个 n 结尾。对于程序中固定使用的文本元素，例如菜单栏、导航条等中使用的文本元素，或错误提示信息、状态信息等，需要根据用户的地区和国家，选择不同语言的文本为之服务。对于程序动态产生的数据，例如（日期、货币等），软件应能根据当前所在的国家或地区的文化习惯进行显示。

JSTL 中提供了一个用于实现国际化和格式化功能的标签库，简称为国际化标签库，JSP 规范为国际化标签库建议的前缀名为 fmt。在使用国际化标签前必须先导入标签库，在 JSP 页面导入国际化标签库的语法如下：

```
<%@ taglib uri="http://java.sun.com/jsp/jstl/fmt" prefix="fmt"%>
```

JSTL 的国际化标签主要包括 <fmt:setLocale>、<fmt:setBundle>、<fmt:bundle>、<fmt:message>、<fmt:param> 等，下面分别介绍这些标签。

1）<fmt:setLocale> 标签

<fmt:setLocale> 标签用于设置用户的本地化信息，使用 <fmt:setLocale> 标签设置本地化信息后，将忽略客户端浏览器传递过来的本地信息。<fmt:setLocale> 标签的语法格式如下：

```
<fmt:setLocale value="locale"
        [variant="variant"]
        [scope="{page|request|session|application}"] />
<fmt:setLocale>
```

标签的属性如表 10-11 所示。

表 10-11　<fmt:setLocale> 标签的属性

属 性 名	描　　述	是否支持 EL	属 性 类 型
value	用户的本地化信息，如果是字符串，则必须包含小写形式的语言编码，其后也可以带有大写形式的国家编码，两者中间用“-”或“_”连接	true	String 或 java.util.Locale
variant	它用于标识开发商或特定浏览器为实现扩展功能而自定义的信息	true	String
scope	将构造出的 Locale 实例对象保存在哪个 Web 作用域中	false	String

* **说明：**如果 <fmt:setLocale> 标签的 value 属性值为 null，<fmt:setLocale> 标签将采用客户端浏览器传递过来的本地信息。

下面的语句将本地信息设置为中文 _ 中国。

```
<%@ taglib uri="http://java.sun.com/jsp/jstl/fmt" prefix="fmt"%>
<fmt :setLocale value= "zh_CN"/>
```

2）<fmt:setBundle> 标签

<fmt:setBundle> 标签用于根据 <fmt:setLocale> 标签设置的本地化信息创建一个资源包（ResourceBundle）实例对象，并将其绑定到一个 Web 域的属性上。<fmt:setBundle> 标签的语法格式如下：

```
<fmt:setBundle basename="basename" [var="varName"]
        [scope="{page|request|session|application}"] />
<fmt:setBundle>
```

<fmt:setBundle> 标签的属性如表 10-12 所示。

表 10-12　<fmt:setBundle> 标签的属性

属 性 名	描　　述	是否支持 EL	属 性 类 型
basename	创建 ResourceBundle 实例对象的基名	true	String
var	将创建出的 ResourceBundle 实例对象保存到 Web 域中的属性名称	false	String
scope	将创建出的 ResourceBundle 实例对象保存在哪个 Web 作用域中	false	String

<fmt:setBundle> 标签示例代码：

```
<%@ taglib uri="http://java.sun.com/jsp/jstl/fmt" prefix="fmt"%>
<fmt:setBundle basename="myproperites" var="myproperites" />
```

3）<fmt:bundle> 标签

<fmt:bundle> 标签与 <fmt:setBundle> 标签的功能类似，但它创建的 ResourceBundle 实例对象只在其标签体内有效。<fmt:bundle> 标签的语法格式如下：

```
<fmt:bundle basename="basename" [prefix="prefix"]>
    body content
</fmt:bundle>
<fmt:bundle>
```

<fmt:bundle> 标签的属性如表 10-13 所示。

表 10-13　<fmt:bundle> 标签的属性

属 性 名	描　述	是否支持 EL	属 性 类 型
basename	创建 ResourceBundle 实例对象的基名	true	String
prefix	key 属性值的前缀	true	String

∗ **说明**：如果设置了 <fmt:bundle> 标签的 prefix 属性，则其中嵌套的 <fmt:message> 标签的 key 属性值中就可以省略 prefix 属性设置的前缀部分。

<fmt:bundle> 标签示例代码：

```
<%@ taglib uri="http://java.sun.com/jsp/jstl/fmt" prefix="fmt"%>
<fmt:bundle basename="basename ">
    ......
</fmt:bundle>
```

4）<fmt:message> 标签

<fmt:message> 标签用于从一个资源包中读取信息并进行格式化输出。该标签有如下 3 种语法格式。

语法 1：没有标签体

```
<fmt:message key="messageKey"
             [bundle="resourceBundle"]
             [var="varName"]
             [scope="{page|request|session|application}"] />
```

语法 2：在标签体中指定消息参数

```
<fmt:message key="messageKey"
             [bundle="resourceBundle"]
```

```
            [var="varName"]
            [scope="{page|request|session|application}"]>
        <fmt:param>subtags
</fmt:message>
```

语法 3：在标签体中指定关键字和可选的消息参数

```
<fmt:message [bundle="resourceBundle"]
            [var="varName"]
            [scope="{page|request|session|application}"]>
    key optional <fmt:param>subtags
</fmt:message>
```

<fmt:message> 标签的属性如表 10-14 所示。

表 10-14　<fmt:message> 标签的属性

属　性　名	描　　述	是否支持 EL	属 性 类 型
key	要输出的信息的关键字	true	String
bundle	ResourceBundle 对象在 Web 域中的属性名称	true	LocalizationContext
var	将格式化结果保存到某个 Web 域中的某个属性的名称	false	String
scope	将格式化结果保存到哪个 Web 域中	false	String

5）<fmt:param> 标签

<fmt:param> 标签用于为格式化文本串中的占位符设置参数值，它只能嵌套在 <fmt:message> 标签内使用。该标签有如下两种语法格式。

语法 1：用 value 属性指定参数值

```
<fmt:param value="messageParameter" />
```

语法 2：在标签体中指定参数的值的情况

```
<fmt:param>
    body content
</fmt:param>
```

例题 10-15　国际化标签举例。

（1）在项目 JSTL 中创建所需要的资源文件 myproperties_en.properties 和 myproperties_zh.properties，将资源文件保存到项目的 src 目录下。

```
myproperites_en.propertie
username=username
password=password
submit=Submit
reset=Reset
```

```
myproperites_zh.properties
username= 用户名
password= 密码
submit= 提交
reset= 重置
```

（2） 创建页面文件 fmt_test.jsp

```
<%@ page language="java" import="java.util.*" pageEncoding="utf-8"%>
<%@ taglib uri="http://java.sun.com/jsp/jstl/fmt" prefix="fmt"%>
<html>
  <head>
    <title> 国际化标签的使用 </title>
  </head>
  <fmt:setLocale value="zh"/>
  <fmt:setBundle basename="myproperties"></fmt:setBundle>

  <body>
       <fmt:message key="username"/>: <input type="text" name="username"/><br/>
       <fmt:message key="password"/>: <input type="password" name="password"/><br/>
       <input type="submit" value="<fmt:message key="submit"/>"/>
       <input type="reset" value="<fmt:message key='reset'/>"/>
    </body>
</html>
```

启动 Tomcat，在地址栏中输入“http://localhost:8080/JSTLDemo/ fmt_test.jsp”，运行结果如图 10-16 所示。将 <fmt:setLocale value="zh"/> 语句修改为 <fmt:setLocale value="en"/>，运行结果如图 10-17 所示。

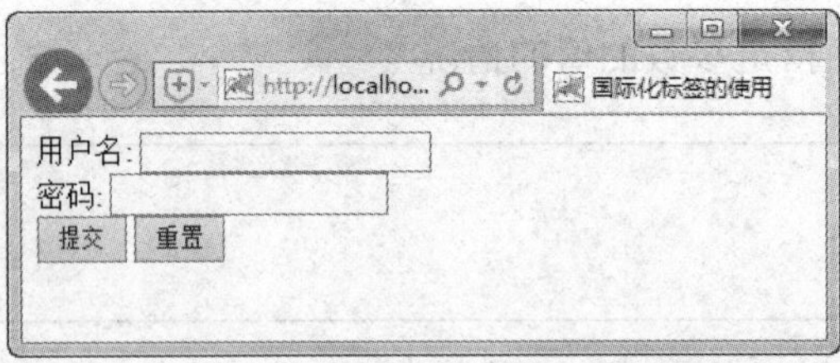

图 10-16　fmt_setBundle.jsp 运行结果 1

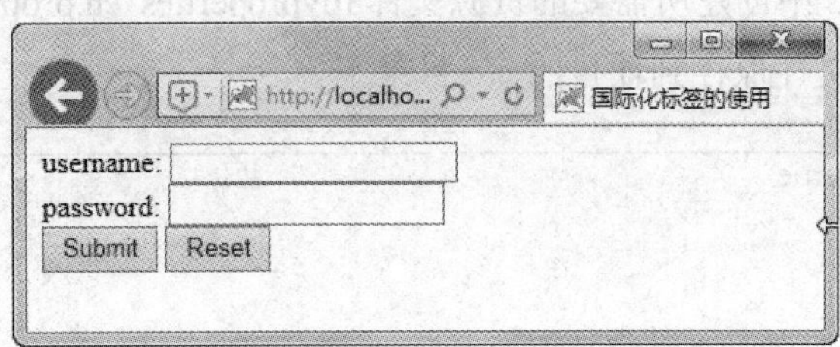

图 10-17　fmt_setBundle.jsp 运行结果 2

3. 格式标签

JSTL 中的格式标签主要是对数值、货币、时间、日期等数据进行格式化，包括 <fmt:timeZone>、<fmt:setTimeZone>、<fmt:formatDate>、<fmt:parseDate>、<fmt:parseNumber> 和 <fmt:formatNumber> 等标签。

（1）<fmt:timeZone> 标签

<fmt:timeZone> 标签用于设置时区，但它的设置值只对其标签体部分有效。<fmt:timeZone> 标签的语法格式如下：

```
<fmt:timeZone value="timeZone">
    body content
</fmt:timeZone>
```

（2）<fmt:setTimeZone> 标签

<fmt:setTimeZone> 标签也用于设置时区，并能将设置的时区信息以 TimeZone 对象的形式保存在某个 Web 域中。

<fmt:setTimeZone> 标签的语法格式如下：

```
<fmt:setTimeZone value="timeZone"
                 [var="varName"]
                 [scope="{page|request|session|application}"] />
<fmt:setTimeZone>
```

<fmt:setTimeZone> 标签的属性如表 10-15 所示。

表 10-15　<fmt:setTimeZone> 标签的属性

属 性 名	描　　述	是否支持 EL	属 性 类 型
value	表示时区的 ID 字符串或 TimeZone 对象	true	String 或 java.util.TimeZone
var	将创建出的 TimeZone 实例对象保存到 Web 域中的属性名称	false	String
scope	将创建出的 TimeZone 实例对象保存到哪个 Web 域中	false	String

（3）<fmt:formatDate> 标签

<fmt:formatDate> 标签用于对日期和时间按本地化信息进行格式化，或对日期和时间按 JSP 页面作者自定义的格式进行格式化。<fmt:formatDate> 标签的语法格式如下：

```
<fmt:formatDate value="date"
                [type="{time|date|both}"]
                [dateStyle="{default|short|medium|long|full}"]
                [timeStyle="{default|short|medium|long|full}"]
                [pattern="customPattern"]
```

```
              [timeZone="timeZone"]
              [var="varName"]
              [scope="{page|request|session|application}"] />
<fmt:formatDate>
```

<fmt:formatDate> 标签的属性如表 10-16 所示。

表 10-16　<fmt:formatDate> 标签的属性

属　性　名	描　　述	是否支持 EL	属 性 类 型
value	指定要格式化的日期或时间	true	java.util.Date
type	指定是格式化输出日期部分，还是格式化输出时间部分，还是两者都输出	true	String
dateStyle	指定日期部分的输出格式，其可用的设置值可以参照 java.text.DateFormat 类的讲解。该属性仅在 type 属性取值为 date 或 both 时才有效	true	String
timeStyle	指定时间部分的输出格式，其可用的设置值请参照 java.text.DateFormat 类的讲解。该属性仅在 type 属性取值为 time 或 both 时才有效	true	String
pattern	指定一个自定义的日期和时间输出格式	true	String
timeZone	指定当前采用的时区	true	String 或 java.util.timeZone
var	用于指定将格式化结果保存到某个 Web 域中的某个属性的名称	false	String
scope	指定将格式化结果保存到哪个 Web 域中	false	String

（4）<fmt:parseDate> 标签和 <fmt:parseNumber> 标签

<fmt:parseDate> 标签用于将字符串表示的日期和时间解析成日期对象。

<fmt:parseNumber> 标签用于将表示数值、货币、百分数的字符串解析成数值对象。如 fmt_parseNumber 中使用。具体使用可以查看相关帮助。

（5）<fmt:formatNumber> 标签

<fmt:formatNumber> 标签用于将数值、货币或百分数按本地化信息进行格式化，或者按 JSP 页面作者自定义的格式进行格式化。该标签有如下两种语法格式。

语法 1：没有标签体

```
<fmt:formatNumber value="numericValue"
              [type="{number|currency|percent}"]
              [pattern="customPattern"]
              [currencyCode="currencyCode"]
              [currencySymbol="currencySymbol"]
              [groupingUsed="{true|false}"]
              [maxIntegerDigits="maxIntegerDigits"]
```

```
                [minIntegerDigits="minIntegerDigits"]
                [maxFractionDigits="maxFractionDigits"]
                [minFractionDigits="minFractionDigits"]
                [var="varName"]
                [scope="{page|request|session|application}"] />
```

语法 2：有标签体，在标签体中指定要被格式化的数值

```
<fmt:formatNumber [type="{number|currency|percent}"]
                [pattern="customPattern"]
                [currencyCode="currencyCode"]
                [currencySymbol="currencySymbol"]
                [groupingUsed="{true|false}"]
                [maxIntegerDigits="maxIntegerDigits"]
                [minIntegerDigits="minIntegerDigits"]
                [maxFractionDigits="maxFractionDigits"]
                [minFractionDigits="minFractionDigits"]
                [var="varName"]
                [scope="{page|request|session|application}"]>
        要被格式化的数值
</fmt:formatNumber>
```

例题 10-16　<fmt:formatDate> 标签示例，在 Web 项目 JSTLDemo 中编写 fmt_formatDate.jsp。

```
<%@ page language="java" import="java.util.*" pageEncoding="utf-8"%>
<%@ taglib uri="http://java.sun.com/jsp/jstl/fmt" prefix="fmt"%>
<!DOCTYPE HTML PUBLIC "-//W3C//DTD HTML 4.01 Transitional//EN">
<html>
  <head>
    <title>c_formatDate 标签的使用 </title>
  </head>
  <body>
      <fmt:formatDate value="<%=new Date() %>" type="date"/><br/><br/>
      <fmt:formatDate value="<%=new Date() %>" type="time"/><br/><br/>
      <fmt:formatDate value="<%=new Date() %>" type="both"/><br/><br/>
      <fmt:parseDate value="07/09/08" pattern="MM/dd/yy" var="date1" /> ${date1}<br/>
  </body>
</html>
```

启动 Tomcat，在地址栏中输入“http://localhost:8080/JSTLDemo/fmt_formatDate.jsp”，运行结果如图 10-18 所示。

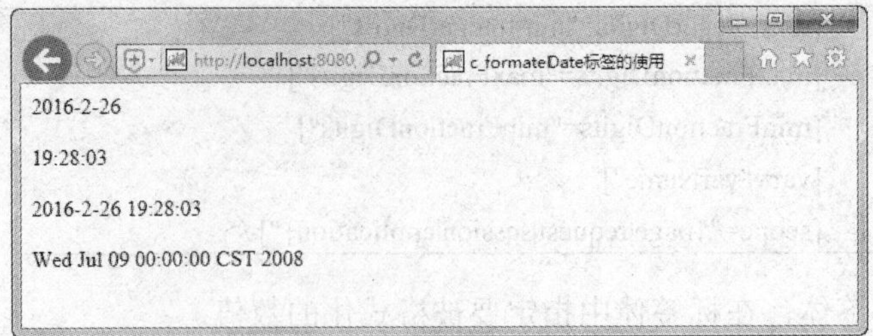

图 10-18 fmt_formatDate.jsp 的运行结果

例题 10-17 <fmt:formatNumber> 标签示例，在 Web 项目 JSTLDemo 中编写 fmt_formatNumber.jsp。

```
<%@ page language="java" import="java.util.*" pageEncoding="utf-8"%>
<%@ taglib uri="http://java.sun.com/jsp/jstl/fmt" prefix="fmt"%>
<!DOCTYPE HTML PUBLIC "-//W3C//DTD HTML 4.01 Transitional//EN">
<html>
  <head>
    <title>c_formatNumber 标签的使用 </title>
  </head>
  <body>
    <fmt:parseDate value="2015 年 7 月 9 日 23:20" pattern="yyyy 年 MM 月 dd 日
          HH:mm"/><br/>
    <fmt:formatNumber value="12" type="currency" pattern=".00 元 "/><br/>
          <fmt:parseNumber value="12%" type="percent" />
  </body>
</html>
```

启动 Tomcat，在地址栏中输入“http://localhost:8080/JSTLDemo/fmt_formatNumber.jsp”，运行结果如图 10-19 所示。

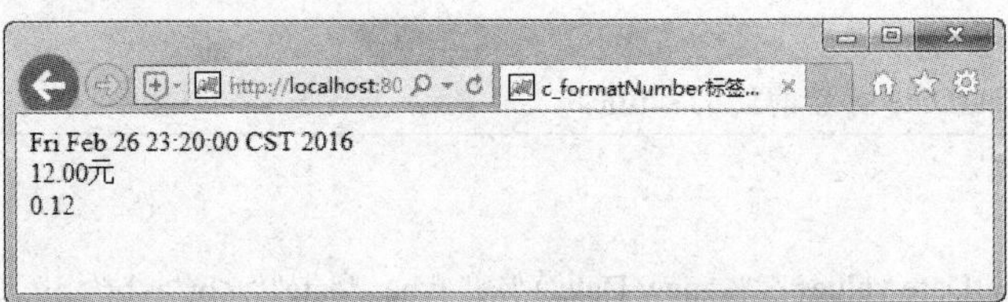

图 10-19 fmt_formatNumber.jsp 的运行结果

10.4 本章小结

本模块主要介绍了 JSP 标准标签库的通用标签、条件标签、迭代标签和 URL 标签，并介绍了国际化标签库的相关标签。读者应重点掌握核心标签库，为 Web 项目的开发提供足够的支持。

10.5　课 后 实 训

1. 单项选择题

（1）在 JSP 中，若要在 JSP 中正确使用标签：<x:viewDate/>，在 jsp 中声明的 taglib 指令为：<%@taglib uri = "/WEB-INF/myTags.tld" prefix = "_____">，下划线处应该是（　　）。

A．x　　B．viewDate　　C．myTags　　D．Date

（2）核心标签库中，用来实现循环功能的标签是（　　）。

A．<c:if>　　B．<c:for>　　C．<c:while>　　D．<c:foreach>

（3）以下代码执行结果为（　　）。

```
<c:forEach var = "j" begin = "1" end = "5">
    <c:out value="${j}"/>
</c:forEach>
```

A．1 2 3 4 5　　B．j j j j j

C．15　　D．代码有错，无法显示

（4）某 JSP 中有如下代码，显示结果为（　　）。

```
<%
    int a = 10;
    request.setAttribute("a","abc");
    session.setAttribute("a","789");
%>
<c:out value="${a}"/>
```

A．10　　B．abc　　C．789　　D．null

（5）以下（　　）参数不属于 <c:foreach> 标签。

A．var　　B．begin　　C．end　　D．delims

（6）如下代码，执行结果为（　　）。

```
<c:set var="a" value="123" />
<c:out value="${a}"/>
<c:out value="a"/>
```

A．123 123　　B．a 123　　C．123 a　　D．A a

（7）以下（　　）标签实现了 switch 功能。

A．<c:if>　　B．<c:switch>

C．<c:choose> 与 <c:when>　　D．<c:case>

（8）以下代码执行结果为（　　）。

```
<%
    session.setAttribute("b","abc");
%>
<c:if test="5>4">
<c:out value="${b}"/>
</c:if>
```

A．b　　B．abc　　C．5>4　　D．Null

（9）以下代码执行结果为（　　）。

```
<c:forEach  var = "i" begin = "1" end = "5" step = "2">
  <c:out value="${i}"/>
</c:forEach>
```

A．1 2 3 4 5　　B．1 3 5　　C．i i i　　D．15

（10）以下（　　）代码可以正确导入核心标签库。

A．<% page import = "c"%>

B．<% page prefix = "c" uri = "/WEB-INF/c.tld"%>

C．<% taglib prefix = "c" import = "/WEB-INF/c.tld" %>

D．<% taglib prefix = "c" uri = "/WEB-INF/c.tld"%>

2．实践题

根据所学内容，使用 JSP 技术实现企业用户信息修改。

模块 11　使用 JSP 实用技术

在前面的模块中学习了使用 Servlet 实现 Web 控制器，使用 JSP 技术实现 Web 页面，使用 JDBC 技术访问数据库，在具体的 Web 项目中，还有很多综合应用以上几种技术进行开发的实战技术，本模块将介绍几种最常用的实用技术。

学习目标

■ 【知识目标】

1. 知道生成验证码几种方法
2. 掌握分页技术的实现方式
3. 熟悉网页文本编辑器的使用方法

■ 【技能目标】

1. 能利用 JSP 实用技术实现验证码
2. 能熟练使用分页技术实现数据分页显示
3. 学会使用网页文本编辑器

11.1　任务 1——使用实用技术实现用户登录验证码

11.1.1　任务描述

用验证码生成技术绘制登录页面验证码。

11.1.2　验证码技术

在网络应用的登录和注册页面中可以看到验证码的存在，它能防止恶意访问。验证码就是每次访问页面时，在页面上随机生成一张图片，图片的内容一般是数字、字母或数字与字母的随机组合，有时也使用汉字的验证码图片。用户如果想要提交表单进行访问，须输入验证码图片上的字符，服务器根据自己会话中保存的字符和用户提交的字符进行比较，如果内容不一致，则拒绝用户访问；如果相同，用户可以提交表单，继续访问 Web 内容。Java 中提供了绘制图片的功能类，可以使用这些类来动态绘制验证码图片，在了解数字验证码、数字与英文混合验证码、中文验证码之前先学习在 Java 中图片的生成原理。

1. 绘制图片用到的类

（1）Graphics 类

Graphics 类是所有图形上下文的抽象基类，它用于存储和显示虚拟图像，如果需要创建它的实例，必须继承它，然后通过它的派生类来完成任务。

Graphics 对象封装了 Java 支持的基本呈现操作所需的状态信息。此状态信息包括以下属性：

- 要在其上绘制的 Component 对象。
- 呈现和剪贴坐标的转换原点。
- 当前剪贴区。
- 当前颜色。
- 当前字体。
- 当前逻辑像素操作函数。
- 当前 XOR 交替颜色。

它的主要方法包括跟踪形状轮廓的绘制方法和填充形状轮廓的绘制方法，诸如 translate() 之类的杂项方法，它们将图形环境的起点从其默认值 (0,0) 变成其他的值。

Graphics 拥有很多绘图方法，所有方法都是 void 类型的，主要绘图方法如下。

- drawLine(int x1,int y1,int x2,int y2)：画直线。参数为起点坐标和终点坐标。
- drawRect(int x,int y,int width,int height)：画矩形。参数为左角坐标、宽和高。
- drawRoundRect(int x,int y,int width,int height, int arcWidth,int arcHeight)：绘制圆角矩形的边框。矩形的左边缘和右边缘分别位于 x 和 x + width。矩形的上边缘和下边缘分别位于 y 和 y + height。
- draw3DRect(int x,int y,int width,int heigth,boolean raised)：画 3D 矩形。参数为左角坐标、宽和高，用于确定矩形是凸出平面显示还是凹入平面显示的 boolean 值。
- drawOval(int x,int y,int width,int height)：画椭圆。参数为左上角坐标、宽度和高度。
- drawArc(int x,int y,int width,int height,int startAngle,int arcAngle)：画弧。参数为左上角坐标、宽、高和起始角，相对于开始角度而言，弧跨越的角度。
- drawPolyline(int [] xPoints,int [] yPoints,int nPoints)：画折线。参数为各点的 X 坐标、Y 坐标和折线数。
- drawPolygon(int []xPoints,int [] yPoints,int nPoints)：画多角形。参数为各点的 X 坐标、Y 坐标和边数。
- drawPolygon(Polygon p)：画由指定的 Polygon 对象定义的多边形边框。参数为定义好的多角形对象。

画填充图形只要把以上 9 种方法中的 draw 改为 fill 即可，参数表是一样的，颜色就是

g.setColor() 设定的。注意 fillRect() 可以用来画一根粗实线。下面的例题分别画弧、多角形和三维矩形。

（2）BufferedImage 类

BufferedImage 是 Image 的一个子类，BufferedImage 生成的图片在内存中有一个图像缓冲区，利用这个缓冲区可以很方便地操作这个图片，通常用来做图片修改操作，如大小变换、图片变灰、设置图片透明或不透明等。与 Image 不同的是，BufferedImage 是在内存中创建和修改的，根据客户的需求可以显示它也可以不显示它。

2. 绘制验证码图片的步骤

在 Java 环境下要生成一幅图片，需遵守以下步骤：

（1）设置页面类型

一般页面的类型都是设置为“text/html”，如果要返回一个图片，需要把类型设置为“image/jpeg”，加载到客户端的页面将呈现为一个图像。

设置页面类型代码如下：

```
response.setContentType("image/jpeg");
```

还需要定义代码清除页面缓存，代码如下：

```
response.setHeader("Pragma", "No-cache");
response.setHeader("Cache-Control", "no-cache");
response.setDateHeader("Expires", 0);
```

为了让代理服务器或浏览器在一段时间以后更新缓存中（再次访问曾访问过的页面时，直接从缓存中加载，缩短响应时间和降低服务器负载）的页面，可以使用 Expires 实体报头域指定页面过期时间。例如，Expires:Thu,15 Sep 2006 16:23:12 GMTHTTP1.1 的客户端和缓存必须将其他非法的日期格式（包括 0）看作已经过期；为了让浏览器不要缓存页面，也可以利用 Expires 实体报关域，设置为 0，JSP 程序如下：

```
response.setDateHeader("Expires", "0");
```

HTTP 消息报头包括普通报头、请求报头、响应报头和实体报头。普通报头中的 Cache-Control 用于指定缓存指令，缓存指令是单向的（响应中出现的缓存指令在请求中未必会出现），且是独立的（一个消息的缓存指令不会影响另一个消息处理的缓存机制），HTTP 1.0 使用的类似的报头域为 Pragma。

请求时的缓存指令包括 no-cache（用于指示请求或响应消息不能缓存）、no-store、max-age、max-stale、min-fresh、only-if-cached；响应时的缓存指令包括 public、private、no-cache、no-store、no-transform、must-revalidate、proxy-revalidate、max-age、s-maxage。例如，为了指示 IE 浏览器（客户端）不要缓存页面，服务器端的 JSP 程序可以编写如下：

```
response.setHeader("Cache-Control", "no-cache");
```

“response.setHeader("Pragma", "no-cache");”的作用相当于其他两行代码，通常两者合用 Expires 实体报头域给出响应过期的日期和时间。

（2）绘制动态图像

绘制动态图像时需要做如下工作：

- 设置图片大小。
- 在内存中创建 BufferedImage 图像对象。
- 画出验证码背景图片。
- 画出验证码背景图片干扰线。
- 画出随机验证码字符。

（3）把验证码字符串保存在会话对象中

（4）把缓存图片输出到客户端，设置输出图片的格式

（5）清空缓存，释放资源

11.1.3 任务实现

1. 定义生成验证码图片的 Servlet 类

在项目文件夹的 src 下，新建 com.hbsi.util 包，在包下新建 CreateImageServlet 类，用来生成验证码图片，代码如下：

```
// CreateImageServlet.java
import javax.servlet.ServletException;
import javax.servlet.http.HttpServlet;
import javax.servlet.http.HttpServletRequest;
import javax.servlet.http.HttpServletResponse;
import javax.servlet.http.HttpSession;
public class CreateImageServlet extends HttpServlet {
  //定义方法获取某一范围值的随机色
  Color getRandColor(int fc,int bc){
    Random random=new Random();
    if(fc>255){
        fc=255;
    }
    if(bc>255){
        bc=255;
    }
    int r=fc+random.nextInt(bc-fc);
    int g=fc+random.nextInt(bc-fc);
```

```
        int b=fc+random.nextInt(bc-fc);
        return new Color(r,g,b);
    }
    public void doGet(HttpServletRequest request, HttpServletResponse response)
                throws ServletException, IOException {
        this.doPost(request, response);
    }
    public void doPost(HttpServletRequest request, HttpServletResponse response)
                throws ServletException, IOException {
        //1. 设置页面类型
        response.setContentType("image/jpeg");
        // 设置页面不缓存
        response.setHeader("Pragma", "no-cache");
        response.setHeader("cache-control", "no-cache");
        response.setDateHeader("expires", 0);
        //2. 绘制动态图像
        // 定义验证码图片大小
        int width=60;
        int height=20;
        // 创建能在内存中修改的图片对象
        BufferedImage image=new BufferedImage(width,height,BufferedImage.TYPE_INT_RGB);
        // 获取绘制图片的 Graphics 对象
        Graphics g=image.getGraphics();
        // 画图片
        // 设置背景图片的颜色
        g.setColor(getRandColor(200,250));
        // 画背景图片
        g.fillRect(0, 0, width, height);
        // 设置干扰线颜色
        g.setColor(getRandColor(160,200));
        // 画出干扰线
        Random random=new Random();
        for(int i=0;i<100;i++){
            // 设置起始点坐标
            int x=random.nextInt(width);
            int y=random.nextInt(height);
            // 设置结束点坐标，从起始到结束点画直线
            int x1=random.nextInt(12);
            int y1=random.nextInt(12);
            g.drawLine(x, y, x+x1, y+y1);
        }
        // 定义变量 codestr，用来表示在会话中保存的验证码
        String codestr="";
```

```
        //定义随机字符取值范围的字符串数组
        String [] str={"A","B","C","D","E","F","G","H","I","J","K","L","M",
"N","P","Q", "R","S","T","U","V","W","X","Y","Z","a","b","c","d","e","f","g","h",
"i","j","k","m","n","p","q","r","s","t","u","v","w","x","y","z"};
        //画出随机字符
        for(int i=0;i<4;i++){
            String rand="";
            if(random.nextBoolean()){
                rand=String.valueOf(random.nextInt(10));
            }else{
              //获取一个随机整数作为要取的数组元素的下标索引
             int index=random.nextInt(49);
             rand=str[index];
            }
            //设置字体颜色
            g.setColor(getRandColor(20,130));
            //设置字体
            g.setFont(new Font("Times New Roman",Font.PLAIN,18));
            //画出表达式
            g.drawString(rand,13*i+6,16);
            codestr+=rand;
        }
        //3. 把 4 位验证码字符串保存在 session 中
        HttpSession session=request.getSession();
        session.setAttribute("code",codestr);
        //4. 把缓存图片输出到客户端，设置输出图片的格式
        ImageIO.write(image,"JPEG", response.getOutputStream());
        //5. 清空缓存，释放资源
        response.getOutputStream().flush();
        response.getOutputStream().close();
        response.flushBuffer();
    }
}
```

2. 修改 WebRoot/public 文件夹下的 login.jsp 文件

（1）在 head 标签中添加 js 脚本代码：

```
<script type="text/javascript">
    function refresh(){
        //使用 new Date() 参数实现路径更换，预防缓存图片重新加载
        document.getElementById("codeimage").src="/jygl/createImage?"+new Date();
    }
</script>
```

（2）修改表单提交 url 值，代码如下：

```
<form action="/jygl/checkCode" method="post" name="form1">
```

（3）在新用户注册前面添加一行，代码如下：

```
<tr>
        <td><span class="logintxt"> 验证码：</span></td>
        <td colspan="2">
          <input type="text" name="code" size="6">
          <img alt="*" src="/jygl/createImage" onclick="refresh()" id="codeimage"
title=" 单击更换图片 ">
           <span class="errorcode">${codeMsg}</span>
        </td>
</tr>
```

3. 编写 CheckCodeServlet 类

在 com.hbsi.util 包下新建 CheckCodeServlet 类，用来检测用户输入的验证码是否正确，如果正确，转发请求到 LoginServlet 处理用户登录信息；如果用户输入的验证码不正确，转发信息回 login.jsp 页面，显示错误提示信息，提示用户重新输入验证码，代码如下：

```
// CheckCodeServlet.java
package com.hbsi.util;
import java.io.IOException;

import javax.servlet.RequestDispatcher;
import javax.servlet.ServletException;
import javax.servlet.http.HttpServlet;
import javax.servlet.http.HttpServletRequest;
import javax.servlet.http.HttpServletResponse;
import javax.servlet.http.HttpSession;

public class CheckCodeServlet extends HttpServlet {
    public void doGet(HttpServletRequest request, HttpServletResponse response)
            throws ServletException, IOException {
            this.doPost(request, response);
    }
    public void doPost(HttpServletRequest request, HttpServletResponse response)
            throws ServletException, IOException {
          //1. 取出请求参数 code 的值
          String checkcode=request.getParameter("code");
          //2. 取出 session 中封装的属性名为 code 的属性值
          HttpSession session=request.getSession();
          String sessioncode=String.valueOf(session.getAttribute("code"));
          //3. 判断请求参数值和会话属性值是否相同
```

```
            if(checkcode.equals(sessioncode)){
                // 如果相同，说明用户输入的验证码正确，请求转发给 url 为 /login 的 servlet 处理
                this.gotoPage("login", request, response);
            }else{
                // 在请求中封装验证码错误信息，把请求转发回 login.jsp 页面
                request.setAttribute("codeMsg"," 验证码错误 ");
                this.gotoPage("public/login.jsp", request, response);
            }
        }
        // 定义方法用来请求转发到某个 url
        private void gotoPage(String url,HttpServletRequest request, HttpServletResponse response)
                    throws ServletException, IOException {
            RequestDispatcher dispatcher=request.getRequestDispatcher(url);
            dispatcher.forward(request, response);
        }
    }
```

4. 部署运行项目

在地址栏中输入“http://localhost:8080/jygl/public/login.jsp”，打开登录页面，如图 11-1 所示。

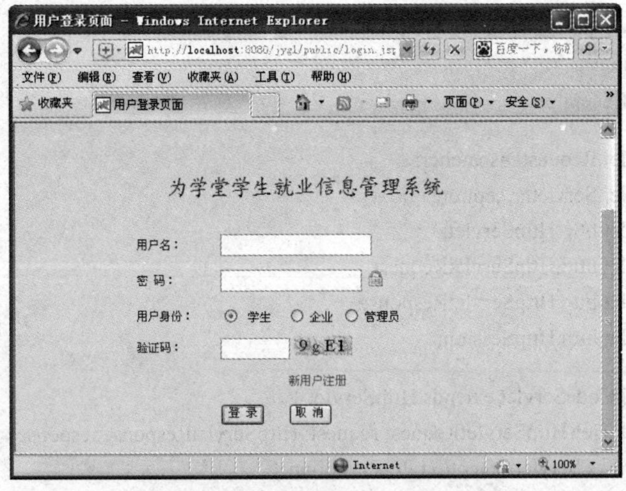

图 11-1 用户登录页面验证码

11.2 任务 2——使用分页技术实现用户管理

11.2.1 任务描述

在项目中执行一条 SQL 语句时，可能返回多条记录需要在 JSP 页面中显示，如果所

有的记录显示在同一页面，那整个页面可能会排好长，这就直接给用户造成了麻烦、不舒服的感受，所以解决这个问题，通常采用分页显示的方法。本模块子任务通过使用分页技术实现管理员登录后的用户管理功能。

11.2.2　分页技术

在使用 JSP 页面展示数据库数据的过程中，不可避免地需要使用到分页的功能，分页技术通常可以采用两种策略来实现分页。

1. 基于缓存的分页实现

这种方式一次性地将所有的记录取出来放到 session 或者其他的缓存机制中。这种方式的优点是：除了第一页外，后续的页面都能够很快访问到需要的数据。缺点是：第一页显示时可能很慢，因为需要等待取出所有的数据。还有一个缺点是因为数据取出来以后都放在内存中，而如果同时访问的客户比较多，对内存的要求也比较高。

2. 基于数据库查询的分页实现

把数据库中的数据根据需要取出。这种方式的优点是：第一页和后续的页面访问的时间差不多，将数据库访问分担到各页面。缺点是：每次都需要从数据库中获取数据，造成频繁的数据库存取。

本任务中使用基于数据库的分页技术实现数据的分页显示。需要明确以下几个概念：总的记录数（counts）、总的页数（totalPage）、每页显示的记录数目（pageSize）、当前显示第几页（nowPage）、当前页要显示的记录集合（list），使用 DAO 数据库访问查询分页显示需要的数据，然后通过一个 JavaBean 类对象来封装这几个数据为 JavaBean 对象属性值，在 Servlet 控制器中把封装好的 JavaBean 对象传递到 JSP 页面，在 JSP 页面中利用封装好的 JavaBean 对象属性值，实现数据的分页显示。

11.2.3　任务实现

1. 编写用于封装分页数据的 Bean 类 DoPage.java

因为项目中涉及多个页面需要使用分页技术展示信息，为了提高效率，做到代码重用，设计了一个专门用来实现分页技术的 Bean 类——DoPage.java 来实现分页。代码如下：

```
//DoPage.java
package com.hbsi.bean;
import java.util.List;
public class DoPage {
```

```
    //定义 nowPage 表示当前是第几页
    private int nowPage;
    //定义 pageSize 表示每页有多少条记录
    private int pageSize;
    //定义 totalPage 表示总共有多少页
    private int totalPage;
    //定义 List 列表对象 list 用来封装某一页要显示的所有记录
    private List list;
    //定义一个 sql 表示子查询条件
    private String sql;
    //定义 count 表示总共有多少条记录
    private int count;

    public int getNowPage() {
        return nowPage;
    }
    public void setNowPage(int nowPage) {
        this.nowPage = nowPage;
    }
    public int getPageSize() {
        return pageSize;
    }
    public void setPageSize(int pageSize) {
        this.pageSize = pageSize;
    }
    public int getTotalPage() {
        return totalPage;
    }
    public void setTotalPage(int totalPage) {
        this.totalPage = totalPage;
    }
    public List getList() {
        return list;
    }
    public void setList(List list) {
        this.list = list;
    }
    public String getSql() {
        return sql;
    }
    public void setSql(String sql) {
        this.sql = sql;
    }
```

```
        public int getCount() {
            return count;
        }
        public void setCount(int count) {
            this.count = count;
        }
    }
```

2. 修改 Dao 接口添加用来获取分页所需数据的方法

从以上代码中看到，在 Bean 类中，定义了一个整数 nowPage 表示当前是第几页，定义整数 pageSize 表示每页显示的条数，定义一个 List 变量代表一个根据条件查询出的数据集合，定义整数 totalPage 代表总的页数，定义字符串变量 sql 表示查询语句的条件分句，定义字符串 counts 表示每页显示的记录条数。之后在数据库访问操作类中通过使用查询数据库获取 DoPage 对象的部分属性值，封装 DoPage 对象，例如在 UserDao 接口中添加方法获取分页信息：

```
//UserDao.java
package com.hbsi.dao;
import com.hbsi.bean.DoPage;
import com.hbsi.bean.User;
public interface UserDao {
    // 定义方法查询用户登录信息是否存在
    User lookUser(User user);
    // 检查用户名是否存在
    boolean checkUsername(String username);
    // 将用户注册信息添加到数据库中
    User addUser(User user);
    // 定义方法，修改用户密码
    boolean updatePwd(User user);
    // 定义方法获取总记录数
    int doCount(DoPage dopage);
    // 定义方法获取总页数
    int doTotalPage(DoPage dopage);
    // 定义方法查询某一页要显示的数据
    DoPage doFindAll(DoPage dopage);
    // 删除用户
     boolean deleteUser(int id);
    // 禁用用户
     boolean disableUser(int id);
    // 激活用户
     boolean activeUser(int id);
```

```
    //设置用户审核未通过
    boolean invalid(int id);
    //根据 id 查询用户
    User lookUserById(int id);
}
```

3. 修改 Dao 实现类，实现 UserDao 接口中添加的方法

```
//UserDaoImpl.java
package com.hbsi.dao.service;

import java.sql.Connection;
import java.sql.PreparedStatement;
import java.sql.ResultSet;
import java.sql.SQLException;
import java.util.ArrayList;
import java.util.List;

import com.hbsi.bean.DoPage;
import com.hbsi.bean.User;
import com.hbsi.db.ConnectionFactory;
import com.hbsi.db.DBClose;
import com.hbsi.dao.UserDao;
public class UserDaoImpl implements UserDao {
  Connection con=null;
  PreparedStatement pstat=null;
  ResultSet rs=null;
  //定义方法查询用户登录信息是否存在
  ......
  //检查用户名是否存在
  ......
  //将用户注册信息添加到数据库中
  ......
  //定义方法，修改用户密码
  ......
  //定义方法获取总记录数
  public int doCount(DoPage dopage){
      //定义 count 代表总记录数
      int count=0;
      //1. 连接数据库
      con=ConnectionFactory.getConnection();
      try {
        //2. 封装 sql 语句
```

```
            pstat=con.prepareStatement("select count(*) from user "+dopage.getSql());
            //3. 执行查询
            rs=pstat.executeQuery();
            //4. 处理结果集
            if(rs.next()){
                count=rs.getInt(1);
            }
    } catch (SQLException e) {
        e.printStackTrace();
    }finally{
        DBClose.close(null, pstat, con);
    }
      return count;
}
// 定义方法获取总页数
public int doTotalPage(DoPage dopage){
      int totalPage=0;
      // 定义 m 保存总记录数除以每页记录数的商
    int m=doCount(dopage)/dopage.getPageSize();
    if(doCount(dopage)%dopage.getPageSize()>0){
        totalPage=m+1;
    }else{
         totalPage=m;
    }
    return totalPage;
}
// 定义方法查询某一页要显示的数据
public DoPage doFindAll(DoPage dopage){
   // 声明 List 对象 list 保存查询到的所有记录封装的 user 对象
      List list=new ArrayList();
      //1. 获取和数据库连接
      con=ConnectionFactory.getConnection();
      try {
        //2. 执行条件查询，定义 PreparedStatement 对象
            pstat=con.prepareStatement("select * from user "+dopage.getSql()+" limit "
        +(dopage.getNowPage()-1)*dopage.getPageSize()+","+dopage.getPageSize());
            //3. 执行查询
            rs=pstat.executeQuery();
            //4. 处理结果集
            while(rs.next()){
                User user=new User();
                // 用查询的记录中 id 字段的值作为参数设置为 user 对象的 id 属性值
                user.setId(rs.getInt("id"));
```

```
                    user.setUsername(rs.getString("username"));
                    user.setPassword(rs.getString("password"));
                    user.setUsertypes(rs.getString("usertypes"));
                    user.setVerify(rs.getString("verify"));
                    list.add(user);// 把封装好的 user 对象添加到列表对象中
                }
                dopage.setList(list); // 把 userlist 设置为 dopage 对象的成员属性值
        } catch (SQLException e) {
            e.printStackTrace();
        }finally{
            DBClose.close(rs, pstat, con);
        }
        //5. 返回查询结果封装的对象
        return dopage;
    }
    // 设置用户审核未通过
    public boolean invalid(int id) {
        boolean flag=false;
        con = ConnectionFactory.getConnection();
        try {
            pstat = con.prepareStatement("update user set verify='3' where id="+id);
            int i=pstat.executeUpdate();
            if(i>0){
                flag=true;
            }
        } catch (SQLException e) {
            e.printStackTrace();
        } finally {
            DBClose.close(pstat, con);
        }
        return flag;
    }
    // 禁用用户
    public boolean disableUser(int id) {
        boolean flag = false;
        con = ConnectionFactory.getConnection();
        try {
            pstat = con.prepareStatement("update user set verify='1' where id="+id);

            int n = pstat .executeUpdate();
                if (n != 0) {
                    flag = true;
                }
```

```
        } catch (SQLException e) {
            e.printStackTrace();
        } finally {
            DBClose.close(pstat , con);
        }
        return flag;
    }

    // 激活用户
    public boolean activeUser(int id) {
        boolean flag = false;
        con = ConnectionFactory.getConnection();
        try {
            pstat = con.prepareStatement("update user set verify='2' where id="+id);

            int n = pstat .executeUpdate();
            if (n != 0) {
                flag = true;
            }
        } catch (SQLException e) {
            e.printStackTrace();
        } finally {
            DBClose.close(pstat , con);
        }
        return flag;
    }
    public User lookUserById(int id) {
        User user = new User();
        con = ConnectionFactory.getConnection();
        try {
            pstat = con.prepareStatement("select * from user where id="+id);

            rs = pstat.executeQuery();
            if(rs.next()){
                user.setId(rs.getInt("id"));
                user.setUsername(rs.getString("username"));
                user.setPassword(rs.getString("password"));
                user.setUsertypes(rs.getString("usertypes"));
                user.setVerify(rs.getString("verify"));
            }
        } catch (SQLException e) {
            e.printStackTrace();
        } finally {
            DBClose.close(rs, pstat, con);
```

```
        }
        return user;
    }
    public boolean deleteUser(int id) {
        boolean flag=false;
        User user=this.lookUserById(id);
        con=ConnectionFactory.getConnection();
        try {
            if("admin".equals(user.getUsertypes())){
                pstat=con.prepareStatement("delete from user where id="+id);

                int i=pstat.executeUpdate();
                if(i>0){
                    flag=true;
                }
            }
            if("student".equals(user.getUsertypes())){
                pstat=con.prepareStatement("delete from user where id="+id);

                int i=pstat.executeUpdate();
                pstat=con.prepareStatement("delete from student where sid="+id);
                int j=pstat.executeUpdate();
                pstat=con.prepareStatement("delete from resume where sid="+id);
                int k=pstat.executeUpdate();
                pstat=con.prepareStatement("delete from recruitresume where sid="+id);
                int m=pstat.executeUpdate();
                pstat = con.prepareStatement("delete from message where id="+id);
                int n=pstat.executeUpdate();
                if(i>0){
                    flag=true;
                }
            }
            if("company".equals(user.getUsertypes())){
                pstat=con.prepareStatement("delete from user where id="+id);

                int i=pstat.executeUpdate();
                pstat=con.prepareStatement("delete from company where cid="+id);
                int j=pstat.executeUpdate();
                pstat=con.prepareStatement("delete from recruitment where cid="+id);
                int k=pstat.executeUpdate();
                pstat=con.prepareStatement("delete from recruitresume where cid="+id);
                int m=pstat.executeUpdate();
                pstat = con.prepareStatement("delete from message where id="+id);
```

```
                int n=pstat.executeUpdate();
                if(i>0){
                    flag=true;
                }
            }
        } catch (SQLException e) {
            e.printStackTrace();
        }finally{
            DBClose.close(pstat, con);
        }
        return flag;
    }
}
```

4. 在 Servlet 中封装分页信息

在 Servlet 控制器中，通过获取当前请求所显示页面信息，设置每页显示的记录数，获取查询条件，使用 UserDao 类获得所请求页面的相关信息，封装成 DoPage 对象属性值，然后把 Dopage 对象封装成为 Http Servlet Request 请求对象的属性值，传递到请求的 JSP 页面。

```
// UserManageServlet.java
  package com.hbsi.controller;

  import java.io.IOException;

  import javax.servlet.RequestDispatcher;
  import javax.servlet.ServletException;
  import javax.servlet.http.HttpServlet;
  import javax.servlet.http.HttpServletRequest;
  import javax.servlet.http.HttpServletResponse;
  import javax.servlet.http.HttpSession;

  import com.hbsi.bean.DoPage;
  import com.hbsi.bean.User;
  import com.hbsi.dao.UserDao;
  import com.hbsi.dao.service.UserDaoImpl;

  public class UserManageServlet extends HttpServlet {
    UserDao ud=new UserDaoImpl();
    public void doGet(HttpServletRequest request, HttpServletResponse response)
            throws ServletException, IOException {
        this.doPost(request, response);
    }
    public void doPost(HttpServletRequest request, HttpServletResponse response)
```

```
        throws ServletException, IOException {
    //提取隐藏控件 action 的值，判断提交的是哪个表单
    String action=request.getParameter("action");
    //说明是管理员登录，单击超链接实现用户管理
    if(action.equals("list")){
        //创建 DoPage 对象
        DoPage dopage=new DoPage();
        //获取当前是第几页参数
        String pageNum=request.getParameter("page");//从请求参数获取当前是第几页
        int pageNo=0;
        if(pageNum==null){
            pageNo=1;
        }else{
            pageNo=Integer.parseInt(pageNum);
        }
        //设置 dopage 对象的当前页属性
        dopage.setNowPage(pageNo);
        //从请求参数获取条件查询
        String sqlStr=request.getParameter("sql");
        if(sqlStr==null){
            sqlStr="";
        }else if(sqlStr.equals("1")){
            sqlStr=" where verify='1'";
        }else if(sqlStr.equals("2")){
            sqlStr=" where verify='2'";
        }else if(sqlStr.equals("3")){
            sqlStr=" where verify='3'";
        }else{
            sqlStr="";
        }
        //用获取到的条件查询参数值设置 dopage1 对象属性 sql 的值
        dopage.setSql(sqlStr);
        //用常量 10 设置 dopage 的属性 pageSize 属性值
        dopage.setPageSize(10);
        //取总记录数，设置为 dopage 的 count 属性值
        int totalcount=ud.doCount(dopage);
        dopage.setCount(totalcount);
        //取总页数，设置为 dopage 的 totalPage 属性值
        int totalpage=ud.doTotalPage(dopage);
        dopage.setTotalPage(totalpage);
        //调用 Dao 方法获取当前页要显示的记录，并封装为 dopage 对象 list 属性值
        dopage=ud.doFindAll(dopage);
        //把 dopage 设置为请求属性 doPage 的属性值
        request.setAttribute("doPage",dopage);
        //请求转发到 admin/listuser.jsp 页面
```

```
            this.gotoPage("admin/userList.jsp", request, response);
        }
        if (action.equals("disable")) {
            //使用户不能登录
            int id=0;
            try {
                id=Integer.parseInt(request.getParameter("id"));
            } catch (NumberFormatException e) {
                e.printStackTrace();
            }
            ud.disableUser(id);
            this.gotoPage("userManage?action=list", request, response);
        }
        if (action.equals("invalid")) {
            //使用户不能通过审核
            int id=0;
            try {
                id=Integer.parseInt(request.getParameter("id"));
            } catch (NumberFormatException e) {
                e.printStackTrace();
            }
            ud.invalid(id);
            this.gotoPage("userManage?action=list", request, response);
        }
        if (action.equals("active")) {
            //使用户可以登录
            int id=0;
            try {
                id=Integer.parseInt(request.getParameter("id"));
            } catch (NumberFormatException e) {
                e.printStackTrace();
            }
            ud.activeUser(id);
            this.gotoPage("userManage?action=list", request, response);
        }
        if (action.equals("update")) {
            User user=new User();
            int id=0;
            try {
                id=Integer.parseInt(request.getParameter("id"));
            } catch (NumberFormatException e) {
                e.printStackTrace();
            }
            user.setId(id);
            user.setPassword(request.getParameter("password"));
```

```
                boolean flag=ud.updatePwd(user);
                if(flag){
                    // 从 HttpSession 中取出封装的 user 属性值，即当前登录的用户
                    HttpSession session=request.getSession();
                    User loginUser=(User)session.getAttribute("user");
                    System.out.println(loginUser.getUsername()+loginUser.getUsertypes());
                    // 如果是管理员修改用户密码
                    if(loginUser.getUsertypes().equals("admin")){
                        this.gotoPage("userManage?action=list", request, response);
                    }else{
                        this.gotoPage("public/success.jsp", request, response);
                    }
                }else{
                    this.gotoPage("public/error.jsp", request, response);
                }
            }
            if (action.equals("delete")) {
                // 删除用户
                User user=new User();
                int id=0;
                try {
                    id=Integer.parseInt(request.getParameter("id"));
                } catch (NumberFormatException e) {
                    e.printStackTrace();
                }
                ud.deleteUser(id);
                this.gotoPage("userManage?action=list", request, response);
            }


        }
        // 定义方法用来请求转发到某个 url
        private void gotoPage(String url,HttpServletRequest request, HttpServletResponse response) throws
ServletException, IOException {
            RequestDispatcher dispatcher=request.getRequestDispatcher(url);
            dispatcher.forward(request, response);
        }
    }
```

5. 在 JSP 页面中利用分页属性实现分页技术

在 JSP 页面中，从 request 对象中把封装的属性值 DoPage 对象取出，然后根据 DoPage 对象属性值设置分页信息。在 webRoot/admin 文件夹下新建 userList.jsp 文件，代码如下：

```
//userList.jsp
<%@ page language="java" import="java.util.*" pageEncoding="utf-8"%>
<%@ taglib uri="http://java.sun.com/jsp/jstl/core" prefix="c" %>
<!DOCTYPE HTML PUBLIC "-//W3C//DTD HTML 4.01 Transitional//EN">
<html>
  <head>
    <title> 用户管理 </title>
    <style type="text/css">
      .ulist{
            font-size:12px;
            font-weight:bold;
            line-height:20px;
      }
      .btnverify{
         margin-top:12px;
      }
      .btnverify input{
            border-color:#4169E1;
            border-width:1;
            width:50px;
            background-color:#B0E0E6;
            line-height:20px;
      }
      .t1{
         font-size:12px;
         margin-top:15px;
      }
      .t1 tr{
            line-height:30px;
            font-weight:bold;
      }
      .t1 td{
            text-align:center;
      }
      .btnverify{
            float:left;
      }
      .pagediv{
            font-size:12px;
            float:right;
            margin-right:180px;
      }
    </style>
```

```
    <script type="text/javascript">
        function sub() {
          var eleaction=document.getElementById("action");
          eleaction.value="list";
          var opvalue=document.getElementById("userselected").value;
          document.getElementById("sql").value=opvalue;
          document.flist.submit();
        }
    </script>
  </head>
  <body>
    <form action="/jygl/userManage" name="flist" method="post">
      <input type="hidden" name="action" id="action" value="">
      <input type="hidden" name="sql" id="sql" value="">
      <table width="100%" border="0" cellspacing="0" cellpadding="0">
        <tr>
            <td valign="top" background="/jygl/images/mail_leftbg.gif" width="17">
              <img alt="1" src="/jygl/images/left-top-right.gif" width="17">
            </td>
            <td valign="middle" background="/jygl/images/content-bg.gif" >
              <table width="100%" border=0 cellspacing=0 cellpadding=0>
                <tr>
                    <td><div class="ulist"> 用户列表 </div></td>
                </tr>
              </table>
            </td>
            <td width="16" background="/jygl/images/mail_rightbg.gif">
                <img alt="1" src="/jygl/images/nav-right-bg.gif">
            </td>
        </tr>
        <tr>
            <td valign="top" background="/jygl/images/mail_leftbg.gif" width="17"> 
            </td>
            <td>
                <div>
                  <!-- 定义变量名 dopage，值为请求中封装的属性名为 doPage 的属性值 -->
                  <c:set var="dopage" value="${doPage }" />
                  <span class="ulist"><strong> 用户管理 </strong>（共 ${dopage.count} 个用户）</span>
                </div>
                <div class="btnverify">
                 <select class="sec" name="userselected" id="userselected" onchange="sub()">
                      <option value=""> 审核状态 </option>
                      <option value="1"> 未审核 </option>
```

```
                <option value="2"> 已审核 </option>
                <option value="3"> 审核未通过 </option>
            </select>
        </div>
        <div class="usertable">
        <table class="t1" border="0" cellpadding="0" cellspacing="0" width="100%">
            <tr>
                <th width="20"></th>
                <th width="100"> 编号 </th>
                <th width="150"> 用户名 </th>
                <th width="200"> 密码 </th>
                <th width="150"> 用户类型 </th>
                <th> 操作 </th>
            </tr>
                <!-- 定义变量名 userlist，值是变量 dopage 的属性 list 的值，类型是 List，
userlist 的数据成员是 User 对象 -->
                <c:set var="userlist" value="${dopage.list }"/>
                <!-- 定义变量名 u，值为 session 中封装的属性名为 user 的属性的值，类型是
User，u 是当前登录用户 -->
                <c:set var="u" value="${user }"/>
                <!-- 定义循环变量，名字为 list，每次循环 list 的值为 userlist 的一个元素，变
量 list 的类型是一个 User 对象 -->
                <c:forEach var="list" items="${userlist }">
                  <c:if test="${list.id != u.id }">
                    <tr>
                        <td></td>
                        <td><c:out value="${list.id}"></c:out></td>
                        <td><c:out value="${list.username}"></c:out></td>
                        <td><c:out value="${list.password}"></c:out></td>
                        <td><c:out value="${list.usertypes}"></c:out></td>
                        <td>
                         <span>
                         <c:if test="${list.verify=='1'}">
                         <a href="/jygl/userManage?action=active&id=${list.id}">
                         审核通过
                         </a>
                        <a href="/jygl/userManage?action=invalid&id=${list.id}">
                        审核未通过
                        </a>
                    </c:if>
                    <c:if test="${list.verify=='2'}">
                      <a href="/jygl/userManage?action=disable&id=${list.id}"> 禁用 </a>
                    </c:if>
```

```
                        <c:if test="${list.verify!='3'}">
                        |<a href="/jygl/admin/editUser.jsp?id=${list.id}"> 修改密码 </a>|
                        </c:if>
                        <a href="/jygl/userManage?action=delete&id=${list.id}"> 删除 </a>
                    </span>
                </td>
            </tr>
          </c:if>
        </c:forEach>
      </table>
    </div>
    <div class="pagediv">
      <span>
        <a href="/jygl/userManage?action=list&page=1&sql=${dopage.sql}"> 首页 </a>
          
        <c:if test="${dopage.nowPage-1>0}">
        <a href="/jygl/userManage?action=list&page=${dopage.nowPage-1}&sql=${dopage.
sql}"> 上一页 </a>
          
        </c:if>
        <c:if test="${dopage.nowPage<dopage.totalPage}">
            <a href="/jygl/userManage?action=list&page=${dopage.nowPage+1}&sql=${dopage.
sql}"> 下一页 </a>
              
            </c:if>
            <a href="/jygl/userManage?action=list&page=${dopage.totalPage}&sql=${dopage.
sql}"> 末页 </a>
                
              共有 ${dopage.totalPage} 页
        </span>
      </div>
    </td>
    <td width="16" background="/jygl/images/mail_rightbg.gif"> </td>
  </tr>
  <tr>
    <td width="17" background="/jygl/images/mail_leftbg.gif">
      <img alt="1" src="/jygl/images/buttom_left2.gif">
    </td>
    <td background="/jygl/images/buttom_bgs.gif ">
        <img alt="1" src="/jygl/images/buttom_bgs.gif">
    </td>
    <td background="/jygl/images/mail_rightbg.gif">
        <img alt="1" src="/jygl/images/buttom_right2.gif">
    </td>
```

```
            </tr>
          </table>
      </form>
   </body>
</html>
```

6. 部署应用程序，查看运行效果

启动服务器，用管理员用户登录，单击用户管理导航菜单，运行效果如图 11-2 所示。

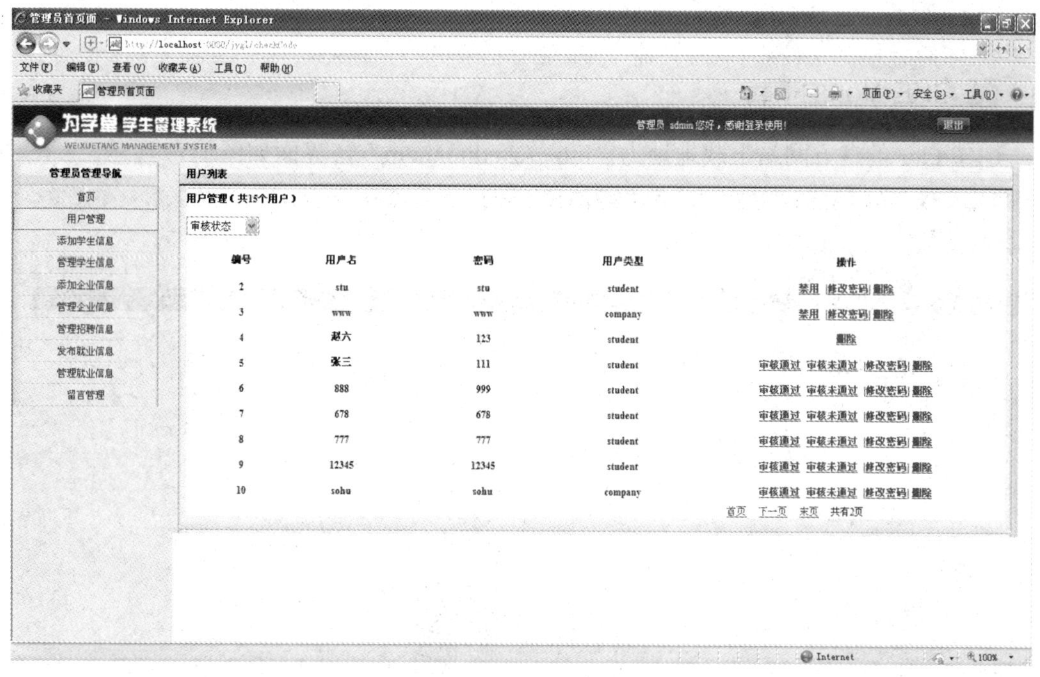

图 11-2　管理员管理用户分页显示用户信息

11.3　任务 3——使用 ckeditor 实现学生给管理员留言

11.3.1　任务描述

在学生信息管理系统中，学生和企业用户需要和管理员进行交流，可以发表留言，查看管理员回复，管理员可以管理留言，用户发表留言页面可以使用网页文本编辑器来实现，即使用 ckeditor 控件实现。

11.3.2　实现任务所需的 ckeditor

CKEditor 原来叫 FCKEditor（FCK），是一款著名的开源网页编辑软件，FCKEditor

在 2009 年发布更新到 3.0，并改名为 CKEditor，是因为最初的开发者叫 Frederico Calderia Knabben；现在叫 CK，意指“Content and Knowledge”。新版的编辑器的更新包括：新的用户界面，一个支持 Plug-in 的 JavaScript API，并提供对视觉障碍者的使用支持。

据官方的解释，CK 是对 FCK 的代码的完全重写，而且此项工作从 2007 年就开始了，FCKeditor 将被 CKeditor 替代。2012 年 11 月 28 日，CKEditor 4 正式版发布，全新外观，CKEditor 团队很高兴地宣布了 CKEditor 4 正式版发布！该版本带来全新的外观、提升代码、即时编辑和其他诸多改进。同时还发布了一个新网站包含扩展中心和名为 CKBuilder 的服务，可用于创建自己的 CKEditor 版本。

1. CKEditor 的下载

CKEditor 的官方网站下载地址为“http://ckeditor.com”，界面如图 11-3 所示。

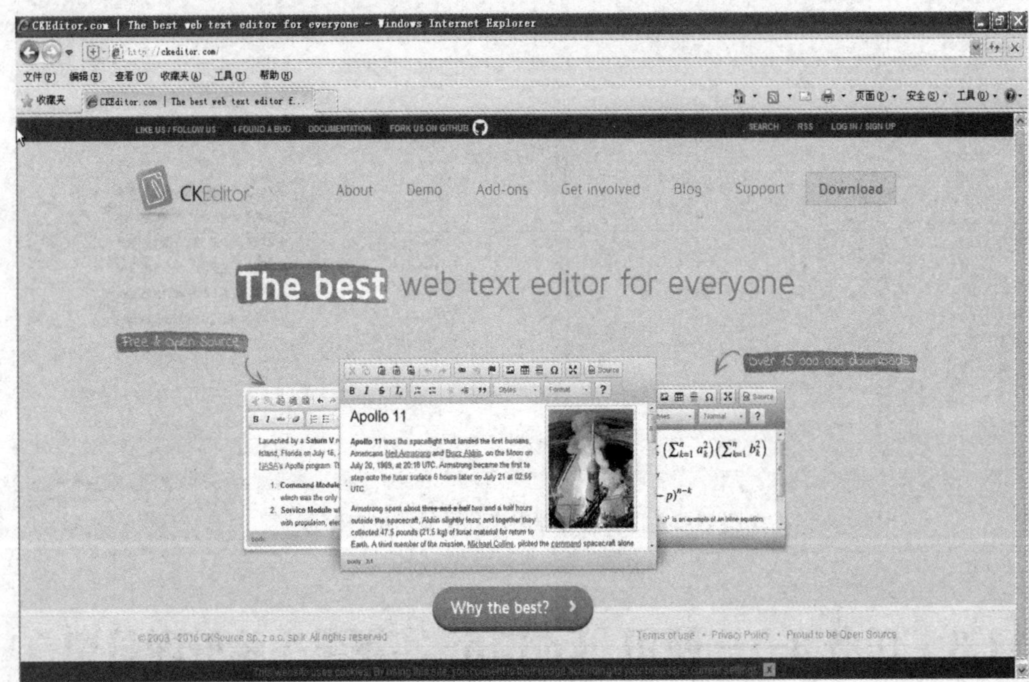

图 11-3　CKEditor 的官方网站下载

单击图 11-3 右上角的 Download 按钮，进入如图 11-4 所示界面。

想要在 JSP 页面中使用 ckeditor，还需要选择用来在 Java 中使用的 jar 包下载，单击 Download CKEditor 按钮下载 ckeditor 的 java 支持包，在图 11-4 所示页面中选择右下角的 java 支持包下载，如图 11-5 所示，单击 Download.jar 下载。

2. 在 JSP 页面中使用 ckeditor

在 JSP 页面中使用 ckeditor，只需下载以上声明 ckeditor 的 jar 包文件，解压后复制到工程的 WebRoot 目录下即可。步骤如下：

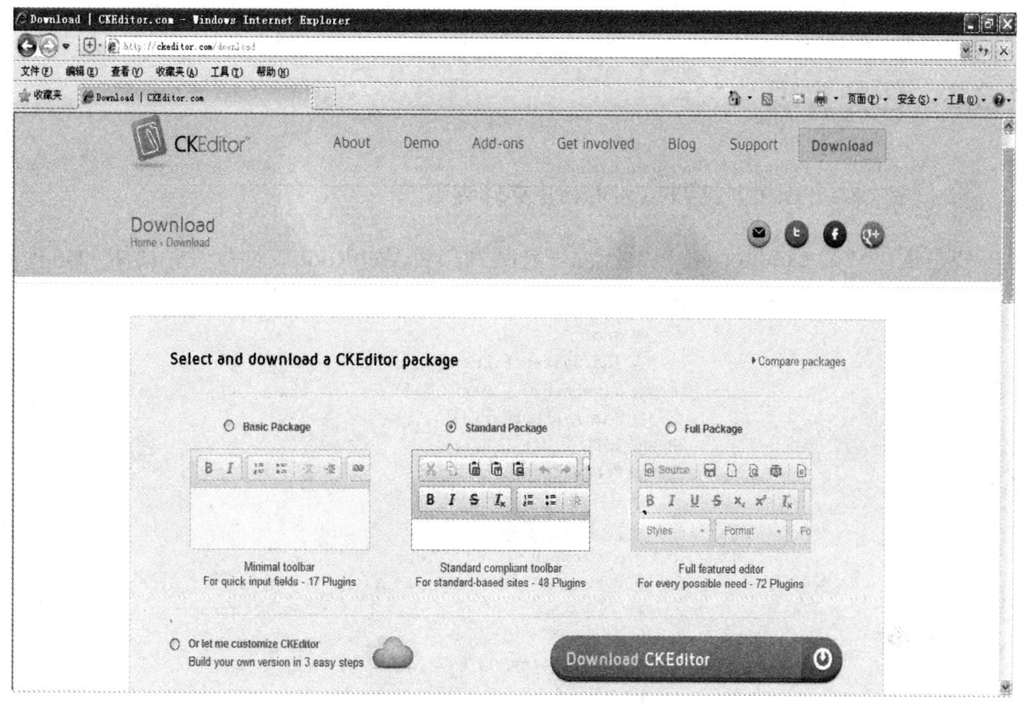

图 11-4　CKEditor 的官方网站下载

CKEditor 3.6.6.2 for Java

Released 15 Jul 2014

CKEditor server-side integration for Java.

Download .jar　　Download .war

How to install　　License

图 11-5　下载 ckeditor 的 java 支持包

（1）在 <head> 标签中声明 ckeditor 的 js 脚本使用：

在页面的 head 中添加代码：

```
<script type="text/javascript"src="ckeditor/ckeditor.js"></script>
```

* **注意**：src 的路径不要写成 <script type="text/javascript" src="ckeditor/ckeditor.js" /> 样式，在现有的 3.0.1 版本中会出现 CKEDITOR 未定义的脚本错误提示，致使不能生成编辑器。

（2）在 JSP 页面中定义一个 <textarea> 元素，并且使用 ckeditor 进行替换

```
<textarea rows="30" cols="50" name="editor01"> 请输入 </textarea>
<ck:replace replace=" editor01" basePath=""></ck:replace>
```

11.3.3 任务实现

1. 复制 ckeditor jar 包到 WebRoot 文件夹下

（1）把下载的 ckeditor jar 包解压缩，复制到项目 WebRoot 文件夹下，如图 11-6 所示。

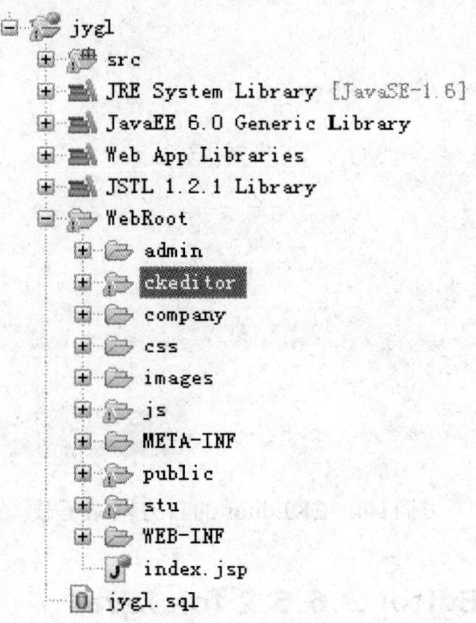

图 11-6　把下载的 ckeditor 相关 jar 包导入项目

（2）把支持 ckeditor 在 Java 中应用的 jar 包复制到项目 WebRoot/lib 文件夹下，如图 11-7 所示。

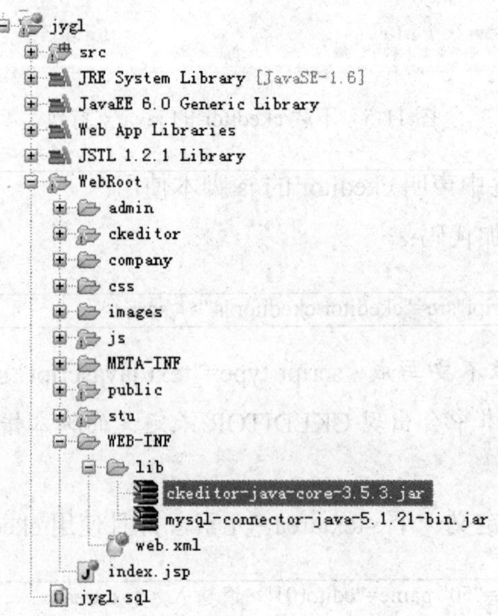

图 11-7　把 Java 支持包复制到项目 WebRoot/lib 文件夹下

2. 在 JSP 页面中使用 ckeditor

在项目 WebRoot/public 文件夹下新建 message.jsp 文件，代码如下：

```
//message.jsp
<%@ page language="java" import="java.util.*" pageEncoding="utf-8"%>
<%@ taglib uri="http://java.sun.com/jsp/jstl/core" prefix="c" %>
<%@ taglib prefix="ck" uri="http://ckeditor.com" %>
<!DOCTYPE HTML PUBLIC "-//W3C//DTD HTML 4.01 Transitional//EN">
<html>
  <head>
    <title> 给管理员留言 </title>
    <style type="text/css">
      td{
        font-size:12px;
      }
    </style>
    <script type="text/javascript" src="/jygl/ckeditor/ckeditor.js"></script>
  </head>
  <body bgcolor="eff2fb">
     <c:set var="u" value="${user}"></c:set>
     <form action="/jygl/messageManage" method="post">
         <input type="hidden" name="action" value="add">
         <input type="hidden" name="id" value="${u.id}">
         <input type="hidden" name="username" value="${u.username }"/>
         <table width="66%" border="0" cellspacing="0" cellpadding="0">
               <tr>
                  <td width="20%"> 留言标题：</td>
                  <td width="80%">
                        <input type="text" name="title" size="50">
                  </td>
               </tr>
               <tr>
                    <td> 留言内容：</td>
                    <td>
                       <textarea rows="10" cols="80" name="content" id="content"></textarea>
                       <ck:replace replace="content" basePath=""></ck:replace>
                    </td>
               </tr>
               <tr>
                    <td colspan="2" align="center">
                       <input type="submit" value=" 提交留言 ">
                    </td>
               </tr>
```

```
        </table>
      </form>
   </body>
</html>
```

3. 编写实现留言添加的 Dao 接口和实现类

（1）编写 MessageDao 接口

在 src 下的 com.hbsi.dao 包中新建接口 MessageDao.java，在接口中定义用来把留言信息添加到数据库的方法，代码如下：

```
//MessageDao.java
package com.hbsi.dao;
import com.hbsi.bean.DoPage;
import com.hbsi.bean.Message;
public interface MessageDao {
   //把留言添加到数据库中
   boolean addMessage(Message message);
}
```

（2）定义 MessageDao 接口实现类

在 src 下的 com.hbsi.dao.service 包中新建 MessageDao 接口实现类 MessageDaoImpl.java，在实现类中重写接口中的方法，用来把留言信息添加到数据库，代码如下：

```
//MessageDaoImpl.java
package com.hbsi.dao.service;
import java.sql.Connection;
import java.sql.PreparedStatement;
import java.sql.ResultSet;
import java.sql.SQLException;
import com.hbsi.bean.Message;
import com.hbsi.dao.MessageDao;
import com.hbsi.db.ConnectionFactory;
import com.hbsi.db.DBClose;
public class MessageDaoImpl implements MessageDao{
   Connection con=null;
   PreparedStatement pstat=null;
   ResultSet rs=null;
   //把留言添加到数据库中
   public boolean addMessage(Message message){
      boolean flag=false;
      con=ConnectionFactory.getConnection();
      String sql="insert into message(id,username,title,msgtime,content) values(?,?,?,?,?)";
```

```
        try {
                pstat=con.prepareStatement(sql);
                pstat.setInt(1,message.getId());
                pstat.setString(2,message.getUsername());
                pstat.setString(3,message.getTitle());
                pstat.setString(4,message.getMsgtime());
                pstat.setString(5,message.getContent());
                int i=pstat.executeUpdate();
                if(i>0){
                    flag=true;
                }
            } catch (SQLException e) {
                e.printStackTrace();
            }finally{
                DBClose.close(pstat, con);
            }
        return flag;
    }
}
```

4. 编写处理留言的 Servlet 类

（1）在 com.hbsi.controller 包中新建 MessageManageServlet 类，代码如下：

```
// MessageManageServlet.java
package com.hbsi.controller;
import java.io.IOException;
import java.text.DateFormat;
import java.util.Date;
import javax.servlet.RequestDispatcher;
import javax.servlet.ServletException;
import javax.servlet.http.HttpServlet;
import javax.servlet.http.HttpServletRequest;
import javax.servlet.http.HttpServletResponse;
import javax.servlet.http.HttpSession;
import com.hbsi.bean.Message;
import com.hbsi.bean.User;
import com.hbsi.dao.MessageDao;
import com.hbsi.dao.service.MessageDaoImpl;
public class MessageManageServlet extends HttpServlet {
    public void doGet(HttpServletRequest request, HttpServletResponse response)
                throws ServletException, IOException {
      this.doPost(request, response);
    }
```

```
    public void doPost(HttpServletRequest request, HttpServletResponse response)
            throws ServletException, IOException {
        HttpSession session=request.getSession();
        //获取请求参数 action 的值
        String action=request.getParameter("action");
        MessageDao md=new MessageDaoImpl();
        //将留言板内容添加到数据库中
        if(action.equals("add")){
            String username=request.getParameter("username");
            int id=Integer.parseInt(request.getParameter("id"));
            String title=request.getParameter("title");
            String content=request.getParameter("content");
            Date d=new Date();
            DateFormat df=DateFormat.getDateTimeInstance();
            String time=df.format(d);
            Message message=new Message();
            //用字符串变量 title 为 Message 对象 msg 的 title 属性赋值
            message.setId(id);
            message.setUsername(username);
            message.setTitle(title);
            message.setContent(content);
            message.setMsgtime(time);
            boolean flag=md.addMessage(message);
            if(flag){
                this.gotoPage("public/success.jsp", request, response) ;
            }else{
                this.gotoPage("public/error.jsp", request, response);
            }
        }
    }
    //定义方法转发请求到指定url的页面
    public void gotoPage(String url,HttpServletRequest request, HttpServletResponse response)
            throws ServletException, IOException {
        RequestDispatcher dispatcher=request.getRequestDispatcher(url);
        dispatcher.forward(request, response);
    }
}
```

（2）在 Web.xml 中设置 MessageManageServlet 配置信息。

```
<servlet>
    <servlet-name>MessageManageServlet</servlet-name>
    <servlet-class>com.hbsi.controller.MessageManageServlet</servlet-class>
</servlet>
<servlet-mapping>
    <servlet-name>MessageManageServlet</servlet-name>
```

```
    <url-pattern>/messageManage</url-pattern>
</servlet-mapping>
```

5. 检查设置学生管理的左导航菜单

打开学生管理的左导航页面 WebRoot/stu/stuleft.jsp，设置学生给管理员留言的超链接路径为 <a href="/jygl/public/message.jsp" target="main"> 给管理员留言 </a>。

6. 部署程序，运行测试结果

部署项目，启动服务器，使用学生用户登录，单击“给管理员留言”导航菜单，运行结果如图 11-8 所示。

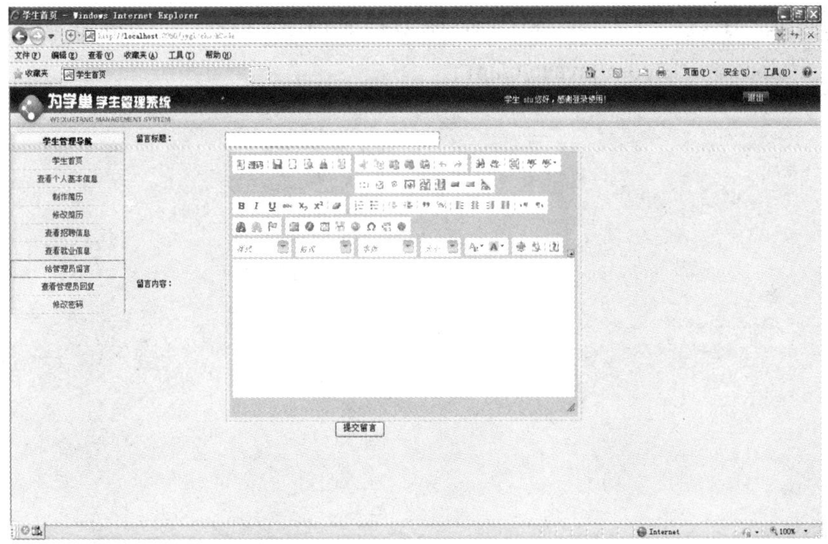

图 11-8　学生给管理员留言界面

11.4　本章小结

本章介绍了在项目中用到的一些实用技术，在 Java Web 开发中，这些技术非常有用，为我们解决了很多实际难题，基本上每个项目中都或多或少会用到其中一项或几项技术。

11.5　课后实训

1. 利用验证码生成技术修改登录验证码为字母不区分大小写验证码。
2. 利用分页技术实现管理员管理用户留言。
3. 利用 ckeditor 实现企业用户给管理员留言。

参 考 文 献

[1] 刘志成．JSP 程序设计案例教程 [M]．北京：清华大学出版社，2007.

[2] 刘伟，张伟国．Java Web 开发与实战 [M]．北京：科学出版社，2008.

[3] 徐明华等．Java Web 整合开发与项目实战 [M]．北京：人民邮电出版社，2010.

[4] 赵俊峰，姜宁，焦学理．Java Web 应用开发案例教程 [M]．北京：清华大学出版社，2012.

[5] 刘志成，宁云志等．JSP 程序设计案例教程 [M]．北京：高等教育出版社，2013.

[6] http://docs.oracle.com/javaee/6/api/.